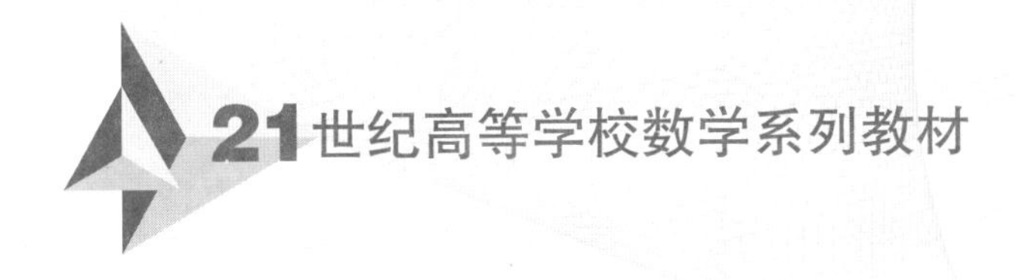

新编线性代数

■ 主　编　连保胜
■ 副主编　王文波　鄂学壮　胡　松　汪祥莉

图书在版编目(CIP)数据

新编线性代数/连保胜主编．—武汉：武汉大学出版社,2016.3
21世纪高等学校数学系列教材
ISBN 978-7-307-17425-2

Ⅰ.新…　Ⅱ.连…　Ⅲ.线性代数—高等学校—教材　Ⅳ.O151.2

中国版本图书馆CIP数据核字(2015)第321980号

责任编辑:胡　艳　　责任校对:汪欣怡　　版式设计:马　佳

出版发行：**武汉大学出版社**　(430072　武昌　珞珈山)
(电子邮件：cbs22@whu.edu.cn　网址：www.wdp.com.cn)
印刷：湖北鄂东印务有限公司
开本：787×1092　1/16　印张:8　字数:193千字　插页:1
版次:2016年3月第1版　2016年3月第1次印刷
ISBN 978-7-307-17425-2　定价:19.00元

前　言

新编线性代数的目的,不是试图从严谨的科学角度来重新研究线性代数,而是从一个完全技术的角度重新认识和理解这门课。一个最基本的目的就是试图从最简单的角度让读者感受线性代数最基础的内容和方法,学会用自己的方式去理解和把握线性代数的学习与应用。

本书中有大量我们自己对线性代数最通俗的理解和把握,编写这本书的目的,不是期许读者做多少题目,完成多少练习;恰恰相反,我们希望读者在阅读的过程中,在记忆的基础上,可以充分发挥自己的能力,少做题,甚至不做题,却可以感悟线性代数的本质,这才是我们最深层的愿望。书中我们大胆地打破了线性的板块分割,按照一种内在的联系重新编排了线性代数的一些内容,主要是依据矩阵的四则运算来定位和编排,但为了便于教学,我们在某些方面依然做出了一些分割,希望读者在阅读的过程中,可以自己再加以适当的连接,实现知识系统的网络化。

本书在保持传统教材优点的基础上,对教材内容、教材体系进行了适当的调整和优化,全书以线性方程组为主线,以矩阵为基本研究对象。第一章由线性代数的几个重要概念出发,引出线性相关、线性无关和极大无关组的概念,突出线性相关、线性无关以及极大无关组的重要地位。第二章为行列式的定义及运算,由实例引出,并对行列式算法要义、三大核心技术和算法基本流程等内容展开讨论。第三章为矩阵的概念及运算,从特殊矩阵出发,并对分块矩阵、逆矩阵、初等矩阵等内容展开讨论。第四章对向量组的线性相关性、向量组的秩展开讨论,并通过行秩、列秩给出矩阵秩的定义,为确定方程组的解结构做了一个较好的铺垫。第五章为矩阵特征值和特征向量的计算,由矩阵特征值和特征向量的求解出发,展开讨论了矩阵特征值和特质向量的性质,以及矩阵特征值和特质向量的结构。第六章对二次型以及矩阵的合同进行了讨论。本书的编写参考了众多国内外的优秀教材和资料,结构严谨,逻辑清晰,例题、习题丰富,其中包含了部分研究生入学考试的优秀试题,也适当配置了一些应用性练习题。

本书由连保胜任主编,王文波、鄂学壮和胡松、汪祥莉任副主编,连保胜提出编写思想和编写提纲,并进行统稿和定稿。其中,第一、二、三章由连保胜和王文波编写,第四、五、六章由鄂学壮和胡松编写。习题和习题答案由连保胜、胡彦超共同编写。

特别致谢武汉科技大学教务处对本书的大力支持!

由于编者水平有限,本书一定存在不妥之处,希望专家、同行、读者批评指正,以便今后不断完善。

编　者

2015 年 11 月

目　录

第一章　线性代数的含义 …… 1
1.1　线性的本质 …… 1
1.2　关于线性的几个重要概念 …… 1
1.3　代数 …… 4
1.4　线性代数 …… 4
练习一 …… 5

第二章　行列式的算法 …… 6
2.1　行列式的第一算法要义 …… 6
2.2　行列式的第二算法要义 …… 10
2.3　行列式的三大核心行(列)变换性质及推论 …… 13
2.4　行列式算法的基本流程 …… 14
练习二 …… 16

第三章　矩阵代数 …… 18
3.1　特殊矩阵 …… 18
3.2　矩阵与矩阵的代数运算 …… 19
3.3　矩阵的自运算 …… 26
3.4　矩阵的非线性运算:逆矩阵与乘法 …… 28
3.5　分块矩阵的乘法规则 …… 32
练习三 …… 36

第四章　向量组的秩与向量组空间 …… 40
4.1　向量组的秩 …… 40
4.2　向量组秩的意义 …… 41
4.3　矩阵的秩 …… 43
4.4　线性方程组的基础解系 …… 46
4.5　向量空间与向量代数 …… 52
练习四 …… 57

第五章　矩阵特征 …… 64
5.1　矩阵的特征值和特征向量 …… 64

5.2 特征值与特征向量的性质 …… 64
5.3 三种特征值结构 …… 66
5.4 矩阵的对角化 …… 68
练习五 …… 73

第六章 二次型 …… 77
6.1 二次型相关概念 …… 77
6.2 二次型核心问题 …… 77
6.3 两个矩阵的合同 …… 78
6.4 用配方法化二次型为标准型 …… 79
6.5 用矩阵变换法化二次型为标准型 …… 80
6.6 二次型分类 …… 81
练习六 …… 83

第七章 综合测试 …… 86

参考答案 …… 91

第一章　线性代数的含义

俗语云："工欲善其事必先利其器"，要学好线性代数，必须先了解什么是线性代数. 下面，结合我们的教学经验，谈谈我们对线性代数的初步理解.

1.1 线性的本质

首先，应确定对象，也就是谁和谁是线性关系，这一点往往容易被忽略，读者应充分注意.

其次，明确线性是指对象之间的一种运算关系结构.

线性最初起源于对象 x，y 之间的直线关系，其数学表达式为 $y=kx$，$k\in\mathbf{R}$. 换一种写法为：$ax+by=0$，a，$b\in\mathbf{R}$，注意直线的代数形式 $ax+by=0$，a，$b\in\mathbf{R}$ 有以下两个特点：

(1)线性的对象 x，y 首先与数 a，b 分别做乘法，在数学中称这样的运算为数乘(用数乘以对象，注意本书中所说的数均指实数)；

(2)数乘之后，它们以代数和(加法)形式组合在一起.

综上所述，线性的含义就是**对象的数乘与对象之间的加法**.

例 1.1：泰勒展式：$e^x=1+x+\dfrac{x^2}{2!}+\cdots+\dfrac{x^n}{n!}+\cdots$ 现在可以这样读：将函数对象 e^x 用函数对象 1，x，x^2，$\cdots$，x^n，$\cdots$的线性组合的方式表示出来. 用对象 1，x，x^2，$\cdots$，x^n，$\cdots$的线性组合表示初等函数是初等函数泰勒展式的本质，当然，对象 1，x，x^2，$\cdots$，x^n，$\cdots$所起的作用在后面会有说明.

例 1.2：已知 $3x-2y+z=0$，该如何称呼这个等式?

答：该等式的名称为三元一次线性常系数齐次不定方程. 其中线性的对象是 x，y，z.

例 1.3：常微分方程 $y'+p(x)y=q(x)$ 被称为线性微分方程，其中线性的对象是哪个?

答：其中线性的对象是 y，$p(x)$ 是系数，它与对象 y 做数乘运算. 突出线性的对象，这个方程完整的称呼应为关于 y 的一阶线性微分方程.

1.2 关于线性的几个重要概念

1.2.1 线性组合

望文生义，对象乘以数再用加法连接(组合)在一起，这样构成的组合就是线性组合(就是用数乘与加法将对象结合在一起).

例 1.4：设对象是 $\sin x$，$\cos x$，则 $3\sin x-\cos x$ 就是它们的一种线性组合，而 $2\sin^2 x+$

$3\cos x$ 不是 $\sin x$，$\cos x$ 的线性组合，在这个运算中有对象乘以对象：$\sin^2 x=\sin x\times\sin x$.

例 1.5：对象为向量 $\boldsymbol{\alpha}=(1,\ 3,\ 5)$，$\boldsymbol{\beta}=(2.4.6)$，则 $3\boldsymbol{\alpha}-4\boldsymbol{\beta}$ 就是对象 α，β 的一个线性组合.

1.2.2 线性表出(线性表示)

望文生义，一个对象用其余对象的线性组合的方式表示出来(等号形式)，就是这个对象在其余对象下的线性表出.

一个对象可以被其他对象线性表出，说明它的线性功能可以被其他对象替代.

例 1.6：目标对象是 $\cos 2x$，其余对象是 $\cos^2 x$，$\sin^2 x$. 等式 $\cos 2x=\cos^2 x-\sin^2 x$ 的含义是：目标对象 $\cos 2x$ 用对象 $\cos^2 x$，$\sin^2 x$ 的线性组合表示出来.

注意：不是对象 $\cos x$，$\sin x$，思考一下是什么缘故.

例 1.7：已知向量 $\boldsymbol{\alpha}=(1,\ 1)$，$\boldsymbol{\beta}=(0,\ 1)$，$\boldsymbol{\gamma}=(3,\ 0)$，$\boldsymbol{\tau}=(4,\ -1)$，则有 $\boldsymbol{\alpha}=\boldsymbol{\beta}+\frac{1}{3}\boldsymbol{\gamma}+0\boldsymbol{\tau}$，可以读作：目标对象向量 $\boldsymbol{\alpha}$ 表示成对象 $\boldsymbol{\beta}$，$\boldsymbol{\gamma}$，$\boldsymbol{\tau}$ 的线性组合，也就是向量 $\boldsymbol{\alpha}$ 由向量 $\boldsymbol{\beta}$，$\boldsymbol{\gamma}$，$\boldsymbol{\tau}$ 线性表出. 还可以线性表出为 $\boldsymbol{\alpha}=2\boldsymbol{\beta}-\boldsymbol{\gamma}+\boldsymbol{\tau}$. 可见，由一些对象线性表出某对象的方法不一定唯一. 什么条件下线性表出某对象的方式是唯一的？值得我们关注.

1.2.3 线性无关

一组对象，它们中的任何一个对象都不可以用本组中其余对象的线性组合的方式表示出来，或者任何一个对象不能由其余对象线性表出，这组对象就是线性无关的.

说明：这组对象彼此具备线性独立性，它们线性无关. 每个对象都有其独特的作用，不可以被替代. 一个线性无关组的任何一个成员在线性条件下，都独立地承担自己的那部分职责，不可或缺，这就是对线性无关的本质理解.

定义：数学表达式为：若对象组 $\alpha_i(i=1,\ 2,\ \cdots,\ n)$，数组 $k_i(i=1,\ 2,\ \cdots,\ n)$，当且仅当 $k_i=0(i=1,\ 2,\ \cdots,\ n)$ 时，$\sum_{i=1}^{n}k_i\alpha_i=0$ 成立，则称对象组 $\alpha_i(i=1,\ 2,\ \cdots,\ n)$ 线性无关.

通俗而言：一组对象线性无关，是指当且仅当在系数全部为 0 时线性组合是 0 才成立.

反证：若其中 $k_i\neq 0$，则 $\alpha_i=-\sum_{j\neq i}^{n}k_j\alpha_j/k_i$，也就是 α_i 可以由此组中其余对象线性表出，显然与线性无关的定义冲突，从而每个数乘系数都必须是 0.

例 1.8：已知一组向量 $\boldsymbol{\alpha}=(1,\ 1)$，$\boldsymbol{\beta}=(0,\ 1)$，$\boldsymbol{\gamma}=(3,\ 0)$，$\boldsymbol{\tau}=(4,\ -1)$，则 $\boldsymbol{\alpha}$，$\boldsymbol{\beta}$ 是线性无关的.

证明：$x\boldsymbol{\alpha}+y\boldsymbol{\beta}=0\Leftrightarrow(x,\ x)+(0,\ y)=0\Leftrightarrow x=0,\ y=0.$

当然，其中任何两个为单独的一组都是线性无关的，请读者类似地证明.

1.2.4 线性相关

对象组中存在一个对象可以用本组中其余对象的线性组合的方式表示出来，或者存在一个对象能用其余对象线性表出，这个对象组就是线性相关的.

定义：数学表达式为：若对象组 $\alpha_i(i=1, 2, \cdots, n)$，数组 $k_i(i=1, 2, \cdots, n)$，当 $\sum_{i=1}^{n} k_i\alpha_i=0$ 时，存在某个 $k_i \neq 0$ 使得上述组合成立，则称此组 $\alpha_i(i=1, 2, \cdots, n)$ 线性相关.

若其中 $k_i \neq 0$，则 $\alpha_i=-\sum_{j\neq i}^{n} k_j\alpha_j/k_i$，也就是 α_i 可以由此组中其余对象线性表出.

说明：在这组对象中，全体不具备线性独立性，它们线性相关. 被其余对象表出的对象在这个对象组没有线性独立性，它存在的线性功能可以被其余对象代替，它在这个对象组中是无用的，它在此组中对整体没有什么线性贡献，它的存在可有可无. 它能做的事情可以由其余对象分担. 一个线性相关组中至少存在一个成员，在线性条件下，它的存在没有什么意义，可以或缺，这个就是线性相关的本质理解.

例 1.9：已知一组向量 $\boldsymbol{\alpha}=(1, 1, 1)$，$\boldsymbol{\beta}=(0, 1, 0)$，$\boldsymbol{\gamma}=(1, 0, 0)$，$\boldsymbol{\tau}=(4, -1, 2)$，则 $\boldsymbol{\alpha}$，$\boldsymbol{\beta}$，$\boldsymbol{\gamma}$ 是线性无关的($x\boldsymbol{\alpha}+y\boldsymbol{\beta}+z\boldsymbol{\gamma}=0 \Leftrightarrow x=0, y=0, z=0$)，当 4 个向量为一组时，它们是线性相关的($\boldsymbol{\tau}=2\boldsymbol{\alpha}-3\boldsymbol{\beta}+2\boldsymbol{\gamma}$).

注意：一个线性相关组中，可以存在部分组是线性无关的.

1.2.5 极大线性无关组

对象组 $\alpha_i(i=1, 2, \cdots, n)$ 的部分组 $\alpha_i(i=1, 2, \cdots, r, r\leqslant n)$ 是线性无关的，如果将其余的任何一个对象 $\alpha_k(n\geqslant k>r)$ 加入这个部分组，得到新的部分组线性相关，则这个部分组 $\alpha_i(i=1, 2, \cdots, r, r\leqslant n)$ 是对象组 $\alpha_i(i=1, 2, \cdots, n)$ 的极大线性无关组，简称极大无关组.

注意：(1)对象组的极大无关组在对象组中起核心作用，它完全承担了对象组的全部线性功能，换言之，就是将对象组中的线性相关的对象去掉了；

(2)对象组的极大无关组的对象个数，称为对象组的秩；

(3)对象组的极大无关组不一定唯一；

(4)对象组的一个极大无关组称为该对象组的基底，而其余对象在由基底线性表出的系数构成的数组称为该对象在这个基底下的坐标，且是唯一的.

例 1.10：已知一组向量 $\boldsymbol{\alpha}=(1, 1, 1)$，$\boldsymbol{\beta}=(0, 1, 0)$，$\boldsymbol{\gamma}=(1, 0, 0)$，$\boldsymbol{\tau}=(4, -1, 2)$，则 $\boldsymbol{\alpha}$，$\boldsymbol{\beta}$，$\boldsymbol{\gamma}$ 是线性无关的($x\boldsymbol{\alpha}+y\boldsymbol{\beta}+z\boldsymbol{\gamma}=0 \Leftrightarrow x=0, y=0, z=0$)，当然 4 个向量为一组时，它们是线性相关的($\boldsymbol{\tau}=2\boldsymbol{\alpha}-3\boldsymbol{\beta}+2\boldsymbol{\gamma}$)，从而 $\boldsymbol{\alpha}$，$\boldsymbol{\beta}$，$\boldsymbol{\gamma}$ 是该组的极大无关组；该组的秩是 3；同样，$\boldsymbol{\beta}$，$\boldsymbol{\gamma}$，$\boldsymbol{\tau}$ 也是该组的极大无关组，极大无关组不一定唯一.

由 $\boldsymbol{\tau}=2\boldsymbol{\alpha}-3\boldsymbol{\beta}+2\boldsymbol{\gamma}$ 知，$\boldsymbol{\tau}$ 在基底 $\boldsymbol{\alpha}$，$\boldsymbol{\beta}$，$\boldsymbol{\gamma}$ 下的坐标为(2, -3, 2).

1.2.6 线性等价

两个对象组 $\alpha_i(i=1, 2, \cdots, n)$，$\beta_i(i=1, 2, \cdots, m)$，若每组中的任何一个对象均可以由另一组线性表出，也就是它们可以互相线性表出，则称这两组对象线性等价(简称等价). 记作：$\{\alpha_i: i=1, 2, \cdots, n\} \cong \{\beta_i: i=1, 2, \cdots, m\}$.

数学表达：$\alpha_i = \sum_{j=1}^{m} k_{ij}\beta_j(i=1,\ 2,\ \cdots,\ n)$，$\beta_i = \sum_{j=1}^{n} p_{ij}\alpha_j(i=1,\ 2,\ \cdots,\ m)$

$$\Leftrightarrow\{\alpha_i:\ i=1,\ 2,\ \cdots,\ n\} \cong \{\beta_i:\ i=1,\ 2,\ \cdots,\ m\}.$$

注意：若一组对象的极大无关组和该组对象是线性等价的，则该组的任意两组极大无关组也是等价的.

例 1.11：已知向量组 $\boldsymbol{\alpha}=(1,\ 1)$，$\boldsymbol{\beta}=(0,\ 1)$，$\boldsymbol{\gamma}=(3,\ 0)$，$\boldsymbol{\tau}=(4,\ -1)$，其中任意两个向量构成的部分组都是线性无关的，也是该向量组的极大线性无关组，并且它们都是互相线性等价的. 这组向量组的秩是 2. 数学表达式请读者尝试写出.

1.2.7 关于线性相关与线性无关的基本结论

注意：所有结论均使用线性相关，线性无关的定义加以证明.

(1)若把 0 视为对象组中的一个对象，则这个对象组 0，α_1，α_2，…，α_n 一定线性相关.

存在非零常数 1 以及 $k_i=0(i=1,\ 2,\ \cdots,\ n)$ 使得等式

$$1\times 0+\sum_{i=1}^{n} k_i\alpha_i = 0$$

成立，从而此对象组线性相关.

(2)若一个对象 β 可以由对象组 α_1，α_2，…，α_n 线性表出，则加上这个对象的对象组 $\boldsymbol{\beta}$，α_1，α_2，…，α_n 一定线性相关，与原对象组是否线性相关无关.

拓展：线性相关是指对象群体之间的关系，举一个例子：甲、乙两人不相关(不认识)，加上丙后，甲、乙、丙 3 人构成群体就可以相关了(他们可以两两循环认识). 某两个人无关，但全体中国人一定是相关的.

(3)一组线性无关对象组中的任何一个局部(子集)也是线性无关的. 反之，一组对象中的任何一个部分组都是线性无关的，则全体线性无关，而一组对象中存在某部分线性无关，则不能保证全体线性无关.

例 1.12：已知一组向量 $\boldsymbol{\alpha}=(1,\ 1)$，$\boldsymbol{\beta}=(0,\ 1)$，$\boldsymbol{\gamma}=(3,\ 0)$，$\boldsymbol{\tau}=(4,\ -1)$，则线性无关的部分组有：$\boldsymbol{\alpha}$，$\boldsymbol{\beta}$. 当然，其中任何两个为单独的一组，都是线性无关的，但是全体却是线性相关的.

(4)如果一组对象本身是线性相关的，则增加同类对象，得到的新的对象组依然会线性相关.

1.3 代　　数

通俗而言，代数是某对象的集合，集合内部的元素具备加、减、乘、除四种运算，而且每种运算的结果依然在这个集合中，也就是保持了对运算的封闭性.

例如，最简单的实数全体就是一个代数，而整数集合不是一个代数.

1.4 线性代数

一个是对象集合，一个是数集合，对象集合中的元素彼此存在四则运算，同时，数集

合中的数可以和对象集合中的元素做数乘，结果也在对象集合中，这样就保证了线性运算的封闭性，这样的代数就是线性代数.

在本书中，我们的对象集合是矩阵集合，数集合是普通的实数集合，因此，本书的核心内容就围绕着矩阵的四则运算(包括线性运算与非线性运算)展开，然后以运算为基础来研究矩阵对象的性质，例如秩性质、特征值、特征向量、对角化等.

练 习 一

1. 证明对象 $1, x, x^2, \cdots, x^n, \cdots$ 在实数 $\mathbf{R}$ 上线性无关，并将对象 $\arctan x$ 用 $1, x, x^2, \cdots, x^n, \cdots$ 线性表出. 同时证明 $\cos x, 1, x, x^2, \cdots, x^n, \cdots$ 是线性相关的，并写出函数 $\sin x$ 在泰勒展式基底 $1, x, x^2, \cdots, x^n, \cdots$ 下的坐标.

2. 验证 $y=1$，$y=e^x$，$y=e^{2x}$ 是微分方程 $y'''-3y''+2y'=0$ 的解，同时证明 $y=1$，$y=e^x$，$y=e^{2x}$ 是线性无关的，它是这个微分方程的解的基底，求出此微分方程的通解.

第二章　行列式的算法

由 n 行(横的排列称为行)、n 列(纵的排列称为列)共 $n\times n$ 个对象(元素)按照一定的算法规则形成的代数式，称为行列式. 数学符号为：

$$\begin{vmatrix} a_{11} & a_{12} & \cdots & a_{1n} \\ a_{21} & a_{22} & \cdots & a_{2n} \\ \vdots & \vdots & & \vdots \\ a_{n1} & a_{n2} & \cdots & a_{nn} \end{vmatrix}, \quad |\boldsymbol{A}|$$

或者记作：$\det(\boldsymbol{A})$、$\det(a_{ij})$，约定当 $n=1$ 时，$|a_{11}|=a_{11}$.

注意：(1)元素 a_{ij} 中的 i 表示元素 a_{ij} 在行列式的第 i 行，j 表示元素 a_{ij} 在行列式的第 j 列，行 i 在前，列 j 在后，中间不使用符号做间隔. 如：a_{34} 表示元素 a_{34} 在 3 行、4 列交汇处；

(2)行列式的阶是指行列式的行数，或者列数，也就是：阶=行数=列数；

(3) 行列式中有一种约定的算法规则，最后结果是一个代数式，因此所有可以对代数式进行的运算，如求导、积分、求极限、方程求解等，都可以对行列式进行. 也就是读者会看到这样的形式 $\int_0^1 \begin{vmatrix} x & 1 \\ 1 & x \end{vmatrix} \mathrm{d}x$，不要觉得奇怪.

行列式的算法总体遵循三套方案进行：第一算法；第二算法；三大初等行(列)变换.

2.1　行列式的第一算法要义

2.1.1　算法本质

算法本质：所有取自不同行、不同列的元素的乘积的代数和.

将此算法一步一步地拆解：

第一步：取. 每行只能取一个元素，而且取下一行的时候，取到的元素所在的列的元素不能取，这样一组取 n 个元素，保证取到的元素不同行、不同列，共可以取到 $n!$ 组；

第二步：每组 n 个元素做乘法，共 $n!$ 个乘法结果；

第三步：将这 $n!$ 个乘法结果做代数和.

2.1.2　代数和

引入负号后，减法也称为加法，例如：$3-4=3+(-4)$.

这样的加法称为代数和. 在行列式中，代数和前面的正负号由做乘法的元素的位置来确定. 为了确定代数和中的正负号，特别引入“逆序数”这个概念.

2.1.3 逆序数

不同的数两两比较，如果大在前、小在后，它们就构成一个逆序，否则称为自然顺序. 例如：4，3 就是一个逆序，而 1，5 不构成逆序. 一组由不同的数排成的数组的逆序总数，称为该数组数字的逆序数. 逆序数用 τ 表示.

下面介绍计算排列的逆序数的方法.

设 $p_1p_2\cdots p_n$ 是 1，2，…，n 这 n 个自然数的任一排列，并规定由小到大为标准次序.

先看有多少个比 p_1 大的数排在 p_1 前面，记为 t_1；

再看有多少个比 p_2 大的数排在 p_2 前面，记为 t_2；

……

最后看有多少个比 p_n 大的数排在 p_n 前面，记为 t_n.

则此排列的逆序数为 $\tau=t_1+t_2+\cdots+t_n$.

例如：$\tau(4,3)=1$，$\tau(5,4,3,1,2)=9$. 注意，有时候将数与数之间的间隔符号去掉，数字与数字之间稍微分开，也不引起误会，也就是 $\tau(54312)=9$. 逆序数是个普通的数，可以参入一些运算.

例 2.1：$(-1)^{\tau(4321)}=(-1)^6=1$.

而代数和的符号取决于做乘法的因子的行逆序数和列逆序数的总和的奇偶，数学表达为：$(-1)^{\tau(\text{行标组})+\tau(\text{列标组})}$.

逆序数的性质：交换一组排列中的任何两个数，逆序数的奇偶特性发生改变.

例 2.2：$\tau(54312)=9$，交换 5 与 2 后，$\tau(24315)=4$，奇数变成了偶数.

到此行列式的第一算法本质的数学描述为下面介绍的行列式的第一算法.

2.1.4 行列式的第一算法定义

$$|A|=\begin{vmatrix} a_{11} & a_{12} & \cdots & a_{1n} \\ a_{21} & a_{22} & \cdots & a_{2n} \\ \vdots & \vdots & & \vdots \\ a_{n1} & a_{n2} & \cdots & a_{nn} \end{vmatrix}=\sum_{i\neq j\neq k\neq\cdots\neq p}(-1)^{\tau(ijk\cdots p)}a_{1i}a_{2j}a_{3k}\cdots a_{np}$$

注意：在乘法运算中，因子是不同行、不同列的元素，可以从它们的行标和列标中看出. 代数和中的逆序数的确定有三种方式：

(1)在这个定义中，首先让行自然排序，只需要计算列的逆序数，确定正负号.

(2)也可以先让列自然排序，再由行的逆序数确定代数和中的正负号，表达式为：

$$|A|=\sum_{i\neq j\neq k\neq\cdots\neq p}(-1)^{\tau(ijk\cdots p)}a_{i1}a_{j2}a_{k3}\cdots a_{pn}$$

(3)行和列都是乱序，分别将行的逆序数和列的逆序数做总和，确定该项在代数和中的符号.

例 2.3：$a_{31}a_{22}a_{13}$ 的符号由行的逆序数 $\tau(321)$ 确定，是奇数，符号取“-”；$a_{13}a_{22}a_{31}$ 的符号由列的逆序数 $\tau(321)$ 确定，是奇数，符号取“-”；而 $a_{31}a_{13}a_{22}$ 的符号则由行的逆序数 $\tau(312)$ 和列的逆序数 $\tau(132)$ 的总和确定，是奇数，符号取“-”.

2.1.5　特例引导

二阶、三阶用刀切来简化定义：

二阶算法：

$$\begin{vmatrix} a_{11} & a_{12} \\ a_{21} & a_{22} \end{vmatrix} = a_{11}a_{22} + (-1)^{\tau(21)} a_{12}a_{21} = a_{11}a_{22} - a_{12}a_{21}$$

等于主对角线元素 a_{11}，a_{22}之积减去副对角线元素 a_{12}，a_{21}之积，即：

主对角线

副对角线

$$\begin{vmatrix} a_{11} & a_{12} \\ a_{21} & a_{22} \end{vmatrix} = a_{11}a_{22} - a_{12}a_{21}$$

三阶算法：

$$\begin{vmatrix} a_{11} & a_{12} & a_{13} \\ a_{21} & a_{22} & a_{23} \\ a_{31} & a_{32} & a_{33} \end{vmatrix} = a_{11}a_{22}a_{33} + (-1)^{\tau(231)} a_{12}a_{23}a_{31} + (-1)^{\tau(312)} a_{13}a_{21}a_{32} + (-1)^{\tau(321)} a_{13}a_{22}a_{31}$$

$$+ (-1)^{\tau(213)} a_{12}a_{21}a_{33} + (-1)^{\tau(213)} a_{11}a_{23}a_{32}$$

$$= a_{11}a_{22}a_{33} + a_{12}a_{23}a_{31} + a_{13}a_{21}a_{32} - a_{13}a_{22}a_{31} - a_{12}a_{21}a_{33} - a_{11}a_{23}a_{32}$$

根据排列组合的性质，三阶取自不同行、不同列的元素之积共有 6 组，沿着主对角线的元素 a_{11}，a_{22}，a_{33}之积的代数和选择“+”，而沿着副对角线的元素 a_{13}，a_{22}，a_{31}之积的代数和选择“-”. 我们形象地将二阶、三阶的算法比做分别沿着主对角线和副对角线用刀切，二阶只需要切 2 刀，一正，一负；三阶需要切 6 刀，三正，三负.

提示：四阶和四阶以上，就无法用刀切了，请读者细心体会之.

当仅有主对角线的元素非零时，无论行列式的阶数是多少，主对角线的元素做乘积后，不用变号，直接得到行列式的结果；而副对角线的符号规则是，二阶、三阶取负号，四阶、五阶取正号，隔两阶变换一次规律.

2.1.6　一些常用的行列式

(1) 上、下三角形行列式等于主对角线上的元素的乘积，即：

$$D = \begin{vmatrix} a_{11} & a_{12} & \cdots & a_{1n} \\ & a_{22} & \cdots & a_{2n} \\ & & \ddots & \vdots \\ & & & a_{nn} \end{vmatrix} = \begin{vmatrix} a_{11} & & & \\ a_{21} & a_{22} & & \\ \vdots & \vdots & \ddots & \\ a_{n1} & a_{n2} & \cdots & a_{nn} \end{vmatrix} = a_{11}a_{22}\cdots a_{nn}$$

特别地，对角行列式等于对角线元素的乘积，即：

$$D = \begin{vmatrix} a_{11} & & & \\ & a_{22} & & \\ & & \ddots & \\ & & & a_{nn} \end{vmatrix} = a_{11}a_{22}\cdots a_{nn}$$

类似地，
$$D=\begin{vmatrix} & & & a_{1n} \\ & & a_{2,n-1} & \\ & \begin{matrix}\cdot\\ \cdot\ \ \cdot\end{matrix} & & \\ a_{n1} & & & \end{vmatrix}=(-1)^{\frac{n(n-1)}{2}}a_{1n}a_{2,n-1}\cdots a_{n1}$$

(2)范德蒙(Vandermonde)行列式，即：

$$V_n(x_1,\ x_2,\ \cdots,\ x_n)=\begin{vmatrix} 1 & 1 & \cdots & 1 \\ x_1 & x_2 & \cdots & x_n \\ x_1^2 & x_2^2 & \cdots & x_n^2 \\ \vdots & \vdots & & \vdots \\ x_1^{n-1} & x_2^{n-1} & \cdots & x_n^{n-1} \end{vmatrix}=\prod_{n\geqslant i>j\geqslant 1}(x_i-x_j)$$

例 2.4：计算(证明)下列行列式(等式)：

(1) $\begin{vmatrix} 1 & 4 \\ -1 & 2 \end{vmatrix}$.

(2) $\begin{vmatrix} 1 & 2 & 3 \\ 4 & 5 & 6 \\ 7 & 8 & 9 \end{vmatrix}$.

(3)证明：$\dfrac{\mathrm{d}\begin{vmatrix} f(x) & p(x) \\ q(x) & g(x) \end{vmatrix}}{\mathrm{d}x}=\begin{vmatrix} f'(x) & p(x) \\ q'(x) & g(x) \end{vmatrix}+\begin{vmatrix} f(x) & p'(x) \\ q(x) & g'(x) \end{vmatrix}$.

解：(1)原式$=1\times 2-4\times(-1)=6$.

(2)原式$=1\times 5\times 9+2\times 6\times 7+3\times 4\times 8-3\times 5\times 7-2\times 4\times 9-1\times 6\times 8=0$.

(3)证明：左边$=(f(x)g(x)-p(x)q(x))'$

$$=f'(x)g(x)-p'(x)q(x)+f(x)g'(x)-p(x)q'(x)$$

$$=\begin{vmatrix} f'(x) & p(x) \\ q'(x) & g(x) \end{vmatrix}+\begin{vmatrix} f(x) & p'(x) \\ q(x) & g'(x) \end{vmatrix}=\text{右边}$$

细心的读者可以将行列式的求导推广到 n 阶行列式的情况.

同时，所有关于代数式的问题，都可以转换成行列式形式，请读者自己去做一些尝试. 在这个证明中我们使用了逆向操作.

注意：逆向操作是数学中的一种基本思想.

例 2.5：将 $ad-bc$ 逆向写成行列式形式为：$\begin{vmatrix} a & b \\ c & d \end{vmatrix}$或者$\begin{vmatrix} d & c \\ b & a \end{vmatrix}$.

下面我们进行两种逆向操作示范，得到行列式算法的第二要义，以三阶行列式为示范：

$$\begin{vmatrix} a_{11} & a_{12} & a_{13} \\ a_{21} & a_{22} & a_{23} \\ a_{31} & a_{32} & a_{33} \end{vmatrix}=a_{11}a_{22}a_{33}-a_{11}a_{23}a_{32}+a_{12}a_{23}a_{31}-a_{12}a_{21}a_{33}+a_{13}a_{21}a_{32}-a_{13}a_{22}a_{31}$$

$$=a_{11}(a_{22}a_{33}-a_{23}a_{32})+a_{12}(a_{23}a_{31}-a_{21}a_{33})+a_{13}(a_{21}a_{32}-a_{22}a_{31})$$

$$=a_{11}\begin{vmatrix}a_{22}&a_{23}\\a_{32}&a_{33}\end{vmatrix}-a_{12}\begin{vmatrix}a_{21}&a_{23}\\a_{31}&a_{33}\end{vmatrix}+a_{13}\begin{vmatrix}a_{21}&a_{22}\\a_{31}&a_{32}\end{vmatrix}$$

令 $M_{11}=\begin{vmatrix}a_{22}&a_{23}\\a_{32}&a_{33}\end{vmatrix}$，$M_{12}=\begin{vmatrix}a_{21}&a_{23}\\a_{31}&a_{33}\end{vmatrix}$，$M_{13}=\begin{vmatrix}a_{21}&a_{22}\\a_{31}&a_{32}\end{vmatrix}$，则

$$\begin{vmatrix}a_{11}&a_{12}&a_{13}\\a_{21}&a_{22}&a_{23}\\a_{31}&a_{32}&a_{33}\end{vmatrix}=a_{11}M_{11}-a_{12}M_{12}+a_{13}M_{13}$$

令 $A_{11}=(-1)^{1+1}M_{11}$，$A_{12}=(-1)^{1+2}M_{12}$，$A_{13}=(-1)^{1+3}M_{13}$，则

$$\begin{vmatrix}a_{11}&a_{12}&a_{13}\\a_{21}&a_{22}&a_{23}\\a_{31}&a_{32}&a_{33}\end{vmatrix}=a_{11}A_{11}+a_{12}A_{12}+a_{13}A_{13}$$

如是，就有行列式的第二算法.

2.2 行列式的第二算法要义

2.2.1 算法本质

算法本质：行列式的某行与它对应的代数余子式的乘积的和.

余子式：“余”就是剩下的意思，“子”就是一部分，“式”即为代数式，在这里代数式就是行列式，因此余子式就是行列式中去掉某行、某列剩下的元素构成的行列式.

去掉行列式中元素 a_{ij} 所在的行(第 i 行)和列(第 j 列)的所有元素，其余的元素保持原有位置，得到一个 $n-1$ 阶行列式，就是元素 a_{ij} 对应的余子式，记作：M_{ij}，写法上注意依然是行前列后.

代数余子式：就是加上正负号的余子式，其符号由元素所在行与列的标号之和的奇偶确定. 记作：$A_{ij}=(-1)^{i+j}M_{ij}$.

2.2.2 行列式的第二算法定义

$$\begin{vmatrix}a_{11}&a_{12}&\cdots&a_{1n}\\a_{21}&a_{22}&\cdots&a_{2n}\\\vdots&\vdots&&\vdots\\a_{n1}&a_{n2}&\cdots&a_{nn}\end{vmatrix}=\sum_{i=1}^{n}a_{ki}A_{ki}=a_{k1}A_{k1}+a_{k2}A_{k2}+\cdots+a_{kn}A_{kn}\quad(k=1,2,\cdots,n)$$

注意：(1)此算法可以改成某列的元素与它对应的代数余子式的乘积之和. 读者自己写出数学表达式.

(2)注意逆向使用，也就是，依照上面的定义，有

$$\sum_{i=1}^{n}b_{1i}A_{1i}=b_{11}A_{11}+b_{12}A_{12}+\cdots+b_{1n}A_{1n}=\begin{vmatrix}b_{11}&b_{12}&\cdots&b_{1n}\\a_{21}&a_{22}&\cdots&a_{2n}\\\vdots&\vdots&&\vdots\\a_{n1}&a_{n2}&\cdots&a_{nn}\end{vmatrix}$$

即可以反转变成行列式形式. 注意这种表示方法在数学中称为可逆的用法.

例 2.6：已知行列式 $\begin{vmatrix} a & b & c \\ d & e & f \\ h & k & p \end{vmatrix}$，计算 $dA_{11}+eA_{12}+fA_{13}$.

解：原式 $=\begin{vmatrix} d & e & f \\ d & e & f \\ h & k & p \end{vmatrix}=0$

例 2.7：证明：$\sum_{i=1}^{n} a_{ki}A_{ki}=\sum_{i=1}^{n} a_{1i}A_{1i}=\sum_{i=1}^{n} a_{ik}A_{ik}$.

证明：

$$\begin{vmatrix} a_{11} & a_{12} & \cdots & a_{1n} \\ a_{21} & a_{22} & \cdots & a_{2n} \\ \vdots & \vdots & & \vdots \\ a_{n1} & a_{n2} & \cdots & a_{nn} \end{vmatrix}=\sum_{i=1}^{n} a_{ki}A_{ki}$$

$$\begin{vmatrix} a_{11} & a_{12} & \cdots & a_{1n} \\ a_{21} & a_{22} & \cdots & a_{2n} \\ \vdots & \vdots & & \vdots \\ a_{n1} & a_{n2} & \cdots & a_{nn} \end{vmatrix}=\sum_{i=1}^{n} a_{1i}A_{1i}$$

$$\begin{vmatrix} a_{11} & a_{12} & \cdots & a_{1n} \\ a_{21} & a_{22} & \cdots & a_{2n} \\ \vdots & \vdots & & \vdots \\ a_{n1} & a_{n2} & \cdots & a_{nn} \end{vmatrix}=\sum_{i=1}^{n} a_{ik}A_{ik}$$

从而，$\sum_{i=1}^{n} a_{ki}A_{ki}=\sum_{i=1}^{n} a_{1i}A_{1i}=\sum_{i=1}^{n} a_{ik}A_{ik}$.

例 2.8：设行列式 $\begin{vmatrix} 3 & -5 & 2 & 1 \\ 1 & 1 & 0 & -5 \\ -1 & 3 & 1 & 3 \\ 2 & -4 & -1 & -3 \end{vmatrix}$，计算 $A_{11}+A_{12}+A_{13}+A_{14}$ 及 $M_{11}+M_{21}+M_{31}+M_{41}$.

解：反向使用第二算法：

$$A_{11}+A_{12}+A_{13}+A_{14}=\begin{vmatrix} 1 & 1 & 1 & 1 \\ 1 & 1 & 0 & -5 \\ -1 & 3 & 1 & 3 \\ 2 & -4 & -1 & -3 \end{vmatrix}=4$$

$$M_{11}+M_{21}+M_{31}+M_{41}=A_{11}-A_{21}+A_{31}-A_{41}=\begin{vmatrix} 1 & -5 & 2 & 1 \\ -1 & 1 & 0 & -5 \\ 1 & 3 & 1 & 3 \\ -1 & -4 & -1 & -3 \end{vmatrix}=0$$

读懂符号的含义是理解等式本质含义的基础.

(3)第二算法带来了以后常用的技巧：其一，高阶行列式可以通过行列式第二算法降阶；其二，在行列式中某行或者某列有足够多的0，可以通过按照这行(列)展开来降阶计算；其三，行列可以分块计算(多行快速降阶法).

分块计算行列式，本质就是按照多行行列式乘以它的代数余子式.

2.2.3 多行(列)代数余子式

去掉 r 行，同时去掉 r 列，将剩下的元素相对位置不变，构成的 $n-r$ 阶行列式，称为这 r 行、r 列的余子式 M. $A=(-1)^{\text{行标和}+\text{列标和}}M$ 称为它对应的代数余子式，它的正负号由所在行和列的标号之和的奇偶特性确定.

因此，行列式可以实现按照多行(列)展开，实现快速降阶.

例 2.9：第 i，j 行与 p，k 列的代数余子式为 $A=(-1)^{i+j+p+k}M$，其中 M 是原行列式去掉第 i，j 行与 p，k 列所有元素后，其余元素相对位置不变的一个 $n-2$ 阶行列式.

换角度思考数学式：$\begin{vmatrix} a_{11} & a_{12} & a_{13} \\ a_{21} & a_{22} & a_{23} \\ a_{31} & a_{32} & a_{33} \end{vmatrix} = \sum_{i=1}^{3}(-1)^{1+i}a_{1i}M_{1i}$. 换角度可以将原行列式按照第2，3两行展开，而 $(-1)^{1+i}a_{1i}$ 是除掉两行、两列后对应代数余子式.

如果按照第一、第二行展开，则具体表达式可以这样写：

$$\begin{vmatrix} a_{11} & a_{12} & a_{13} \\ a_{21} & a_{22} & a_{23} \\ a_{31} & a_{32} & a_{33} \end{vmatrix} = \begin{vmatrix} a_{11} & a_{12} \\ a_{21} & a_{22} \end{vmatrix}(-1)^{(1+2)+(1+2)}a_{33} + \begin{vmatrix} a_{11} & a_{13} \\ a_{21} & a_{23} \end{vmatrix}(-1)^{(1+2)+(1+3)}a_{32}$$

$$+\begin{vmatrix} a_{12} & a_{13} \\ a_{22} & a_{23} \end{vmatrix}(-1)^{(1+2)+(2+3)}a_{13}.$$

例 2.10：计算行列式：$\begin{vmatrix} a_{11} & \cdots & a_{1k} & 0 & \cdots & 0 \\ \vdots & & \vdots & \vdots & & \vdots \\ a_{k1} & \cdots & a_{kk} & 0 & \cdots & 0 \\ c_{11} & \cdots & c_{1k} & b_{11} & \cdots & b_{1n} \\ \vdots & & \vdots & \vdots & & \vdots \\ c_{n1} & \cdots & c_{nk} & b_{n1} & \cdots & b_{nn} \end{vmatrix}$.

解：令 $A=\det(a_{ij})$，$B=\det(b_{pk})$，按照前 k 行展开，则

$$\text{原式}=A\times(-1)^{1+2+\cdots+k+1+2+\cdots+k}B=AB$$

例 2.11：计算行列式 $\begin{vmatrix} 0 & \cdots & 0 & a_{11} & \cdots & a_{1k} \\ \vdots & & \vdots & \vdots & & \vdots \\ 0 & \cdots & 0 & a_{k1} & \cdots & a_{kk} \\ c_{11} & \cdots & c_{1n} & b_{11} & \cdots & b_{1k} \\ \vdots & & \vdots & \vdots & & \vdots \\ c_{n1} & \cdots & c_{nn} & b_{n1} & \cdots & b_{nk} \end{vmatrix}$.

解：令 $A=\det(a_{ij})$，$C=\det(c_{pk})$，按照前 k 行展开，则

$$原式=A\times(-1)^{1+2+\cdots+k+(n+1)+(n+2)+\cdots+(n+k)}C=(-1)^{kn}AC$$

例 2.12：计算下三角行列式 $D_n=\begin{vmatrix} a_{11} & 0 & \cdots & 0 \\ a_{21} & a_{22} & \cdots & 0 \\ \vdots & \vdots & & \vdots \\ a_{n1} & a_{n2} & \cdots & a_{nn} \end{vmatrix}$（当 $i<j$ 时，$a_{ij}=0$，即主对角线以上的所有元素为 0）.

解：按照行降阶有：

$$D_n=a_{11}\times D_{n-1}=a_{11}\times a_{22}\times D_{n-2}=\cdots=\prod_{i=1}^{n}a_{ii}$$

这是一个很重要的结论：**下三角行列式就是主对角线的元素之积，与行列式的阶数无关**.

上三角行列式：当 $i>j$ 时，$a_{ij}=0$，即主对角线以下的所有元素为 0，它的结果依然是主对角线的元素之积.

(4)行列式的第二算法通常也称为按照某行或者某列将行列式展开.

例 2.13：计算行列式 $\begin{vmatrix} 0 & 0 & 0 & 4 \\ 0 & 0 & 4 & 1 \\ 0 & 4 & 2 & 1 \\ 4 & 3 & 2 & 1 \end{vmatrix}$.

解：原式 $=(-1)^{1+4}4\times\begin{vmatrix} 0 & 0 & 4 \\ 0 & 4 & 2 \\ 4 & 3 & 2 \end{vmatrix}=-(-1)^{1+3}4\times4\times\begin{vmatrix} 0 & 4 \\ 4 & 3 \end{vmatrix}=4^4$.

2.3 行列式的三大核心行(列)变换性质及推论

一个基本观点，所有对行列式中的行进行的处理，都可以对列进行与行类似的处理，行与列具有完全平等的地位.

此外，请注意，所有这些相关性质，都是针对行列式中的行(列)为基本处理单位，不是针对个别元素，也不是针对行列式中的所有元素.

性质 1　负交换性　交换行列式的任意两行(列)得到的行列式与原行列式相反.

可以使用第一算法或者第二算法来证明：

使用行列式第一算法证明：假设交换原行列式的第 i 行与第 j 行，且原行列式算法使用列的形式来写，这样 $a_{i1}a_{j2}a_{k3}\cdots a_{pn}$ 的对应变换后的项为 $b_{j1}b_{i2}a_{k3}\cdots a_{pn}$，其中 $a_{i1}=b_{j1}$，$a_{j2}=b_{i2}$. 它们的行排列交换了一次，反号，这样加法中的每一项都反号，结果反号.

使用第二定义来证明：假设交换原行列式的第 i 行与第 j 行，则原行列式中元素 a_{ik} 对应的代数余子式 A_{ik}，与交换后对应元素 $b_{jk}(a_{ik}=b_{jk})$ 对应的代数余子式 $(-1)^{2p+1}A_{ik}$，p 是第 i 行与第 j 行之间相隔的行数. 因此两个行列式结果相反.

举例示范：计算 $\begin{vmatrix} 1 & 2 \\ 3 & 4 \end{vmatrix}=-2$，而交换第一和第二行后 $\begin{vmatrix} 3 & 4 \\ 1 & 2 \end{vmatrix}=2=-\begin{vmatrix} 1 & 2 \\ 3 & 4 \end{vmatrix}$.

推论 1　如果行列式中两行(列)相同，则行列式结果为 0.

交换相同的两行后，行列式没有改变，但是结果却与原来相反，既相同，又相反，结果是0.

推论2　某行乘以另外一行的代数余子式，行列式结果为0.

也就是：$\sum_{i=1}^{n} a_{pi}A_{ki} = a_{p1}A_{k1} + a_{p2}A_{k2} + \cdots + a_{pn}A_{kn} = \begin{cases} 0, & p \neq k \\ \det(a_{ij}), & p = k \end{cases}$

性质2　行(列)提公因子　将某行(列)的公因子可以直接从行列式中对应行的元素中提出到行列式外.

可以使用第一算法或者第二算法来证明，请读者自己完成.

例2.14：将行列式$\begin{vmatrix} 4 & 8 \\ 3 & 4 \end{vmatrix}$的第一行提出公因子4，有$\begin{vmatrix} 4 & 8 \\ 3 & 4 \end{vmatrix} = 4\begin{vmatrix} 1 & 2 \\ 3 & 4 \end{vmatrix}$.

推论1　如果某行(列)是另一行(列)的倍数，行列式结果为0.

性质3　线性性质　行列式可以按照某行(列)做线性拆解.

也就是：

$$\begin{vmatrix} a_{11} & a_{12} & \cdots & a_{1n} \\ ma_{p1}+qb_{p1} & ma_{p2}+qb_{p2} & \cdots & ma_{pn}+qb_{pn} \\ \vdots & \vdots & & \vdots \\ a_{n1} & a_{n2} & \cdots & a_{nn} \end{vmatrix} = m\begin{vmatrix} a_{11} & a_{12} & \cdots & a_{1n} \\ a_{p1} & a_{p2} & \cdots & a_{pn} \\ \vdots & \vdots & & \vdots \\ a_{n1} & a_{n2} & \cdots & a_{nn} \end{vmatrix} + q\begin{vmatrix} a_{11} & a_{12} & \cdots & a_{1n} \\ b_{p1} & b_{p2} & \cdots & b_{pn} \\ \vdots & \vdots & & \vdots \\ a_{n1} & a_{n2} & \cdots & a_{nn} \end{vmatrix}$$

可以使用第一算法或者第二算法来证明，请读者自己完成.

推论1　将行列式的某行(列)的k倍加到另一行(列)，行列式结果不变.

证明：将行列式的第i行的m倍加到第P行，结果不变：

$$\begin{vmatrix} a_{11} & a_{12} & \cdots & a_{1n} \\ a_{p1} & a_{p2} & \cdots & a_{pn} \\ \vdots & \vdots & & \vdots \\ a_{i1} & a_{i2} & \cdots & a_{in} \\ \vdots & \vdots & & \vdots \\ a_{n1} & a_{n2} & \cdots & a_{nn} \end{vmatrix} = m\begin{vmatrix} a_{11} & a_{12} & \cdots & a_{1n} \\ a_{i1} & a_{i2} & \cdots & a_{in} \\ \vdots & \vdots & & \vdots \\ a_{i1} & a_{i2} & \cdots & a_{in} \\ \vdots & \vdots & & \vdots \\ a_{n1} & a_{n2} & \cdots & a_{nn} \end{vmatrix} + \begin{vmatrix} a_{11} & a_{12} & \cdots & a_{1n} \\ a_{p1} & a_{p2} & \cdots & a_{pn} \\ \vdots & \vdots & & \vdots \\ a_{i1} & a_{i2} & \cdots & a_{in} \\ \vdots & \vdots & & \vdots \\ a_{n1} & a_{n2} & \cdots & a_{nn} \end{vmatrix}$$

$$= \begin{vmatrix} a_{11} & a_{12} & \cdots & a_{1n} \\ ma_{i1}+a_{p1} & ma_{i2}+a_{p2} & \cdots & ma_{in}+a_{pn} \\ \vdots & \vdots & & \vdots \\ a_{n1} & a_{n2} & \cdots & a_{nn} \end{vmatrix}$$

2.4　行列式算法的基本流程

行列式算法的基本流程如下：

(1)判断阶数.

(2) 2阶、3阶用刀切，直接计算.

(3)行(列)变换法：大于或者等于三阶，首先使用三大行(列)处理的性质，将原行列式变成上三角或者下三角，使用主对角线元素之积求解行列式(俗称一刀切，与阶数无关).

(4)降阶法：若行列式中某行(列)有足够多的0，或者经过三大性质处理后某行产生了很多0，可以使用算法二，按照某行(列)，进行降阶处理，出现两种结果：第一，降阶后可以直接计算；第二，得到某个递推关系式，使用高中求数列通项的方法来处理，或者某行(列)出现足够多的0，使用第二算法或者数学归纳法来处理.

(5)快速降阶法：可以按照某几行来实现快速降阶，也就是行列式的分块计算.

例 2.15：计算行列式 $\begin{vmatrix} a & 1 & & & \\ & a & 2 & & \\ & & a & 3 & \\ & & & a & 4 \\ 1 & 2 & 3 & 4 & a \end{vmatrix}$.

解：根据行列式计算流程：它是5阶行列式，流程(2)用不上. 观察发现行与列中有足够多的0，运用流程(4)，按照第一行展开，降阶，然后使用流程(2)，有：

$$\begin{vmatrix} a & 1 & & & \\ & a & 2 & & \\ & & a & 3 & \\ & & & a & 4 \\ 1 & 2 & 3 & 4 & a \end{vmatrix} = a\begin{vmatrix} a & 2 & & \\ & a & 3 & \\ & & a & 4 \\ 2 & 3 & 4 & a \end{vmatrix} - \begin{vmatrix} & 2 & & \\ & a & 3 & \\ & & a & 4 \\ 1 & 3 & 4 & a \end{vmatrix}$$

$$= a^2\begin{vmatrix} a & 3 & \\ & a & 4 \\ 3 & 4 & a \end{vmatrix} - 2a\begin{vmatrix} a & 3 & \\ & a & 4 \\ 3 & 4 & a \end{vmatrix} + \begin{vmatrix} 2 & & \\ a & 3 & \\ & a & 4 \end{vmatrix}$$

$$= a^5 + 2a^4 - 16a^3 + 32a^2 - 72a + 24$$

例 2.16：计算行列式 $D_n = \begin{vmatrix} 3 & 1 & 1 & \cdots & 1 \\ 1 & 3 & 1 & \cdots & 1 \\ 1 & 1 & 3 & \cdots & 1 \\ \vdots & \vdots & \vdots & & \vdots \\ 1 & 1 & 1 & \cdots & 3 \end{vmatrix}$.

解：根据行列式计算流程：它是n阶行列式，流程(2)用不上. 观察发现行与列中没有足够多的0，使用流程(3)，化成上三角，然后一刀切，有：

$$D_n = \begin{vmatrix} 3 & 1 & 1 & \cdots & 1 \\ 1 & 3 & 1 & \cdots & 1 \\ 1 & 1 & 3 & \cdots & 1 \\ \vdots & \vdots & \vdots & & \vdots \\ 1 & 1 & 1 & \cdots & 3 \end{vmatrix} = \begin{vmatrix} n+2 & n+2 & n+2 & \cdots & n+2 \\ 1 & 3 & 1 & \cdots & 1 \\ 1 & 1 & 3 & \cdots & 1 \\ \vdots & \vdots & \vdots & & \vdots \\ 1 & 1 & 1 & \cdots & 3 \end{vmatrix}$$

$$= (n+2)\begin{vmatrix} 1 & 1 & 1 & \cdots & 1 \\ 1 & 3 & 1 & \cdots & 1 \\ 1 & 1 & 3 & \cdots & 1 \\ \vdots & \vdots & \vdots & & \vdots \\ 1 & 1 & 1 & \cdots & 3 \end{vmatrix} = (n+2)\begin{vmatrix} 1 & 1 & 1 & \cdots & 1 \\ & 2 & 0 & \cdots & 0 \\ & & 2 & \cdots & 0 \\ & & & \ddots & \vdots \\ & & & & 2 \end{vmatrix} = 2^{n-1}(n+2)$$

例 2.17：计算行列式 $D_n=\begin{vmatrix} a & 1-a & 0 & \cdots & 0 \\ -1 & a & 1-a & \cdots & 0 \\ 0 & -1 & a & \cdots & 0 \\ \vdots & \vdots & \vdots & & \vdots \\ 0 & 0 & 0 & \cdots & a \end{vmatrix}$.

解：根据行列式计算流程：它是 n 阶行列式，流程(2)用不上. 观察发现行与列中有足够多的0，使用流程(4)，按照第一行降阶，出现降阶后的第二种情况，使用数列求通项的方法或者数学归纳法，有：

$$\begin{aligned} D_n &= aD_{n-1}+(1-a)D_{n-2} \Rightarrow D_n+(1-a)D_{n-1}=D_{n-1}+(1-a)D_{n-2} \\ &= \cdots = D_2+(1-a)D_1=1 \end{aligned}$$

$$D_n+(1-a)D_{n-1}=1 \Rightarrow D_n=\begin{cases} \dfrac{(a-1)^n-1}{a-2}, & a\neq 2 \\ n+1, & a=2 \end{cases}$$

注意：对于 n 阶行列式，一定要读懂其中省略号的省略规则，否则处理会出现混乱.

练 习 二

一、填空题

1. 设 $\boldsymbol{\alpha}_1$，$\boldsymbol{\alpha}_2$，$\boldsymbol{\alpha}_3$ 均为3维列向量，记矩阵：

$$\boldsymbol{A}=(\boldsymbol{\alpha}_1,\ \boldsymbol{\alpha}_2,\ \boldsymbol{\alpha}_3),\ \boldsymbol{B}=(\boldsymbol{\alpha}_1+\boldsymbol{\alpha}_2+\boldsymbol{\alpha}_3,\ \boldsymbol{\alpha}_1+2\boldsymbol{\alpha}_2+4\boldsymbol{\alpha}_3,\ \boldsymbol{\alpha}_1+3\boldsymbol{\alpha}_2+9\boldsymbol{\alpha}_3)$$

如果 $|\boldsymbol{A}|=1$，那么 $|\boldsymbol{B}|=$______.

2. 设4阶矩 $\boldsymbol{A}=(\boldsymbol{\alpha},\ \boldsymbol{\gamma}_2,\ \boldsymbol{\gamma}_3,\ \boldsymbol{\gamma}_4)$，$\boldsymbol{B}=(\boldsymbol{\beta},\ \boldsymbol{\gamma}_2,\ \boldsymbol{\gamma}_3,\ \boldsymbol{\gamma}_4)$，其中 $\boldsymbol{\alpha}$，$\boldsymbol{\beta}$，$\boldsymbol{\gamma}_2$，$\boldsymbol{\gamma}_3$，$\boldsymbol{\gamma}_4$ 均为4维列向量，且已知行列式 $|\boldsymbol{A}|=4$，$|\boldsymbol{B}|=1$，则行列式 $|\boldsymbol{A}+\boldsymbol{B}|=$________.

3. $\begin{vmatrix} x-1 & x-2 & x-3 \\ 2x-1 & 2x-2 & 3x-3 \\ 3x+1 & 3x & 3x-2 \end{vmatrix}=0$ 的根的个数为________个.

二、选择题

1. 四阶行列式 $\begin{vmatrix} a_1 & & & b_1 \\ & a_2 & b_2 & \\ & b_3 & a_3 & \\ b_4 & & & a_4 \end{vmatrix}$ 的值等于(　　)。

A. $a_1a_2a_3a_4-b_1b_2b_3b_4$　　B. $a_1a_2a_3a_4+b_1b_2b_3b_4$

C. $(a_1a_2-b_1b_2)(a_3a_4-b_3b_4)$　　D. $(a_2a_3-b_2b_3)(a_1a_4-b_1b_4)$

三、综合题

1. 计算行列式 $\begin{vmatrix} -ab & ac & ae \\ bd & -cd & de \\ bf & cf & -ef \end{vmatrix}$.

2. 计算行列式 $\begin{vmatrix} 1 & 2 & 3 & 4 & 5 \\ 2 & 3 & 4 & 5 & 1 \\ 3 & 4 & 5 & 1 & 2 \\ 4 & 5 & 1 & 2 & 3 \\ 5 & 1 & 2 & 3 & 4 \end{vmatrix}$.

3. 计算 $D_n = \begin{vmatrix} 1+a_1 & 1 & 1 & \cdots & 1 \\ 1 & 1+a_2 & 1 & \cdots & 1 \\ 1 & 1 & 1+a_3 & \cdots & 1 \\ \vdots & \vdots & \vdots & & \vdots \\ 1 & 1 & 1 & \cdots & 1+a_n \end{vmatrix} \quad (a_1 a_2 \cdots a_n \neq 0)$.

4. 设 $\boldsymbol{A} = \begin{pmatrix} 1+a & 1 & 1 & \cdots & 1 \\ 2 & 2+a & 2 & \cdots & 2 \\ \vdots & \vdots & \vdots & & \vdots \\ n & n & n & \cdots & n+a \end{pmatrix} \quad (a \neq 0)$，求 $|\boldsymbol{A}|$.

第三章 矩阵代数

矩阵是由一些元素按照行与列排列在一起而构成的一种长方形对象，元素与元素之间不存在算法联系，它们只是简单地的排列在一起，形成一个整体(整体在数学中使用括号表示).

一般元素用小写字母表示，如 a_{ij}表示第 i 行、第 j 列交汇处的一个元素. 依然遵循行标在前、列标在后，中间隔离的写法规范.

矩阵用大写字母表示，如 $\boldsymbol{A}_{m\times n}$ 表示 m 行、n 列共 $m\times n$ 个元素组成的矩阵. 依然遵循行标在前、列标在后的写法规范，中间用乘号连接，在不引起误解的情况下，有时候也省略脚标 $m\times n$.

数学表达式为：

$$\boldsymbol{A}_{m\times n}=\begin{pmatrix} a_{11} & a_{12} & \cdots & a_{1n} \\ \vdots & \vdots & & \vdots \\ a_{m1} & a_{m2} & \cdots & a_{mn} \end{pmatrix}$$

当 $n=1$ 时，$\boldsymbol{A}_{m\times 1}=\boldsymbol{\alpha}=\begin{pmatrix} a_{11} \\ \vdots \\ a_{m1} \end{pmatrix}$，称为列向量，使用小写字母 $\boldsymbol{\alpha}$，$\boldsymbol{\beta}$，$\boldsymbol{\gamma}$ 等表示，其中 a_{i1} $(i=1, 2, \cdots, m)$是它的分量.

当 $m=1$ 时，$\boldsymbol{A}_{1\times n}=\boldsymbol{\beta}=(a_{11}, a_{12}, \cdots, a_{1n})$，称为行向量，使用小写字母 $\boldsymbol{\alpha}$，$\boldsymbol{\beta}$，$\boldsymbol{\gamma}$ 等表示，其中 $a_{1i}(i=1, 2, \cdots, n)$是它的分量.

注意：(1)行向量的分量之间使用逗号分开，而列向量分量之间不使用符号分隔.

(2)向量的维数是它的分量的个数. 平面向量 $\boldsymbol{\beta}=(1, 2)$ 是 2 维的，空间向量 $\boldsymbol{\beta}=(1, 2, 3)$ 是 3 维的.

3.1 特殊矩阵

1. 方阵

当 $m=n$ 时，$\boldsymbol{A}_{m\times n}$称为方阵，方阵的阶就是它的行数或者列数，方阵简单地记为 $\boldsymbol{A}_m$，称为 m 阶方阵. 一般的矩阵没有阶这个概念，只有方阵才有. 方阵的大小记为它的行列式，也就是 $|\boldsymbol{A}_m|=|\boldsymbol{A}|=\det(\boldsymbol{A}_m)=\det(\boldsymbol{A})$.

2. 单位阵

主对角线的元素全部是 1，其余的元素全部为 0 的方阵，称为单位阵，即：

$$\begin{cases} a_{ii}=1, & i=1, 2, \cdots, n \\ a_{ij}=0, & i\neq j \end{cases}$$

使用字母 $\boldsymbol{E}_n$ 表示 n 阶单位阵，例如，$\boldsymbol{E}_4=\begin{pmatrix}1&0&0&0\\0&1&0&0\\0&0&1&0\\0&0&0&1\end{pmatrix}$，有的教材中也记作 $\boldsymbol{I}_n$.

3. 数量矩阵

$$\lambda\boldsymbol{E}=\begin{pmatrix}\lambda&0&\cdots&0\\0&\lambda&\cdots&0\\\vdots&\vdots&&\vdots\\0&0&\cdots&\lambda\end{pmatrix}$$

4. 对称矩阵

若 $a_{ij}=a_{ji}(i,\ j=1,\ 2,\ \cdots,\ n)$，方阵 $(a_{ij})_{n\times n}$ 称为对称矩阵.

5. 反对称矩阵

若 $a_{ij}=-a_{ji}(i,\ j=1,\ 2,\ \cdots,\ n)$，方阵 $(a_{ij})_{n\times n}$ 称为反对称矩阵.

注意：反对称矩阵主对角线元素全部为0.

6. 上三角矩阵

主对角线以下的所有元素是0的方阵，称为上三角矩阵，数学表达式为：

$$a_{ij}=0,\quad i>j$$

形式为：

$$\begin{pmatrix}a_{11}&a_{12}&\cdots&a_{1n}\\0&a_{22}&\cdots&a_{2n}\\\vdots&\vdots&&\vdots\\0&0&\cdots&a_{nn}\end{pmatrix}$$

7. 下三角矩阵

主对角线以上的所有元素是0的方阵，称为下三角矩阵，数学表达式为：

$$a_{ij}=0,\quad i<j$$

形式为：

$$\begin{pmatrix}a_{11}&0&\cdots&0\\a_{21}&a_{22}&\cdots&0\\\vdots&\vdots&&\vdots\\a_{n1}&a_{n2}&\cdots&a_{nn}\end{pmatrix}$$

3.2 矩阵与矩阵的代数运算

定义运算，首先要定义矩阵相等的概念.

矩阵相等：两个行数和列数分别对应相等的同类型的矩阵对应元素全部相等，称这两个矩阵相等. 数学表达为：

$$(a_{ij})_{m\times n}=(b_{ij})_{p\times q}\Leftrightarrow\begin{cases}m=p\\n=q\\a_{ij}=b_{ij}\end{cases}$$

矩阵的运算要解决两个核心问题，即：

(1)矩阵和矩阵能不能进行运算？

(2)如果可以，如何计算？

3.2.1 矩阵的线性运算

代数和与数乘是矩阵的线性运算.

1. 矩阵±矩阵

(1)只有同类型的矩阵才能做加减(代数和)，结果也是一个同类型的新矩阵，也就是行数和列数分别对应相等；

(2)两个矩阵中对应元素做代数和，结果是新矩阵的对应位置的元素.

数学表达：

(1) $\boldsymbol{A}_{m\times n}\pm\boldsymbol{B}_{p\times q}=\boldsymbol{C}_{e\times f}\Leftrightarrow m=p=e,\ n=q=f$；

(2) $(a_{ij})_{m\times n}\pm(b_{ij})_{m\times n}=(a_{ij}\pm b_{ij})_{m\times n}=(c_{ij})_{m\times n}\Leftrightarrow a_{ij}\pm b_{ij}=c_{ij}$.

2. 矩阵的数乘

用一个数乘以一个矩阵，就是用这个数乘以矩阵的每一个元素，得到一个新的同类矩阵.

$$\text{数学表达：}k\boldsymbol{A}_{m\times n}=k\ (a_{ij})_{m\times n}=(ka_{ij})_{m\times n}=(c_{ij})_{m\times n}$$

注意：(1)数乘矩阵是这个数和矩阵中的每一个元素都相乘，它不同于数乘以行列式，数乘行列式的数只是行列式中某行(列)的一个公因子，也就是这个数只和行列式中的某行(列)相乘.

(2) $|k\boldsymbol{A}_n|=|(ka_{ij})_{n\times n}|=k^n|\boldsymbol{A}_n|$，$n$ 是方阵 $\boldsymbol{A}$ 的阶数.

例 3.1：已知 $\boldsymbol{A}=\begin{pmatrix}a&b&c\\e&f&g\\h&i&j\end{pmatrix}$，$|\boldsymbol{A}|=\left|\begin{pmatrix}a&b&c\\e&f&g\\h&i&j\end{pmatrix}\right|=\begin{vmatrix}a&b&c\\e&f&g\\h&i&j\end{vmatrix}=7$.

求：$4\boldsymbol{A}$，$|4\boldsymbol{A}|$，$\begin{vmatrix}a&b&c\\4e&4f&4g\\h&i&j\end{vmatrix}$.

解：$4\boldsymbol{A}=\begin{pmatrix}4a&4b&4c\\4e&4f&4g\\4h&4i&4j\end{pmatrix}$，$|4\boldsymbol{A}|=4^3\times7$，$\begin{vmatrix}a&b&c\\4e&4f&4g\\h&i&j\end{vmatrix}=4\times7=28$.

(3) $|\boldsymbol{A}_n\pm\boldsymbol{B}_n|\neq|\boldsymbol{A}_n|\pm|\boldsymbol{B}_n|$，注意区分这个性质与行列式的线性可拆分性的差异. 说到底，行列式的处理以行和列为基本单位，而矩阵的运算，则是所有的行和列都参与这个整体运算，这是体会它们差别的关键.

(4)矩阵的加法和数乘构成矩阵的线性运算.

(5)矩阵的线性运算具备完全类似于数和字母运算的所有运算规则，例如数与字母相乘的分配律、交换律、结合律等性质.

例如：$(k+l)\boldsymbol{A}=k\boldsymbol{A}+l\boldsymbol{A}$；$k(\boldsymbol{A}+\boldsymbol{B})=k\boldsymbol{A}+k\boldsymbol{B}$；$(\boldsymbol{A}+\boldsymbol{B})+\boldsymbol{C}=\boldsymbol{A}+(\boldsymbol{B}+\boldsymbol{C})$.

回顾一下与线性有关的知识，对象是矩阵.

例 3.2：已知 $\boldsymbol{A}=\begin{pmatrix}1&0\\0&1\end{pmatrix}$，$\boldsymbol{B}=\begin{pmatrix}2&0\\0&0\end{pmatrix}$，$\boldsymbol{C}=\begin{pmatrix}0&0\\0&3\end{pmatrix}$. 证明：矩阵 $\boldsymbol{C}$，$\boldsymbol{B}$ 线性无关，并将 $\boldsymbol{A}$ 由 $\boldsymbol{C}$，$\boldsymbol{B}$ 线性表出，求出此矩阵组的极大无关组、秩，以及矩阵 $\boldsymbol{A}$ 在该组一个基底下的坐标.

解：$k\boldsymbol{C}+m\boldsymbol{B}=\begin{pmatrix}2m&\\&3k\end{pmatrix}=0\Leftrightarrow k=0$，$m=0$，所以 $\boldsymbol{C}$，$\boldsymbol{B}$ 线性无关.

$$\boldsymbol{A}=\frac{1}{3}\boldsymbol{C}+\frac{1}{2}\boldsymbol{B}$$

这三个矩阵线性相关，从而 $\boldsymbol{C}$，$\boldsymbol{B}$ 是该矩阵组的一个极大无关组. 该矩阵组的秩是 2，矩阵 $\boldsymbol{A}$ 在基底 $\boldsymbol{C}$，$\boldsymbol{B}$ 下的坐标是 $\left(\frac{1}{3},\ \frac{1}{2}\right)$.

该组中任意两个矩阵均可以构成该组的基底，且互相等价，请读者作为练习.

例 3.3：证明任何一个二阶矩阵均可以由 $\boldsymbol{A}=\begin{pmatrix}1&0\\0&0\end{pmatrix}$，$\boldsymbol{B}=\begin{pmatrix}0&1\\0&0\end{pmatrix}$，$\boldsymbol{C}=\begin{pmatrix}0&0\\1&0\end{pmatrix}$，$\boldsymbol{D}=\begin{pmatrix}0&0\\0&1\end{pmatrix}$ 线性表出.

证明：任意二阶矩阵 $\boldsymbol{M}=\begin{pmatrix}a&b\\c&d\end{pmatrix}=a\boldsymbol{A}+b\boldsymbol{B}+c\boldsymbol{C}+d\boldsymbol{D}$. 这个结论表明矩阵 $\boldsymbol{A}$，$\boldsymbol{B}$，$\boldsymbol{C}$，$\boldsymbol{D}$ 是所有二阶矩阵的极大线性无关组，也是所有二阶矩阵对象集合的基底.

聪明的读者，可以试图找出 n 阶矩阵的一个基底.

3.2.2 矩阵的非线性乘法运算

(1) 只有第一矩阵因子的列数等于第二矩阵因子的行数的两个矩阵才能做乘法运算，运算的结果是一个新矩阵，它的行数与第一因子的行数相同，列数和第二因子的列数相同；

(2) 使用第一矩阵因子中的行（从左至右）对应乘以第二矩阵因子的列（自上而下），点对点相乘，结果相加，构成新矩阵的一个元素，它的行位置是第一个因子矩阵的行，列位置是第二个因子矩阵的列. 乘法的算法规则，通常简单描述为：第一因子矩阵的行乘以第二因子矩阵的列，等于对应的行与列交汇处的元素.

数学表达式：

(1) $\boldsymbol{A}_{m\times n}\times\boldsymbol{B}_{p\times q}=\boldsymbol{C}_{m\times q}\Leftrightarrow n=p$.

(2) $(a_{ij})_{m\times n}\times(b_{jk})_{n\times p}=\left(\sum\limits_{j=1}^{n}a_{ij}b_{jk}\right)_{m\times p}=(c_{ik})_{m\times p}\Leftrightarrow\sum\limits_{j=1}^{n}a_{ij}b_{jk}=c_{ik}$.

例 3.4：已知 $\boldsymbol{A}_{2\times3}=\begin{pmatrix}1&2&-1\\-1&3&4\end{pmatrix}$，$\boldsymbol{B}_{3\times2}=\begin{pmatrix}5&6\\-5&-6\\6&0\end{pmatrix}$. 计算 $\boldsymbol{AB}$，$\boldsymbol{BA}$.

解：

$$\boldsymbol{A}_{2\times3}\boldsymbol{B}_{3\times2}=\begin{pmatrix}1\times5+2\times(-5)+(-1)\times6 & 1\times6+2\times(-6)+(-1)\times0\\-1\times5+3\times(-5)+4\times6 & -1\times6+3\times(-6)+4\times0\end{pmatrix}=\begin{pmatrix}-11&-6\\4&-24\end{pmatrix}=\boldsymbol{C}_{2\times2}.$$

$$B_{3\times2}A_{2\times3}=\begin{pmatrix}5\times1+6\times(-1) & 5\times2+6\times3 & 5\times(-1)+6\times4\\ -5\times1-6\times(-1) & -5\times2-6\times3 & -5\times(-1)-6\times4\\ 6\times1+0\times(-1) & 6\times2+0\times3 & 6\times(-1)+0\times4\end{pmatrix}=\begin{pmatrix}-1 & 28 & 19\\ 1 & -28 & -19\\ 6 & 12 & -6\end{pmatrix}=C_{3\times3}.$$

注意：乘法符号通常会省略，如果是同一个方阵连续相乘，可以写成它的次幂形式. 例如：$A\times A\times A=A^3$.

例 3.5：已知 $A=\begin{pmatrix}1 & 1\\ 1 & 1\end{pmatrix}$，求 $A^n(n\in\mathbf{N}_+)$.

解：使用数学归纳法求解：

$$A^2=2\begin{pmatrix}1 & 1\\ 1 & 1\end{pmatrix}=2A,\ A^3=AA^2=2^2A=2^2\begin{pmatrix}1 & 1\\ 1 & 1\end{pmatrix},\ \cdots,\ A^n=2^{n-1}\begin{pmatrix}1 & 1\\ 1 & 1\end{pmatrix}.$$

例 3.6：证明：

$$\begin{pmatrix}\cos\varphi & -\sin\varphi\\ \sin\varphi & \cos\varphi\end{pmatrix}^n=\begin{pmatrix}\cos n\varphi & -\sin n\varphi\\ \sin n\varphi & \cos n\varphi\end{pmatrix}$$

证：　用数学归纳法，$n=1$ 时显然成立，设 $n=k$ 时成立，即

$$\begin{pmatrix}\cos\varphi & -\sin\varphi\\ \sin\varphi & \cos\varphi\end{pmatrix}^k=\begin{pmatrix}\cos k\varphi & -\sin k\varphi\\ \sin k\varphi & \cos k\varphi\end{pmatrix}$$

当 $n=k+1$ 时，有

$$\begin{aligned}\begin{pmatrix}\cos\varphi & -\sin\varphi\\ \sin\varphi & \cos\varphi\end{pmatrix}^{k+1}&=\begin{pmatrix}\cos k\varphi & -\sin k\varphi\\ \sin k\varphi & \cos k\varphi\end{pmatrix}\begin{pmatrix}\cos\varphi & -\sin\varphi\\ \sin\varphi & \cos\varphi\end{pmatrix}\\ &=\begin{pmatrix}\cos k\varphi\cos\varphi-\sin k\varphi\sin\varphi & -\sin k\varphi\cos\varphi-\cos k\varphi\sin\varphi\\ \sin k\varphi\cos\varphi+\cos k\varphi\sin\varphi & \cos k\varphi\cos\varphi-\sin k\varphi\sin\varphi\end{pmatrix}\\ &=\begin{pmatrix}\cos(k+1)\varphi & -\sin(k+1)\varphi\\ \sin(k+1)\varphi & \cos(k+1)\varphi\end{pmatrix}\end{aligned}$$

等式得证.

注意：乘法不具备交换律.

例 3.7：$A_{1\times3}=(a,\ b,\ c)$，$B_{3\times1}=\begin{pmatrix}e\\ f\\ g\end{pmatrix}$. 求 AB，BA.

解：$AB=ae+bf+cg$，$BA=\begin{pmatrix}ea & eb & ec\\ fa & fb & fc\\ ga & gb & gc\end{pmatrix}$.

可以看出乘法没有交换律. 但是对于分配律、结合律等运算律矩阵的乘法依然具备. 由于乘法没有交换律，以前熟悉的一些公式在矩阵乘法的意义下不再成立.

例如：$(A+B)(A-B)=A^2-AB+BA-B^2\neq A^2-B^2$.

$(A+B)^2=A^2+AB+BA+B^2\neq A^2+2AB+B^2\neq A^2+2BA+B^2$.

矩阵乘法可交换性，是某些特殊矩阵具有的特殊性质，例如单位矩阵可以和任何方阵做交换乘法运算，不具备一般性.

(3)方阵乘法的行列式等于行列式之积：

$$|AB|=|A||B|,\ |A^n|=|A|^n\quad(n\in\mathbf{Z}_+)$$

例 3.8：已知 $\boldsymbol{A}=\begin{pmatrix}1 & 2\\3 & 4\end{pmatrix}$，$\boldsymbol{B}=\begin{pmatrix}4 & 3\\2 & 1\end{pmatrix}$，分别计算：$|\boldsymbol{AB}|$，$|\boldsymbol{A}||\boldsymbol{B}|$.

解：$\boldsymbol{AB}=\begin{pmatrix}8 & 5\\20 & 13\end{pmatrix}$，$|\boldsymbol{AB}|=4$；$|\boldsymbol{A}||\boldsymbol{B}|=-2\times(-2)=4$.

3.2.3 线性方程组的矩阵乘法形式

对于线性方程组(注意线性的对象是未知数)：

$$\begin{cases}a_{11}x_1+a_{12}x_2+\cdots+a_{1n}x_n=b_1\\a_{21}x_1+a_{22}x_2+\cdots+a_{2n}x_n=b_2\\\cdots\cdots\\a_{m1}x_1+a_{m2}x_2+\cdots+a_{mn}x_n=b_m\end{cases}$$

令 $\boldsymbol{A}_{m\times n}=\begin{pmatrix}a_{11} & a_{12} & \cdots & a_{1n}\\a_{21} & a_{22} & \cdots & a_{2n}\\\vdots & \vdots & & \vdots\\a_{m1} & a_{m2} & \cdots & a_{mn}\end{pmatrix}$，$x=\begin{pmatrix}x_1\\x_2\\\vdots\\x_n\end{pmatrix}$，$b=\begin{pmatrix}b_1\\b_2\\\vdots\\b_n\end{pmatrix}$.

则原线性方程组可以改成矩阵乘法形式：

$$\boldsymbol{A}x=b$$

注意：这样的改写是以后常见形式.

其中，$\boldsymbol{A}_{m\times n}=\begin{pmatrix}a_{11} & a_{12} & \cdots & a_{1n}\\a_{21} & a_{22} & \cdots & a_{2n}\\\vdots & \vdots & & \vdots\\a_{m1} & a_{m2} & \cdots & a_{mn}\end{pmatrix}$称为线性方程组的系数矩阵，

$(\boldsymbol{A}_{m\times n}\mid b)=\left(\begin{array}{cccc|c}a_{11} & a_{12} & \cdots & a_{1n} & b_1\\a_{21} & a_{22} & \cdots & a_{2n} & b_2\\\vdots & \vdots & & \vdots & \\a_{m1} & a_{m2} & \cdots & a_{mn} & b_m\end{array}\right)$称为线性方程组的增广矩阵.

注意：未知数的个数等于系数矩阵的列数，每一列的后面的未知数省略了，注意反向将矩阵恢复成方程组，而等号的个数(方程的个数)等于系数矩阵的行数. 以后要习惯线性方程组的乘法表示.

3.2.4 初等矩阵与矩阵相乘的意义

将单位矩阵经过三种核心行(列)变换，得到三种初等矩阵：$\boldsymbol{E}_{ij}$，$\boldsymbol{E}_{k(i)+(j)}$，$\boldsymbol{E}_{k(i)}$.

(1)将单位矩阵的第 i 行(列)与第 j 行(列)进行交换，得到矩阵 $\boldsymbol{E}_{ij}$；

(2)将单位矩阵的第 i 行(列)的 k 倍加到第 j 行(列)，得到矩阵 $\boldsymbol{E}_{k(i)+(j)}$；

(3)将单位矩阵的第 i 行(列)乘以非 0 常数 $k(k\neq 0)$，得到矩阵 $\boldsymbol{E}_{k(i)}$.

1. 初等矩阵左乘某矩阵的意义

用初等矩阵左乘某矩阵，就是将这个矩阵的行进行相应的行变换.

(1)$\boldsymbol{E}_{ij}\boldsymbol{A}$ 的意思是把矩阵 $\boldsymbol{A}$ 的第 i 行与第 j 行交换；

(2)$\boldsymbol{E}_{k(i)+(j)}\boldsymbol{A}$ 的意思是将矩阵 $\boldsymbol{A}$ 第 i 行的 k 倍加到第 j 行；

(3)$\boldsymbol{E}_{k(i)}\boldsymbol{A}$ 的意思是将矩阵 $\boldsymbol{A}$ 的第 i 行乘以非 0 常数 $k(k\neq 0)$.

2. 初等矩阵右乘某矩阵的意义

用初等矩阵右乘某矩阵，就是将这个矩阵的列进行相应的列变换.

(1)$\boldsymbol{A}\boldsymbol{E}_{ij}$的意思是把矩阵 A 的第 i 列与第 j 列交换；

(2)$\boldsymbol{A}\boldsymbol{E}_{k(i)+(j)}$ 的意思是将矩阵 $\boldsymbol{A}$ 第 i 列的 k 倍加到第 j 列；

(3)$\boldsymbol{A}\boldsymbol{E}_{k(i)}$ 的意思是将矩阵 $\boldsymbol{A}$ 的第 i 列乘以非 0 常数 $k(k\neq 0)$.

例 3.9：$\boldsymbol{A}=\begin{pmatrix} a & b \\ c & d \end{pmatrix}$，$\boldsymbol{B}=\begin{pmatrix} b & a+b \\ d & c+d \end{pmatrix}$，问：$\boldsymbol{B}$ 如何由 $\boldsymbol{A}$ 变化而来？请用乘法表示.

解：$\boldsymbol{A}\boldsymbol{E}_{1\times(2)+(1)}=\begin{pmatrix} a & b \\ c & d \end{pmatrix}\begin{pmatrix} 1 & 0 \\ 1 & 1 \end{pmatrix}=\begin{pmatrix} a+b & b \\ c+d & d \end{pmatrix}$，$\begin{pmatrix} a+b & b \\ c+d & d \end{pmatrix}E_{12}=\begin{pmatrix} b & a+b \\ d & c+d \end{pmatrix}$.

例 3.10：使用乘法表示矩阵 $\boldsymbol{A}=\begin{pmatrix} 3 & 2 & 1 \\ 1 & 1 & 1 \\ 1 & 0 & 1 \end{pmatrix}$ 到矩阵 $\boldsymbol{E}=\begin{pmatrix} 1 & 0 & 0 \\ 0 & 1 & 0 \\ 0 & 0 & 1 \end{pmatrix}$ 的变化过程.

解：$\boldsymbol{E}_{-\frac{1}{2}\times(2)}\boldsymbol{E}_{\frac{1}{2}\times(2)+(1)}\boldsymbol{E}_{-2\times(2)+(3)}\boldsymbol{E}_{23}\boldsymbol{E}_{-1\times(1)+(3)}\boldsymbol{E}_{-3\times(1)+(2)}\boldsymbol{E}_{23}\boldsymbol{E}_{13}A=\boldsymbol{E}$.

乘法对于矩阵而言有其特殊的意义，对于所有行列变化，均可以使用乘法来表示，这一点非常值得关注，也是线性代数学习的较高层次与要求.

此外，如果 $\boldsymbol{E}_{-\frac{1}{2}\times(2)}\boldsymbol{E}_{\frac{1}{2}\times(2)+(1)}\boldsymbol{E}_{-2\times(2)+(3)}\boldsymbol{E}_{23}\boldsymbol{E}_{-1\times(1)+(3)}\boldsymbol{E}_{-3\times(1)+(2)}\boldsymbol{E}_{23}\boldsymbol{E}_{13}=\boldsymbol{B}$，则 $\boldsymbol{B}\boldsymbol{A}=\boldsymbol{E}$. 可以得到一个新的概念和做法.

例 3.11：使用矩阵乘法解线性方程组：

$$\begin{cases} x_1-2x_2-5x_3=1 \\ -2x_1-2x_2+3x_3=-1 \\ 3x_1+6x_2+7x_3=1 \end{cases}$$

解：令系数矩阵 $\boldsymbol{A}=\begin{pmatrix} 1 & -2 & -5 \\ -2 & -2 & 3 \\ 3 & 6 & 7 \end{pmatrix}$，先将线性方程组改写成为矩阵乘法的形式：$\boldsymbol{A}x=b$，根据乘法规则，两边同时做同样的乘法，则左边：

$$\boldsymbol{E}_{\frac{1}{8}\times(3)}\boldsymbol{E}_{-\frac{1}{6}\times(2)}\boldsymbol{E}_{-\frac{1}{3}\times(2)+(1)}\boldsymbol{E}_{\frac{5}{8}\times(3)+(1)}\boldsymbol{E}_{\frac{7}{8}\times(3)+(2)}\boldsymbol{E}_{2\times(2)+(3)}\boldsymbol{E}_{-3\times(1)+(3)}\boldsymbol{E}_{2\times(1)+(2)}\boldsymbol{A}x=\boldsymbol{E}x=x$$

右边：

$$\boldsymbol{E}_{\frac{1}{8}\times(3)}\boldsymbol{E}_{-\frac{1}{6}\times(2)}\boldsymbol{E}_{-\frac{1}{3}\times(2)+(1)}\boldsymbol{E}_{\frac{5}{8}\times(3)+(1)}\boldsymbol{E}_{\frac{7}{8}\times(3)+(2)}\boldsymbol{E}_{2\times(2)+(3)}\boldsymbol{E}_{-3\times(1)+(3)}\boldsymbol{E}_{2\times(1)+(2)}b=\begin{pmatrix} \frac{2}{3} \\ -\frac{1}{6} \\ 0 \end{pmatrix},$$

所以，$x=\begin{pmatrix} \frac{2}{3} \\ -\frac{1}{6} \\ 0 \end{pmatrix}$.

将乘法略去，改成矩阵行变换的方式，使用增广矩阵行变换：

$$(\boldsymbol{A} \mid b)=\left(\begin{array}{ccc|c}1 & -2 & -5 & 1\\ -2 & -2 & 3 & -1\\ 3 & 6 & 7 & 1\end{array}\right)\xrightarrow[2\times(1)+(2)]{-3\times(1)+(3)}\left(\begin{array}{ccc|c}1 & -2 & -5 & 1\\ 0 & -6 & -7 & 1\\ 0 & 12 & 22 & -2\end{array}\right)\xrightarrow{\substack{2\times(2)+(3)\\ \frac{1}{8}\times(3)}}$$

$$\left(\begin{array}{ccc|c}1 & -2 & -5 & 1\\ 0 & -6 & -7 & 1\\ 0 & 0 & 1 & 0\end{array}\right)\xrightarrow[7\times(3)+(2)]{5\times(3)+(1)}\left(\begin{array}{ccc|c}1 & -2 & 0 & 1\\ 0 & -6 & 0 & 1\\ 0 & 0 & 1 & 0\end{array}\right)\xrightarrow[2\times(2)+(1)]{-\frac{1}{6}\times(2)}\left(\begin{array}{ccc|c}1 & 0 & 0 & \frac{2}{3}\\ 0 & 1 & 0 & -\frac{1}{6}\\ 0 & 0 & 1 & 0\end{array}\right).$$

所以，$x=\begin{pmatrix}\frac{2}{3}\\ -\frac{1}{6}\\ 0\end{pmatrix}$.

初等行变换的本质就是左乘初等矩阵，读者要仔细体会这样的思想，以后会大量使用.

下面介绍矩阵方程的乘法解法.

例 3.12：已知 $\boldsymbol{A}=\begin{pmatrix}1 & 1 & 0\\ 0 & 1 & 3\\ 0 & 0 & 1\end{pmatrix}$，$\boldsymbol{C}=\begin{pmatrix}1 & 2\\ 2 & 3\\ 1 & 3\end{pmatrix}$，$\boldsymbol{AB}=\boldsymbol{C}$，求矩阵 $\boldsymbol{B}$.

解：在等式两边同时左乘初等矩阵，使得等式左边为矩阵 $\boldsymbol{B}$，等式右边即为所求解，表达式为：

$$\boldsymbol{E}_{-(2)+(1)}\boldsymbol{E}_{-3(3)+(2)}\boldsymbol{AB}=\boldsymbol{E}_{-(2)+(1)}\boldsymbol{E}_{-3(3)+(2)}\boldsymbol{C}\Rightarrow\boldsymbol{EB}=\boldsymbol{E}_{-(2)+(1)}\boldsymbol{E}_{-3(3)+(2)}\boldsymbol{C}\Rightarrow\boldsymbol{B}=\boldsymbol{E}_{-(2)+(1)}\boldsymbol{E}_{-3(3)+(2)}\boldsymbol{C}$$

根据左乘行变换的思想：将两矩阵并列在一起，同时进行行变换，当左边为单位阵时，右边即为所求，即

$$(\boldsymbol{A} \mid \boldsymbol{C})=\left(\begin{array}{ccc|cc}1 & 1 & 0 & 1 & 2\\ 0 & 1 & 3 & 2 & 3\\ 0 & 0 & 1 & 1 & 3\end{array}\right)\to\left(\begin{array}{ccc|cc}1 & 0 & 0 & 2 & 8\\ 0 & 1 & 0 & -1 & -6\\ 0 & 0 & 1 & 1 & 3\end{array}\right),\ \boldsymbol{B}=\begin{pmatrix}2 & 8\\ -1 & -6\\ 1 & 3\end{pmatrix}$$

3.2.5 逆矩阵

定义：如果方阵 $\boldsymbol{A}$ 与方阵 $\boldsymbol{B}$ 的乘积是单位阵 $\boldsymbol{E}$，则它们互称为对方的逆矩阵.

该想法源自于除法的改写：$3\div3=1\Leftrightarrow3\times\frac{1}{3}=1\Leftrightarrow3\times3^{-1}=1$.

数学表达为：$\boldsymbol{AB}=\boldsymbol{BA}=\boldsymbol{E}$. 记作：$\boldsymbol{A}^{-1}=\boldsymbol{B}$，$\boldsymbol{B}^{-1}=\boldsymbol{A}$，$\boldsymbol{A}$，$\boldsymbol{B}$ 互称为对方的逆矩阵.

例 3.13：$\boldsymbol{A}=\begin{pmatrix}1 & 2\\ 3 & 5\end{pmatrix}$，$\boldsymbol{B}=-\begin{pmatrix}5 & -2\\ -3 & 1\end{pmatrix}$，则 $\boldsymbol{AB}=\boldsymbol{BA}=\boldsymbol{E}$，也就是 $\boldsymbol{A}^{-1}=\boldsymbol{B}$，$\boldsymbol{B}^{-1}=\boldsymbol{A}$.

逆矩阵的基本性质：

(1) 如果矩阵 $\boldsymbol{A}$ 可逆，则它的逆矩阵是唯一的.

证明：使用同一法：

$$\boldsymbol{AB}=\boldsymbol{E},\ \boldsymbol{AC}=\boldsymbol{E}\Rightarrow\boldsymbol{AB}=\boldsymbol{AC}\Rightarrow\boldsymbol{A}^{-1}\boldsymbol{AB}=\boldsymbol{A}^{-1}\boldsymbol{AC}\Rightarrow\boldsymbol{B}=\boldsymbol{C}$$

注意：逆矩阵唯一性法则是处理所有关于逆矩阵问题的核心武器.

(2)如果矩阵可逆，则它的行列式不等于0，且满足：

$$|AB|=|BA|=|E|=1,\ |A|=|B|^{-1}$$

(3)乘积的逆矩阵等于逆矩阵的交换乘积：

$$(AB)^{-1}=B^{-1}A^{-1}$$

特例：$(kB)^{-1}=k^{-1}B^{-1}(k\in\mathbf{R},\ k\neq 0)$.

(4)逆矩阵的逆矩阵是原矩阵，即：

$$((A)^{-1})^{-1}=A$$

(5)任何可逆矩阵可以分解为若干初等矩阵的乘积形式：

$$A=P_1P_2\cdots P_n$$

证明：$(A\mid E)\to(Q_n\cdots Q_2Q_1A\mid Q_n\cdots Q_2Q_1E)=(E\mid Q_n\cdots Q_2Q_1)=(E\mid A^{-1})$，$(E\mid Q_n\cdots Q_2Q_1)=(E\mid A^{-1})\Rightarrow A^{-1}=Q_n\cdots Q_2Q_1\Rightarrow A=(Q_n\cdots Q_2Q_1)^{-1}=P_1P_2\cdots P_n$，其中，$(Q_n\cdots Q_2Q_1)^{-1}=P_1P_2\cdots P_n$，$P_i=Q_i^{-1}(i=1,\ 2,\ \cdots,\ n)$，都是初等矩阵

(6)初等矩阵的逆矩阵：$(E_{ij})^{-1}=E_{ij}$；$(E_{k(i)})^{-1}=E_{k^{-1}(i)}$；$(E_{k(i)+j})^{-1}=E_{-k(i)+j}$.

(7)逆矩阵是为了解决矩阵的除法.

例 3.14：若矩阵 A 可逆，且 $AB=C$，则 $B=A^{-1}C$. 这样从一个侧面解决了矩阵除法的问题.

例 3.15：矩阵 $A^k=0(k\in\mathbf{Z}_+)$，求 $(A-E)^{-1}$.

解：

$$(A-E)(-A^{k-1}-A^{k-2}-\cdots-E)=-A^k+E=E\Rightarrow(A-E)^{-1}=-A^{k-1}-A^{k-2}-\cdots-E.$$

学习一个新知识，要习惯擅长将学过的知识与它进行有机的结合，这个学习方法俗称“滚雪球”. 以上就采用了这样的方法，将逆矩阵与学过的行列式，矩阵的数乘、加法、乘积结合得到新的性质. 下面还会继续采用这样的学习方式.

3.3 矩阵的自运算

3.3.1 矩阵转置

将矩阵 $A_{m\times n}$ 的行变成相应的列(或者列变成相应的行)，得到一个新矩阵 $B_{n\times m}$，称为原矩阵 $A_{m\times n}$ 的转置. 记作：$B_{n\times m}=(A_{m\times n})^{\mathrm{T}}$，$(B_{n\times m})^{\mathrm{T}}=A_{m\times n}$.

例 3.16：$A=\begin{pmatrix}1&2\\3&4\\5&6\end{pmatrix}_{3\times 2}$，则它的转置为 $A^{\mathrm{T}}=B=\begin{pmatrix}1&3&5\\2&4&6\end{pmatrix}_{2\times 3}$.

矩阵转置的性质

(1)某矩阵转置的转置等于原矩阵，即：

$$[(A_{m\times n})^{\mathrm{T}}]^{\mathrm{T}}=A_{m\times n}$$

(2)方阵转置的行列式不变，即：

$$|(A_{m\times m})^{\mathrm{T}}|=|A_{m\times m}|,\ (\det(A^{\mathrm{T}})=\det(A))$$

(3)矩阵的线性运算的转置等于转置矩阵的线性运算，即：

$$(kA+pB)^{\mathrm{T}}=kA^{\mathrm{T}}+pB^{\mathrm{T}}$$

(4)乘积的转置等于转置的交换乘法，即：

$$(\boldsymbol{AB})^{\mathrm{T}}=\boldsymbol{B}^{\mathrm{T}}\boldsymbol{A}^{\mathrm{T}}$$

(5)使用转置表示对称矩阵，即：

$$\boldsymbol{A}^{\mathrm{T}}=\boldsymbol{A}\Leftrightarrow \text{矩阵}\boldsymbol{A}\text{是对称矩阵}$$

(6)使用转置表示反对称矩阵，即：

$$\boldsymbol{A}^{\mathrm{T}}=-\boldsymbol{A}\Leftrightarrow \text{矩阵}\boldsymbol{A}\text{是反对称矩阵}$$

(7)矩阵转置的逆矩阵是逆矩阵的转置，即：

$$(\boldsymbol{A}^{\mathrm{T}})^{-1}=(\boldsymbol{A}^{-1})^{\mathrm{T}}$$

证明：因为 $\boldsymbol{A}^{\mathrm{T}}(\boldsymbol{A}^{\mathrm{T}})^{-1}=\boldsymbol{E}$，$\boldsymbol{A}^{\mathrm{T}}(\boldsymbol{A}^{-1})^{\mathrm{T}}=(\boldsymbol{A}^{-1}\boldsymbol{A})^{\mathrm{T}}=\boldsymbol{E}$，

故 $\boldsymbol{A}^{\mathrm{T}}(\boldsymbol{A}^{\mathrm{T}})^{-1}=\boldsymbol{A}^{\mathrm{T}}(\boldsymbol{A}^{-1})^{\mathrm{T}}\Rightarrow(\boldsymbol{A}^{\mathrm{T}})^{-1}=(\boldsymbol{A}^{-1})^{\mathrm{T}}$.

(8)初等矩阵的转置，即：

$$(\boldsymbol{E}_{ij})^{\mathrm{T}}=\boldsymbol{E}_{ij};\ (\boldsymbol{E}_{k(i)})^{\mathrm{T}}=\boldsymbol{E}_{k(i)};\ (\boldsymbol{E}_{k(i)+j})^{\mathrm{T}}=\boldsymbol{E}_{k(j)+i}$$

例 3.17：设列矩阵 $\boldsymbol{X}=(x_1,\ x_2,\ \cdots,\ x_n)^{\mathrm{T}}$ 满足 $\boldsymbol{X}^{\mathrm{T}}\boldsymbol{X}=1$，$\boldsymbol{E}$ 是 n 阶单位阵，$\boldsymbol{H}=\boldsymbol{E}-2\boldsymbol{X}\boldsymbol{X}^{\mathrm{T}}$，证明：$\boldsymbol{H}$ 是对称矩阵，且 $\boldsymbol{H}\boldsymbol{H}^{\mathrm{T}}=\boldsymbol{E}$.

证明：

$$\boldsymbol{H}^{\mathrm{T}}=(\boldsymbol{E}-2\boldsymbol{X}\boldsymbol{X}^{\mathrm{T}})^{\mathrm{T}}=\boldsymbol{E}^{\mathrm{T}}-2\boldsymbol{X}\boldsymbol{X}^{\mathrm{T}}=\boldsymbol{E}-2\boldsymbol{X}\boldsymbol{X}^{\mathrm{T}}=\boldsymbol{H}$$

所以 $\boldsymbol{H}$ 是对称矩阵.

$$\begin{aligned}\boldsymbol{H}\boldsymbol{H}^{\mathrm{T}}&=\boldsymbol{H}^2=(\boldsymbol{E}-2\boldsymbol{X}\boldsymbol{X}^{\mathrm{T}})^2=\boldsymbol{E}-4\boldsymbol{X}\boldsymbol{X}^{\mathrm{T}}+4(\boldsymbol{X}\boldsymbol{X}^{\mathrm{T}})(\boldsymbol{X}\boldsymbol{X}^{\mathrm{T}})\\&=\boldsymbol{E}-4\boldsymbol{X}\boldsymbol{X}^{\mathrm{T}}+4\boldsymbol{X}(\boldsymbol{X}^{\mathrm{T}}\boldsymbol{X})\boldsymbol{X}^{\mathrm{T}})\\&=\boldsymbol{E}-4\boldsymbol{X}\boldsymbol{X}^{\mathrm{T}}+4\boldsymbol{X}\boldsymbol{X}^{\mathrm{T}}=\boldsymbol{E}\end{aligned}$$

3.3.2 矩阵 A 的伴随矩阵 A^*

将原矩阵 $\boldsymbol{A}$ 的每一个元素 a_{ij} 的代数余子式 A_{ij} 求出，将行的代数余子式 A_{ij} 按照竖排规则构成一个全新的矩阵，称为矩阵 $\boldsymbol{A}$ 的伴随矩阵. 记作：$\boldsymbol{A}^*$.

数学表达为：若矩阵 $\boldsymbol{A}_{n\times n}=\begin{pmatrix}a_{11}&a_{12}&\cdots&a_{1n}\\ \vdots&\vdots&&\vdots\\ a_{n1}&a_{n2}&\cdots&a_{nn}\end{pmatrix}$，则伴随矩阵形式为 $\boldsymbol{A}^*_{n\times n}=\begin{pmatrix}A_{11}&A_{21}&\cdots&A_{n1}\\ \vdots&\vdots&&\vdots\\ A_{1n}&A_{2n}&\cdots&A_{nn}\end{pmatrix}$，特别注意，代数余子式的排列规则——站直了.

伴随矩阵的三大核心性质：

(1)乘积性质：$\boldsymbol{A}\boldsymbol{A}^*=\boldsymbol{A}^*\boldsymbol{A}=|\boldsymbol{A}|\boldsymbol{E}=\begin{pmatrix}|\boldsymbol{A}|&&\\&\ddots&\\&&|\boldsymbol{A}|\end{pmatrix}$.

推论：$\boldsymbol{A}^{-1}=\dfrac{\boldsymbol{A}^*}{|\boldsymbol{A}|}$，$\boldsymbol{A}^*=|\boldsymbol{A}|\boldsymbol{A}^{-1}$，$(\boldsymbol{A}^*)^{-1}=\dfrac{\boldsymbol{A}}{|\boldsymbol{A}|}$.

(2)行列式性质：$\det(\boldsymbol{A}^*)=|\boldsymbol{A}^*|=|\boldsymbol{A}|^{n-1}$（$n$ 是矩阵 $\boldsymbol{A}$ 的阶数）

证明：$|\boldsymbol{A}\boldsymbol{A}^*|=||\boldsymbol{A}|\boldsymbol{E}|=\begin{vmatrix}|\boldsymbol{A}|&&\\&\ddots&\\&&|\boldsymbol{A}|\end{vmatrix}=|\boldsymbol{A}|^n\Rightarrow|\boldsymbol{A}^*|=|\boldsymbol{A}|^{n-1}$.

例 3.18：$|A|=2$，它是 3 阶行列式，求 $|A^*|$，$|(A^*)^*|$.

解：$|A^*|=|A|^{3-1}=2^2=4$，$|(A^*)^*|=|A^*|^{3-1}=4^2=16$.

(3)秩性质(后面证明，请先记忆)：当 A 的秩是 n 时，A^* 的秩等于 n；当 A 的秩等于 $n-1$ 时，A^* 的秩等于 1，如果矩阵 A 的秩小于 $n-1$ 时，A^* 的秩等于 0.

数学表达：$\operatorname{rank}(A^*)=\begin{cases}n, & r(A)=n,\\ 1, & r(A)=n-1,\\ 0, & r(A)\leqslant n-2.\end{cases}$

以上三个基本特征是处理所有关于伴随矩阵问题的必用利器，其中第一个尤其重要，读者在学习中加强体会.

例 3.19：$|A|=2$，它是 3 阶行列式，求 $|A^{-1}+A^*|$.

解：因为 $A(A^{-1}+A^*)=E+|A|E=3E$，所以 $|A(A^{-1}+A^*)|=|3E|=27$.

所以 $|A^{-1}+A^*|=\dfrac{27}{|A|}=\dfrac{27}{2}$.

还有以下一些性质，也需要注意：

(1)矩阵转置的伴随矩阵是原矩阵的伴随矩阵的转置：$(A^{\mathrm{T}})^*=(A^*)^{\mathrm{T}}$

根据伴随矩阵构成的排列规则，很容易证明.

(2)矩阵的逆矩阵的伴随矩阵是伴随矩阵的逆矩阵：$(A^{-1})^*=(A^*)^{-1}$.

证明：因为 $A^{-1}(A^{-1})^*=|A^{-1}|E$，$A^{-1}(A^*)^{-1}=(A^*A)^{-1}=|A|^{-1}E$，

所以 $A^{-1}(A^{-1})^*=A^{-1}(A^*)^{-1}\Rightarrow(A^{-1})^*=(A^*)^{-1}$.

(3)可逆方阵乘积的伴随矩阵是伴随矩阵的交换乘积：$(AB)^*=B^*A^*$.

证明：因为 $(AB)(AB)^*=|AB|E=|A||B|E$，$(AB)(B^*A^*)=A(BB^*)A^*=|B||A|E$.

所以 $(AB)(AB)^*=(AB)(B^*A^*)\Rightarrow(AB)^*=(B^*A^*)\quad(|AB|\neq 0)$.

(4)若 A 可逆，则 $(A^*)^*=|A|^{n-2}A$.

证明：

$$A^*(A^*)^*=|A^*|E=|A|^{n-1}E\Rightarrow AA^*(A^*)^*=|A|^{n-1}A\Rightarrow|A|(A^*)^*=|A|^{n-1}A\Rightarrow(A^*)^*=|A|^{n-2}A.$$

(5)若 A 可逆，则 $(kA)^*=k^{n-1}A^*$.

证明：$\left.\begin{array}{l}kA\,(kA)^*=|kA|E=k^n|A|E\\ kAk^{n-1}A^*=k^n|A|E\end{array}\right\}\Rightarrow(kA)^*=k^{n-1}A^*$.

(6)初等矩阵的伴随：$(E_{ij})^*=-E_{ij}$；$(E_{k(i)})^*=kE_{k^{-1}(i)}$；$(E_{k(i)+j})^*=E_{-k(i)+j}$.

3.4 矩阵的非线性运算：逆矩阵与乘法

无法直接定义矩阵除以矩阵，从代数方程求解中吸取数学经验，如解 $2x=3$，求解可以直接使用除法得 $x=3\div 2$ 也可以使用乘法形式：

$$2^{-1}\times 2x=2^{-1}\times 3\Rightarrow x=2^{-1}\times 3\Leftrightarrow Ax=b\Rightarrow A^{-1}Ax=A^{-1}b\Rightarrow x=A^{-1}b$$

基于这样的思想，解决矩阵除法问题，可以转化为矩阵乘法方式. 若逆矩阵 A^{-1} 存在，

则 $AB=C\Rightarrow A^{-1}AB=A^{-1}\times C\Rightarrow B=A^{-1}\times C$. 也就是使用乘法的方式解决除以矩阵 A 的问题.

因此，只需要求出逆矩阵，就可以完美地解决矩阵除法的问题.

关于逆矩阵有两个核心问题：什么样的矩阵的逆矩阵存在？如果矩阵存在逆矩阵，如何求解？必须完全掌握和理解.

1. 什么样的矩阵存在逆矩阵

这样的矩阵存在逆矩阵：第一，它是方阵；第二，它的行列式不等于0.

也就是：$|AA^{-1}|=|A^{-1}A|=|E|=1\Leftrightarrow|A^{-1}|=|A|^{-1}\neq 0$.

注意：当矩阵 A 的行列式不等于0时，称矩阵 A 是非退化(非奇异)的，否则称矩阵 A 是退化(奇异)的.

2. 如何求逆矩阵

(1)伴随矩阵法.

$$AA^*=|A|E\Rightarrow A\frac{A^*}{|A|}=E\Rightarrow A^{-1}=\frac{A^*}{|A|}$$

因此，求矩阵 A 的逆矩阵，只需要先求出它的伴随矩阵 A^*，再除以它的行列式 $|A|$，即可得到 $A^{-1}=\dfrac{A^*}{|A|}$.

例 3.20：$A=\begin{pmatrix}a&b\\c&d\end{pmatrix}$，$ad-bc\neq 0$，求 A^{-1}.

解：$|A|=ad-bc\neq 0$，$A^*=\begin{pmatrix}d&-b\\-c&a\end{pmatrix}$，$A^{-1}=\dfrac{1}{ad-bc}\begin{pmatrix}d&-b\\-c&a\end{pmatrix}$.

(2)初等矩阵左乘矩阵等同于矩阵的行变换法(初等矩阵右乘等同于矩阵的列变换法).

左乘行变化法：将矩阵与单位阵分左右并起来，一起左乘初等矩阵，等同于同步进行一样的行变换，即：

$$(A\mid E)\to(p_1A\mid p_1E)\to\cdots\to(p_n\cdots p_1A\mid p_n\cdots p_1)=(E\mid A^{-1})$$

此时，$A^{-1}=p_n\cdots p_1$.

也就是同时对矩阵 A，E 进行相同的三大行变化，当左边的矩阵 A 变成单位阵时，右边的矩阵就是所求的逆矩阵 A^{-1}.

右乘列变化法：将矩阵与单位阵分上下并起来，一起右乘初等矩阵，等同于同步进行一样的列变换，即：

$$\begin{pmatrix}A\\E\end{pmatrix}\to\begin{pmatrix}Ap_1\\Ep_1\end{pmatrix}\to\cdots\to\begin{pmatrix}Ap_1p_2\cdots p_n\\p_1p_2\cdots p_n\end{pmatrix}=\begin{pmatrix}E\\A^{-1}\end{pmatrix}$$

此时，$A^{-1}=p_1p_2\cdots p_n$.

也就是同时对矩阵 A，E 进行相同的三大列变化，当上边的矩阵 A 变成单位阵时，下边的矩阵就是所求的逆矩阵 A^{-1}.

例 3.21：已知矩阵 $A=\begin{pmatrix}3&2&1\\1&1&1\\1&0&1\end{pmatrix}$，问：$A$ 是否可逆？若可逆，求它的逆矩阵 A^{-1}.

解：$|A|=2\neq 0$，故 A 是非退化的，它可逆，记 $A=(a_{ij})_{3\times 3}$.

方式一：求伴随矩阵：

$$A_{11}=\begin{vmatrix}1&1\\0&1\end{vmatrix}=1,\ A_{12}=-\begin{vmatrix}1&1\\1&1\end{vmatrix}=0,\ A_{13}=\begin{vmatrix}1&1\\1&0\end{vmatrix}=-1,$$

$$A_{21}=-\begin{vmatrix}2&1\\0&1\end{vmatrix}=-2,\ A_{22}=\begin{vmatrix}3&1\\1&1\end{vmatrix}=2,\ A_{23}=-\begin{vmatrix}3&2\\1&0\end{vmatrix}=2,$$

$$A_{31}=\begin{vmatrix}2&1\\1&1\end{vmatrix}=1,\ A_{32}=-\begin{vmatrix}3&1\\1&1\end{vmatrix}=-2,\ A_{33}=\begin{vmatrix}3&2\\1&1\end{vmatrix}=1.$$

所以 $A^{-1}=\dfrac{1}{|A|}A^{*}=\dfrac{1}{2}\begin{pmatrix}1&-2&1\\0&2&-2\\-1&2&1\end{pmatrix}=\begin{pmatrix}\frac{1}{2}&-1&\frac{1}{2}\\0&1&-1\\-\frac{1}{2}&1&\frac{1}{2}\end{pmatrix}$.

方式二：初等行变换法：

$$(A\mid E)\to\left(\begin{array}{ccc|ccc}3&2&1&1&0&0\\1&1&1&0&1&0\\1&0&1&0&0&1\end{array}\right)\to\left(\begin{array}{ccc|ccc}1&0&1&0&0&1\\3&2&1&1&0&0\\1&1&1&0&1&0\end{array}\right)\to\left(\begin{array}{ccc|ccc}1&0&1&0&0&1\\0&2&-2&1&0&-3\\0&1&0&0&1&-1\end{array}\right)$$

$$\to\left(\begin{array}{ccc|ccc}1&0&1&0&0&1\\0&1&0&0&1&-1\\0&2&-2&1&0&-3\end{array}\right)\to\left(\begin{array}{ccc|ccc}1&0&1&0&0&1\\0&1&0&0&1&-1\\0&0&-2&1&-2&-1\end{array}\right)$$

$$\to\left(\begin{array}{ccc|ccc}1&0&0&\frac{1}{2}&-1&\frac{1}{2}\\0&1&0&0&1&-1\\0&0&1&-\frac{1}{2}&1&\frac{1}{2}\end{array}\right)=(E\mid A^{-1})\Rightarrow A^{-1}=\begin{pmatrix}\frac{1}{2}&-1&\frac{1}{2}\\0&1&-1\\-\frac{1}{2}&1&\frac{1}{2}\end{pmatrix}.$$

初等列变换法：

$$\left(\frac{A}{E}\right)\to\left(\begin{array}{ccc}3&2&1\\1&1&1\\1&0&1\\\hline 1&0&0\\0&1&0\\0&0&1\end{array}\right)\to\left(\begin{array}{ccc}1&2&3\\1&1&1\\1&0&1\\\hline 0&0&1\\0&1&0\\1&0&0\end{array}\right)\to\left(\begin{array}{ccc}1&0&0\\1&-1&-2\\1&-2&-2\\\hline 0&0&1\\0&1&0\\1&-2&-3\end{array}\right)\to\left(\begin{array}{ccc}1&0&0\\1&-1&0\\1&-2&2\\\hline 0&0&1\\0&1&-2\\1&-2&1\end{array}\right)$$

$$\to\left(\begin{array}{ccc}1&0&0\\0&1&0\\0&0&1\\\hline \frac{1}{2}&-1&\frac{1}{2}\\0&1&-1\\-\frac{1}{2}&1&\frac{1}{2}\end{array}\right)=\left(\frac{E}{A^{-1}}\right)\Rightarrow A^{-1}=\begin{pmatrix}\frac{1}{2}&-1&\frac{1}{2}\\0&1&-1\\-\frac{1}{2}&1&\frac{1}{2}\end{pmatrix}.$$

例 3.22：矩阵方程求解问题．

设 A 可逆，且 $A^*B=A^{-1}+B$，证明：B 可逆，当 $A=\begin{pmatrix}2&6&0\\0&2&6\\0&0&2\end{pmatrix}$ 时，求 B.

解：在 $A^*B=A^{-1}+B$ 两边同时乘以 A，即

$AA^*B=A(A^{-1}+B)\Rightarrow|A|B=E+AB\Rightarrow(|A|E-A)B=E\Rightarrow|(|A|E-A)||B|=1\Rightarrow|B|\neq0\Rightarrow B$ 可逆．

$$B=(|A|E-A)^{-1}=\left(\begin{pmatrix}8&&\\&8&\\&&8\end{pmatrix}-\begin{pmatrix}2&6&0\\0&2&6\\0&0&2\end{pmatrix}\right)^{-1}$$

$$=\frac{1}{6}\begin{pmatrix}1&-1&0\\0&1&-1\\0&0&1\end{pmatrix}^{-1}=\frac{1}{6}\begin{pmatrix}1&1&1\\0&1&1\\0&0&1\end{pmatrix}.$$

例 3.23：矩阵方程求解问题．

设 A 可逆，且 $AB=C$，当 $A=\begin{pmatrix}2&6&0\\0&2&6\\0&0&2\end{pmatrix}$，$C=\begin{pmatrix}1&6&2\\1&2&0\\1&0&0\end{pmatrix}$ 时，求 B.

解：可以使用行变换解矩阵方程，本质是两边同时左乘矩阵 A^{-1}.

$$(A\mid C)\to\left(\begin{array}{ccc|ccc}2&6&0&1&6&2\\0&2&6&1&2&0\\0&0&2&1&0&0\end{array}\right)\to\left(\begin{array}{ccc|ccc}1&0&0&\frac{7}{2}&0&1\\0&1&0&-1&1&0\\0&0&1&\frac{1}{2}&0&0\end{array}\right)$$

$$\to(E\mid A^{-1}C)\Rightarrow B=\begin{pmatrix}\frac{7}{2}&0&1\\-1&1&0\\\frac{1}{2}&0&0\end{pmatrix}$$

注意：两种标准矩阵方程的行(列)变换解法：

(1) 假设方阵 A 可逆，若 $AX=B$，求 X.

解法为：$(A\mid B)\xrightarrow{\text{行变换}}(E\mid A^{-1}B)=(E\mid X)$．注意同时对矩阵 A，B 进行相同的行变换，就相当于同时在矩阵 A，B 左边乘以一样的矩阵 A^{-1}.

(2) 假设方阵 A 可逆，若 $XA=B$，求 X.

解法为：$\begin{pmatrix}A\\B\end{pmatrix}\xrightarrow{\text{列变换}}\begin{pmatrix}E\\BA^{-1}\end{pmatrix}=\begin{pmatrix}E\\X\end{pmatrix}$．注意同时对矩阵 A，B 进行相同的列变换，就相当于同时在矩阵 A，B 右边乘以一样的矩阵 A^{-1}.

例 3.24：设 $A=\begin{pmatrix}1&2\\1&4\end{pmatrix}$，$B=\begin{pmatrix}1&0\\0&2\end{pmatrix}$，$XA=AB$，求 $X^n(n\in\mathbf{N}_+)$.

解：$XA=AB\Rightarrow X=ABA^{-1}\Rightarrow X^n=(ABA^{-1})(ABA^{-1})\cdots(ABA^{-1})=AB^nA^{-1}$,

$$|A| = \begin{vmatrix} 1 & 2 \\ 1 & 4 \end{vmatrix} = 2,\ A^{-1} = \frac{1}{2}\begin{pmatrix} 4 & -2 \\ -1 & 1 \end{pmatrix}.$$

所以 $X^n = \frac{1}{2}\begin{pmatrix} 1 & -2 \\ 1 & 4 \end{pmatrix}\begin{pmatrix} 1 & 0 \\ 0 & 2^n \end{pmatrix}\begin{pmatrix} 4 & -2 \\ -1 & 1 \end{pmatrix} = \begin{pmatrix} 2-2^n & 2^n-1 \\ 2-2^{n+1} & 2^{n+1}-1 \end{pmatrix}.$

3.5 分块矩阵的乘法规则

将 3 × 4 矩阵

$$A = \begin{pmatrix} a_{11} & a_{12} & a_{13} & a_{14} \\ a_{21} & a_{22} & a_{23} & a_{24} \\ a_{31} & a_{32} & a_{33} & a_{34} \end{pmatrix}$$

分块为：

(1) $\left(\begin{array}{cc|cc} a_{11} & a_{12} & a_{13} & a_{14} \\ a_{21} & a_{22} & a_{23} & a_{24} \\ \hline a_{31} & a_{32} & a_{33} & a_{34} \end{array}\right)$；

(2) $\left(\begin{array}{c|cc|c} a_{11} & a_{12} & a_{13} & a_{14} \\ a_{21} & a_{22} & a_{23} & a_{24} \\ \hline a_{31} & a_{32} & a_{33} & a_{34} \end{array}\right)$；

(3) $\left(\begin{array}{c|c|c|c} a_{11} & a_{12} & a_{13} & a_{14} \\ a_{21} & a_{22} & a_{23} & a_{24} \\ a_{31} & a_{32} & a_{33} & a_{34} \end{array}\right)$.

分法(1) 可记为：

$$A = \begin{pmatrix} A_{11} & A_{12} \\ A_{21} & A_{22} \end{pmatrix}$$

其中，

$$A_{11} = \begin{pmatrix} a_{11} & a_{12} \\ a_{21} & a_{22} \end{pmatrix},\ A_{12} = \begin{pmatrix} a_{13} & a_{14} \\ a_{23} & a_{24} \end{pmatrix}$$

$$A_{21} = (a_{31} \quad a_{32}),\ A_{22} = (a_{33} \quad a_{34})$$

分块矩阵的运算规则与普通矩阵的运算规则类似.

特别是乘法，将矩阵中的每一块视为一个元素，乘法规则和普通矩阵乘法一样，用左边矩阵的 i 行，乘以右边矩阵的 j 列，对应分块相乘后相加得到结果矩阵中的分块元素 c_{ij}.

例 3.25：$\begin{pmatrix} A & B \\ C & D \\ E & F \end{pmatrix}\begin{pmatrix} M & N \\ E & G \end{pmatrix} = \begin{pmatrix} AM+BE & AN+BG \\ CM+DE & CN+DG \\ EM+FE & EN+FG \end{pmatrix}$

其中，A，B，C，D，E，F，G，N，M 均为矩阵，只要满足矩阵乘法可行性即可.

例 3.26：已知 $M = \begin{pmatrix} A & B \\ O & D \end{pmatrix}$，$A^{-1}$，$D^{-1}$ 存在，求 M^{-1}.

解：因为$\begin{pmatrix} \boldsymbol{A} & \boldsymbol{B} \\ \boldsymbol{O} & \boldsymbol{D} \end{pmatrix}\begin{pmatrix} \boldsymbol{A}^{-1} & -\boldsymbol{A}^{-1}\boldsymbol{B}\boldsymbol{D}^{-1} \\ \boldsymbol{O} & \boldsymbol{D}^{-1} \end{pmatrix} = \begin{pmatrix} \boldsymbol{E} & \boldsymbol{O} \\ \boldsymbol{O} & \boldsymbol{E} \end{pmatrix}$，

所以$\boldsymbol{M}^{-1} = \begin{pmatrix} \boldsymbol{A}^{-1} & -\boldsymbol{A}^{-1}\boldsymbol{B}\boldsymbol{D}^{-1} \\ \boldsymbol{O} & \boldsymbol{D}^{-1} \end{pmatrix}$.

此例题完全类似于这个问题：已知$\boldsymbol{M} = \begin{pmatrix} a & b \\ 0 & d \end{pmatrix}$，$a \neq 0$，$b \neq 0$，求$\boldsymbol{M}^{-1}$.

常用结论：

设$\boldsymbol{A}$为n阶矩阵，若$\boldsymbol{A}$的分块矩阵只有在对角线上有非零子块，其余子块都为零矩阵，且在对角线上的子块都是方阵，即：

$$\boldsymbol{A} = \begin{pmatrix} \boldsymbol{A}_1 & \boldsymbol{O} & \cdots & \boldsymbol{O} \\ \boldsymbol{O} & \boldsymbol{A}_2 & \cdots & \boldsymbol{O} \\ \vdots & \vdots & & \vdots \\ \boldsymbol{O} & \boldsymbol{O} & \cdots & \boldsymbol{A}_s \end{pmatrix}$$

其中，$\boldsymbol{A}_i(i = 1, 2, \cdots, s)$都是方阵，则称$\boldsymbol{A}$为分块对角矩阵.

分块对角矩阵的行列式有下列性质：

$$|\boldsymbol{A}| = |\boldsymbol{A}_1||\boldsymbol{A}_2|\cdots|\boldsymbol{A}_s|$$

若$|\boldsymbol{A}_i| \neq 0(i = 1, 2, \cdots, s)$，则$|\boldsymbol{A}| \neq 0$，并有

$$\boldsymbol{A}^{-1} = \begin{pmatrix} \boldsymbol{A}_1^{-1} & \boldsymbol{O} & \cdots & \boldsymbol{O} \\ \boldsymbol{O} & \boldsymbol{A}_2^{-1} & \cdots & \boldsymbol{O} \\ \vdots & \vdots & & \vdots \\ \boldsymbol{O} & \boldsymbol{O} & \cdots & \boldsymbol{A}_s^{-1} \end{pmatrix}$$

注意分块矩阵乘法是学习矩阵乘法的较高层次，请读者一定强化学习并加以领悟.

例 3.27：设

$$\boldsymbol{A} = \begin{pmatrix} 1 & 0 & 0 & 0 \\ 0 & 1 & 0 & 0 \\ -1 & 1 & 1 & 0 \\ 1 & 1 & 0 & 1 \end{pmatrix}, \quad \boldsymbol{B} = \begin{pmatrix} 1 & 0 & 1 & 0 \\ -1 & 2 & 0 & 1 \\ 1 & 0 & 4 & 1 \\ -1 & -1 & 2 & 0 \end{pmatrix}$$

求$\boldsymbol{AB}$.

解：把$\boldsymbol{A}$，$\boldsymbol{B}$分块成：

$$\boldsymbol{A} = \left(\begin{array}{cc:cc} 1 & 0 & 0 & 0 \\ 0 & 1 & 0 & 0 \\ \hdashline -1 & 2 & 1 & 0 \\ 1 & 1 & 0 & 1 \end{array}\right) = \begin{pmatrix} \boldsymbol{E} & \boldsymbol{O} \\ \boldsymbol{A}_1 & \boldsymbol{E} \end{pmatrix}, \quad \boldsymbol{B} = \left(\begin{array}{cc:cc} 1 & 0 & 1 & 0 \\ -1 & 2 & 0 & 1 \\ \hdashline 1 & 0 & 4 & 1 \\ -1 & -1 & 2 & 0 \end{array}\right) = \begin{pmatrix} \boldsymbol{B}_{11} & \boldsymbol{E} \\ \boldsymbol{B}_{21} & \boldsymbol{B}_{22} \end{pmatrix}$$

则　$\boldsymbol{AB} = \begin{pmatrix} \boldsymbol{E} & \boldsymbol{O} \\ \boldsymbol{A}_1 & \boldsymbol{E} \end{pmatrix}\begin{pmatrix} \boldsymbol{B}_{11} & \boldsymbol{E} \\ \boldsymbol{B}_{21} & \boldsymbol{B}_{22} \end{pmatrix} = \begin{pmatrix} \boldsymbol{B}_{11} & \boldsymbol{E} \\ \boldsymbol{A}_1\boldsymbol{B}_{11} + \boldsymbol{B}_{21} & \boldsymbol{A}_1 + \boldsymbol{B}_{22} \end{pmatrix}$

而 $$A_1B_{11}+B_{21}=\begin{pmatrix}-1&2\\1&1\end{pmatrix}\begin{pmatrix}1&0\\-1&2\end{pmatrix}+\begin{pmatrix}1&0\\-1&-1\end{pmatrix}=\begin{pmatrix}-2&4\\-1&1\end{pmatrix}$$

$$A_1+B_{22}=\begin{pmatrix}-1&2\\1&1\end{pmatrix}+\begin{pmatrix}4&1\\2&0\end{pmatrix}=\begin{pmatrix}3&3\\3&1\end{pmatrix}$$

所以 $AB=\begin{pmatrix}1&0&1&0\\-1&2&0&1\\-2&4&3&3\\-1&1&3&1\end{pmatrix}$.

例 3.28：设 $A=\begin{pmatrix}5&0&0\\0&3&1\\0&2&1\end{pmatrix}$，求 A^{-1}.

解：$A=\left(\begin{array}{c|cc}5&0&0\\\hline 0&3&1\\0&2&1\end{array}\right)=\begin{pmatrix}A_1&0\\0&A_2\end{pmatrix}$，$A_1=(5)$，$A_1^{-1}=\left(\frac{1}{5}\right)$，

$A_2=\begin{pmatrix}3&1\\2&1\end{pmatrix}$，$A_2^{-1}=\begin{pmatrix}1&-1\\-2&3\end{pmatrix}$.

所以 $A^{-1}=\begin{pmatrix}\frac{1}{5}&0&0\\0&1&-1\\0&-2&3\end{pmatrix}$.

尤其要注意：对矩阵进行按行分块或按列分块：

$m\times n$ 矩阵 A 有 m 行，称为矩阵 A 的 m 个行向量，若第 i 行记作：

$$\boldsymbol{\alpha}_i^{\mathrm{T}}=(a_{i1},\ a_{i2},\ \cdots,\ a_{in})$$

则矩阵 A 记为：

$$A=\begin{pmatrix}\boldsymbol{\alpha}_1^{\mathrm{T}}\\\boldsymbol{\alpha}_2^{\mathrm{T}}\\\vdots\\\boldsymbol{\alpha}_m^{\mathrm{T}}\end{pmatrix}$$

$m\times n$ 矩阵 A 有 n 列，称为矩阵 A 的 n 个列向量，若第 j 列记作：

$$\boldsymbol{\alpha}_j=\begin{pmatrix}a_{1j}\\a_{2j}\\\vdots\\a_{mj}\end{pmatrix}$$

则矩阵 A 记为：

$$A=(\boldsymbol{\alpha}_1,\ \boldsymbol{\alpha}_2,\ \cdots,\ \boldsymbol{\alpha}_n)$$

对于矩阵 $A=(a_{ij})_{m\times s}$ 与矩阵 $B=(b_{ij})_{s\times n}$ 的乘积矩阵 $AB=C=(c_{ij})_{m\times n}$，若把行分成 m 块，把 B 分成 n 块，则有

$$AB=\begin{pmatrix}\boldsymbol{\alpha}_1^{\mathrm T}\\ \boldsymbol{\alpha}_2^{\mathrm T}\\ \vdots\\ \boldsymbol{\alpha}_m^{\mathrm T}\end{pmatrix}(b_1,\ b_2,\ \cdots,\ b_n)=\begin{pmatrix}\boldsymbol{\alpha}_1^{\mathrm T}b_1 & \boldsymbol{\alpha}_1^{\mathrm T}b_2 & \cdots & \boldsymbol{\alpha}_1^{\mathrm T}b_n\\ \boldsymbol{\alpha}_2^{\mathrm T}b_1 & \boldsymbol{\alpha}_2^{\mathrm T}b_2 & \cdots & \boldsymbol{\alpha}_2^{\mathrm T}b_n\\ \vdots & \vdots & & \vdots\\ \boldsymbol{\alpha}_m^{\mathrm T}b_1 & \boldsymbol{\alpha}_m^{\mathrm T}b_2 & \cdots & \boldsymbol{\alpha}_m^{\mathrm T}b_n\end{pmatrix}=(c_{ij})_{m\times n}$$

其中，

$$c_{ij}=\boldsymbol{\alpha}_i^{\mathrm T}b_j=(a_{i1},\ a_{i2},\ \cdots,\ a_{is})\begin{pmatrix}b_{1j}\\ b_{2j}\\ \vdots\\ b_{sj}\end{pmatrix}=\sum_{k=1}^{s}a_{ik}b_{kj}$$

以对角阵 $\boldsymbol{\Lambda}_m$ 左乘矩阵 $\boldsymbol{A}_{m\times n}$ 时把 $\boldsymbol{A}$ 按行分块，有

$$\boldsymbol{\Lambda}_m\boldsymbol{A}_{m\times n}=\begin{pmatrix}\lambda_1 & & & \\ & \lambda_2 & & \\ & & \ddots & \\ & & & \lambda_m\end{pmatrix}\begin{pmatrix}\boldsymbol{\alpha}_1^{\mathrm T}\\ \boldsymbol{\alpha}_2^{\mathrm T}\\ \vdots\\ \boldsymbol{\alpha}_m^{\mathrm T}\end{pmatrix}=\begin{pmatrix}\lambda_1\boldsymbol{\alpha}_1^{\mathrm T}\\ \lambda_2\boldsymbol{\alpha}_2^{\mathrm T}\\ \vdots\\ \lambda_m\boldsymbol{\alpha}_m^{\mathrm T}\end{pmatrix}$$

以对角阵 $\boldsymbol{\Lambda}_n$ 右乘矩阵 $\boldsymbol{A}_{m\times n}$ 时把 $\boldsymbol{A}$ 按列分块，有

$$\boldsymbol{A}\boldsymbol{\Lambda}_n=(\boldsymbol{\alpha}_1,\ \boldsymbol{\alpha}_2,\ \cdots,\ \boldsymbol{\alpha}_n)\begin{pmatrix}\lambda_1 & & & \\ & \lambda_2 & & \\ & & \ddots & \\ & & & \lambda_m\end{pmatrix}=(\lambda_1\boldsymbol{\alpha}_1,\ \lambda_2\boldsymbol{\alpha}_2,\ \cdots,\ \lambda_n\boldsymbol{\alpha}_n)$$

例 3.29：设 $\boldsymbol{A}^{\mathrm T}\boldsymbol{A}=\boldsymbol{O}$，证明 $\boldsymbol{A}=\boldsymbol{O}$

证：设 $\boldsymbol{A}=(a_{ij})_{m\times n}$，把 $\boldsymbol{A}$ 的列向量表示为 $\boldsymbol{A}=(\boldsymbol{\alpha}_1,\ \boldsymbol{\alpha}_2,\ \cdots,\ \boldsymbol{\alpha}_n)$，则

$$\boldsymbol{A}^{\mathrm T}\boldsymbol{A}=\begin{pmatrix}\boldsymbol{\alpha}_1^{\mathrm T}\\ \boldsymbol{\alpha}_2^{\mathrm T}\\ \vdots\\ \boldsymbol{\alpha}_n^{\mathrm T}\end{pmatrix}(\boldsymbol{\alpha}_1,\ \boldsymbol{\alpha}_2,\ \cdots,\ \boldsymbol{\alpha}_n)=\begin{pmatrix}\boldsymbol{\alpha}_1^{\mathrm T}\boldsymbol{\alpha}_1 & \boldsymbol{\alpha}_1^{\mathrm T}\boldsymbol{\alpha}_2 & \cdots & \boldsymbol{\alpha}_1^{\mathrm T}\boldsymbol{\alpha}_n\\ \boldsymbol{\alpha}_2^{\mathrm T}\boldsymbol{\alpha}_1 & \boldsymbol{\alpha}_2^{\mathrm T}\boldsymbol{\alpha}_2 & \cdots & \boldsymbol{\alpha}_2^{\mathrm T}\boldsymbol{\alpha}_n\\ \vdots & \vdots & & \vdots\\ \boldsymbol{\alpha}_n^{\mathrm T}\boldsymbol{\alpha}_1 & \boldsymbol{\alpha}_n^{\mathrm T}\boldsymbol{\alpha}_2 & \cdots & \boldsymbol{\alpha}_n^{\mathrm T}\boldsymbol{\alpha}_n\end{pmatrix}$$

因为 $\boldsymbol{A}^{\mathrm T}\boldsymbol{A}=\boldsymbol{O}$，所以 $\boldsymbol{\alpha}_i^{\mathrm T}\boldsymbol{\alpha}_j=0\quad(i,\ j=1,\ 2,\ \cdots,\ n)$，

特别有

$$\boldsymbol{\alpha}_j^{\mathrm T}\boldsymbol{\alpha}_j=0\quad(j=1,\ 2,\ \cdots,\ n)$$

而
$$\boldsymbol{\alpha}_j^{\mathrm T}\boldsymbol{\alpha}_j=(a_{1j},\ a_{2j},\ \cdots,\ a_{mj})\begin{pmatrix}a_{1j}\\ a_{2j}\\ \vdots\\ a_{mj}\end{pmatrix}=a_{1j}^2+a_{2j}^2+\cdots+a_{mj}^2=0$$

得
$$a_{1j}=a_{2j}=\cdots=a_{mj}=0\quad(j=1,\ 2,\ \cdots,\ n)$$

即
$$\boldsymbol{A}=\boldsymbol{O}$$

例 3.30：下面用分块矩阵证明求解非齐次线性方程组的解的克莱姆法则．

克莱姆法则：对于 n 个变量、n 个方程的线性方程组

$$\begin{cases}a_{11}x_1+a_{12}x_2+\cdots+a_{1n}x_n=b_1\\a_{21}x_1+a_{22}x_2+\cdots+a_{2n}x_n=b_2\\\cdots\cdots\\a_{n1}x_1+a_{n2}x_2+\cdots+a_{nn}x_n=b_n\end{cases}$$

如果它的系数行列式 $D\neq 0$，则它有唯一解：

$$x_j=\frac{1}{D}D_j=\frac{1}{D}(b_1A_{1j}+b_2A_{2j}+\cdots+b_nA_{nj})\quad(j=1,2,\cdots,n)$$

证：把方程组写成向量方程

$$\boldsymbol{A}\boldsymbol{x}=b$$

这里 $\boldsymbol{A}=(a_{ij})_{n\times n}$ 为 n 阶矩阵，因 $|\boldsymbol{A}|=D\neq 0$，故 $\boldsymbol{A}^{-1}$ 存在 .

$$\boldsymbol{A}\boldsymbol{x}=\boldsymbol{A}\boldsymbol{A}^{-1}b=b$$

表明 $x=\boldsymbol{A}^{-1}b$ 是方程组的解向量，也是唯一的解向量 .

由于 $\boldsymbol{A}^{-1}=\frac{1}{|\boldsymbol{A}|}\boldsymbol{A}^*$，所以 $x=\boldsymbol{A}^{-1}b=\frac{1}{D}\boldsymbol{A}^*b$，即

$$\begin{pmatrix}x_1\\x_2\\\vdots\\x_n\end{pmatrix}=\frac{1}{D}\begin{pmatrix}A_{11}&A_{21}&\cdots&A_{n1}\\A_{12}&A_{22}&\cdots&A_{n2}\\\vdots&\vdots&&\vdots\\A_{n1}&A_{n2}&\cdots&A_{nn}\end{pmatrix}\begin{pmatrix}b_1\\b_2\\\vdots\\b_n\end{pmatrix}=\frac{1}{D}\begin{pmatrix}b_1A_{11}+b_2A_{21}+\cdots+b_nA_{n1}\\b_1A_{12}+b_2A_{22}+\cdots+b_nA_{n2}\\\vdots\\b_1A_{1n}+b_2A_{2n}+\cdots+b_nA_{nn}\end{pmatrix}$$

也就是 $x_j=\frac{1}{D}(b_1A_{1j}+b_2A_{2j}+\cdots+b_nA_{nj})=\frac{1}{D}D_j\quad(j=1,2,\cdots,n)$

练　习　三

一、填空题

1. 设 $\boldsymbol{A}$ 为 3 阶矩阵，$|\boldsymbol{A}|=3$，$\boldsymbol{A}^*$ 为 $\boldsymbol{A}$ 伴随矩阵，若交换 $\boldsymbol{A}$ 的第 1 行与第 2 行得矩阵 $\boldsymbol{B}$，则 $|\boldsymbol{B}\boldsymbol{A}^*|=$ ________.

2. 设矩阵 $\boldsymbol{A}=\begin{pmatrix}0&1&0&0\\0&0&1&0\\0&0&0&1\\0&0&0&0\end{pmatrix}$，则 $\boldsymbol{A}^n(n\geqslant 4)=$ ________ .

3. 设矩阵 $\boldsymbol{A}=\begin{pmatrix}2&1\\-1&2\end{pmatrix}$，$\boldsymbol{E}$ 为 2 阶单位矩阵，矩阵 $\boldsymbol{B}$ 满足 $\boldsymbol{B}\boldsymbol{A}=\boldsymbol{B}+2\boldsymbol{E}$，则 $|\boldsymbol{B}|=$ ________.

4. 设矩阵 $\boldsymbol{A}=\begin{pmatrix}2&1&0\\1&2&0\\0&0&1\end{pmatrix}$，矩阵 $\boldsymbol{B}$ 满足 $\boldsymbol{A}\boldsymbol{B}\boldsymbol{A}^*=2\boldsymbol{B}\boldsymbol{A}^*+\boldsymbol{E}$，其中 $\boldsymbol{A}^*$ 为 $\boldsymbol{A}$ 的伴随矩阵，$\boldsymbol{E}$ 是单位矩阵，则 $|\boldsymbol{B}|=$ ________.

5. 设三阶方阵 $\boldsymbol{A}$，$\boldsymbol{B}$ 满足 $\boldsymbol{A}^2\boldsymbol{B}-\boldsymbol{A}-\boldsymbol{B}=\boldsymbol{E}$，其中 $\boldsymbol{E}$ 为三阶单位矩阵，若 $\boldsymbol{A}=\begin{pmatrix}1&0&1\\0&2&0\\-2&0&1\end{pmatrix}$，则 $|\boldsymbol{B}|=$ ________.

6. 设 $\boldsymbol{\alpha}$ 为 3 维列向量，$\boldsymbol{\alpha}^{\mathrm{T}}$ 是 $\boldsymbol{\alpha}$ 的转置．若 $\boldsymbol{\alpha}\boldsymbol{\alpha}^{\mathrm{T}}=\begin{bmatrix}1&-1&1\\-1&1&-1\\1&-1&1\end{bmatrix}$，则 $\boldsymbol{\alpha}^{\mathrm{T}}\boldsymbol{\alpha}=$ ________．

7. 设矩阵 $\boldsymbol{A}=\begin{bmatrix}3&0&0\\1&4&0\\0&0&3\end{bmatrix}$，$\boldsymbol{I}=\begin{bmatrix}1&0&0\\0&1&0\\0&0&1\end{bmatrix}$，则矩阵 $(\boldsymbol{A}-2\boldsymbol{I})^{-1}=$ ________．

8. 已知 $\boldsymbol{\alpha}=(1,2,3)$，$\boldsymbol{\beta}=\left(1,\dfrac{1}{2},\dfrac{1}{3}\right)$，设 $\boldsymbol{A}=\boldsymbol{\alpha}^{\mathrm{T}}\boldsymbol{\beta}$，$\boldsymbol{\alpha}^{\mathrm{T}}$ 是 $\boldsymbol{\alpha}$ 的转置，则 $\boldsymbol{A}^{n}=$ ________．

9. 设 $\boldsymbol{A}^{2}+\boldsymbol{A}-4\boldsymbol{E}=\boldsymbol{O}$，则 $(\boldsymbol{A}-2\boldsymbol{E})^{-1}=$ ________．

10. 设三阶方阵 $\boldsymbol{A}$，$\boldsymbol{B}$ 满足关系式 $\boldsymbol{A}^{-1}\boldsymbol{B}\boldsymbol{A}=6\boldsymbol{A}+\boldsymbol{B}\boldsymbol{A}$，且 $\boldsymbol{A}=\begin{bmatrix}\frac{1}{3}&0&0\\0&\frac{1}{4}&0\\0&0&\frac{1}{7}\end{bmatrix}$，则 $\boldsymbol{B}=$ ________．

11. 设 $\boldsymbol{A}=\begin{pmatrix}1&2&-2\\4&t&3\\3&-1&1\end{pmatrix}$，$\boldsymbol{B}$ 为三阶非零矩阵，且 $\boldsymbol{A}\boldsymbol{B}=\boldsymbol{O}$，则 $t=$ ________．

12. 设 4 阶方阵 $\boldsymbol{A}=\begin{pmatrix}5&2&0&0\\2&1&0&0\\0&0&1&-2\\0&0&1&1\end{pmatrix}$，则 $\boldsymbol{A}$ 的逆阵 $=$ ________．

13. 设 $\boldsymbol{A}$，$\boldsymbol{B}$ 为三阶矩阵，且 $|\boldsymbol{A}|=3$，$|\boldsymbol{B}|=2$，$|\boldsymbol{A}^{-1}+\boldsymbol{B}|=2$，则 $|\boldsymbol{A}+\boldsymbol{B}^{-1}|=$ ________．

14. 设 $\boldsymbol{A}=(a_{ij})$ 是 3 阶非零矩阵，$|\boldsymbol{A}|$ 为 $\boldsymbol{A}$ 的行列式，$\boldsymbol{A}_{ij}$ 为 a_{ij} 的代数余子式．若 $a_{ij}+\boldsymbol{A}_{ij}=0\,(i,j=1,2,3)$，则 $|\boldsymbol{A}|=$ ________．

15. 设 $\boldsymbol{A}$ 为 3 阶矩阵，将 $\boldsymbol{A}$ 的第二列加到第一列得矩阵 $\boldsymbol{B}$，再交换 $\boldsymbol{B}$ 的第二行与第一行得单位矩阵．则 $\boldsymbol{A}=$ ________．

二、选择题

1. 设 $\boldsymbol{A}$ 为 3 阶矩阵，$\boldsymbol{P}$ 为 3 阶可逆矩阵，且 $\boldsymbol{P}^{-1}\boldsymbol{A}\boldsymbol{P}=\begin{pmatrix}1&&\\&1&\\&&2\end{pmatrix}$，$\boldsymbol{P}=(\boldsymbol{\alpha}_1,\boldsymbol{\alpha}_2,\boldsymbol{\alpha}_3)$，$\boldsymbol{Q}=(\boldsymbol{\alpha}_1+\boldsymbol{\alpha}_2,\boldsymbol{\alpha}_2,\boldsymbol{\alpha}_3)$，则 $\boldsymbol{Q}^{-1}\boldsymbol{A}\boldsymbol{Q}=$ (　　)．

A. $\begin{pmatrix}1&&\\&2&\\&&1\end{pmatrix}$　B. $\begin{pmatrix}1&&\\&1&\\&&2\end{pmatrix}$　C. $\begin{pmatrix}2&&\\&1&\\&&2\end{pmatrix}$　D. $\begin{pmatrix}2&&\\&2&\\&&1\end{pmatrix}$

2. 设A，B均为2阶矩阵，A^*、B^*分别为A，B的伴随矩阵．若$|A|=2$，$|B|=3$，则分块矩阵$\begin{pmatrix} O & A \\ B & O \end{pmatrix}$的伴随矩阵为(　　)．

A. $\begin{pmatrix} O & 3B^* \\ 2A^* & O \end{pmatrix}$　B. $\begin{pmatrix} O & 2B^* \\ 3A^* & O \end{pmatrix}$　C. $\begin{pmatrix} O & 3A^* \\ 2B^* & O \end{pmatrix}$　D. $\begin{pmatrix} O & 2A^* \\ 3B^* & O \end{pmatrix}$

3. 设A，P均为3阶矩阵，P^{T}为P的转置矩阵，且$P^{\mathrm{T}}AP=\begin{pmatrix} 1 & 0 & 0 \\ 0 & 1 & 0 \\ 0 & 0 & 2 \end{pmatrix}$，若$P=(\boldsymbol{\alpha}_1,\boldsymbol{\alpha}_2,\boldsymbol{\alpha}_3)$，$Q=(\boldsymbol{\alpha}_1+\boldsymbol{\alpha}_2,\boldsymbol{\alpha}_2,\boldsymbol{\alpha}_3)$，则$Q^{\mathrm{T}}AQ$为(　　)．

A. $\begin{pmatrix} 2 & 1 & 0 \\ 1 & 1 & 0 \\ 0 & 0 & 2 \end{pmatrix}$　B. $\begin{pmatrix} 1 & 1 & 0 \\ 1 & 2 & 0 \\ 0 & 0 & 2 \end{pmatrix}$　C. $\begin{pmatrix} 2 & 0 & 0 \\ 0 & 1 & 0 \\ 0 & 0 & 2 \end{pmatrix}$　D. $\begin{pmatrix} 1 & 0 & 0 \\ 0 & 2 & 0 \\ 0 & 0 & 2 \end{pmatrix}$

4. 设A为n阶非零矩阵，E为n阶单位矩阵．若$A^3=O$，则(　　)．

A. $E-A$不可逆，$E+A$不可逆　B. $E-A$不可逆，$E+A$可逆

C. $E-A$可逆，$E+A$可逆　D. $E-A$可逆，$E+A$不可逆

5. 设A为3阶矩阵，将A的第2行加到第1行得B，再将B的第1列的-1倍加到第2列得C，记$P=\begin{pmatrix} 1 & 1 & 0 \\ 0 & 1 & 0 \\ 0 & 0 & 1 \end{pmatrix}$，则(　　)．

A. $C=P^{-1}AP$　B. $C=PAP^{-1}$　C. $C=P^{\mathrm{T}}AP$　D. $C=PAP^{\mathrm{T}}$

6. 设A为$n(n\geqslant 2)$阶可逆矩阵，交换A的第1行与第2行得矩阵B，A^*，B^*分别为A，B的伴随矩阵，则(　　)．

A. 交换A^*的第1列与第2列得B^*　B. 交换A^*的第1行与第2行得B^*

C. 交换A^*的第1列与第2列得$-B^*$　D. 交换A^*的第1行与第2行得$-B^*$

7. 设A是3阶方阵，将A的第1列与第2列交换得B，再把B的第2列加到第3列得C，则满足$AQ=C$的可逆矩阵Q为(　　)．

A. $\begin{pmatrix} 0 & 1 & 0 \\ 1 & 0 & 0 \\ 1 & 0 & 1 \end{pmatrix}$　B. $\begin{pmatrix} 0 & 1 & 0 \\ 1 & 0 & 1 \\ 0 & 0 & 1 \end{pmatrix}$　C. $\begin{pmatrix} 0 & 1 & 0 \\ 1 & 0 & 0 \\ 0 & 1 & 1 \end{pmatrix}$　D. $\begin{pmatrix} 0 & 1 & 1 \\ 1 & 0 & 0 \\ 0 & 0 & 1 \end{pmatrix}$

8. 设n阶方阵A、B、C满足关系式$ABC=E$，其中E是n阶单位阵，则必有(　　)．

A. $ACB=E$　B. $CBA=E$　C. $BAC=E$　D. $BCA=E$

9. 设A为n阶方阵，且A的行列式$|A|=a\neq 0$，而A^*是A的伴随矩阵，则$|A^*|$等于(　　)．

A. a　B. $\dfrac{1}{a}$　C. a^{n-1}　D. a^n

10. 设$A=\begin{pmatrix} a & b & c \\ d & e & f \\ g & h & i \end{pmatrix}$，$B=\begin{pmatrix} d & e & f \\ a & b & c \\ g+a & h+b & i+c \end{pmatrix}$，$P_1=\begin{pmatrix} & 1 & \\ 1 & & \\ & & 1 \end{pmatrix}$，

$P_2 = \begin{pmatrix} 1 & & \\ & 1 & \\ 1 & & 1 \end{pmatrix}$，则必有(　　).

A. $AP_1P_2 = B$　　B. $AP_2P_1 = B$　　C. $P_1P_2A = B$　　D. $P_2P_1A = B$

11. 设A是$m \times n$矩阵，B是$n \times m$矩阵，则(　　).

A. 当$m > n$时，必有行列式$|AB| \neq 0$

B. 当$m > n$时，必有行列式$|AB| = 0$

C. 当$n > m$时，必有行列式$|AB| \neq 0$

D. 当$n > m$时，必有行列式$|AB| = 0$

三、计算题

1. 已知$AP = PB$，其中$B = \begin{bmatrix} 1 & 0 & 0 \\ 0 & 0 & 0 \\ 0 & 0 & -1 \end{bmatrix}$，$P = \begin{bmatrix} 1 & 0 & 0 \\ 2 & -1 & 0 \\ 2 & 1 & 1 \end{bmatrix}$，求$A$，$A^5$.

2. 设四阶矩阵

$$B = \begin{bmatrix} 1 & -1 & 0 & 0 \\ 0 & 1 & -1 & 0 \\ 0 & 0 & 1 & -1 \\ 0 & 0 & 0 & 1 \end{bmatrix},\ C = \begin{bmatrix} 2 & 1 & 3 & 4 \\ 0 & 2 & 1 & 3 \\ 0 & 0 & 2 & 1 \\ 0 & 0 & 0 & 2 \end{bmatrix}$$

且矩阵A满足关系式$A(E - C^{-1}B)^{\mathrm{T}}C^{\mathrm{T}} = E$，其中$E$为四阶单位矩阵，$C^{-1}$表示$C$的逆矩阵，$C^{\mathrm{T}}$表示$C$的转置矩阵．将上述关系式化简并求矩阵$A$.

3. 设矩阵A和B满足关系式$AB = A + 2B$，其中$A = \begin{bmatrix} 3 & 0 & 1 \\ 1 & 1 & 0 \\ 0 & 1 & 4 \end{bmatrix}$，求矩阵$B$.

4. 设矩阵A的伴随矩阵$A^* = \begin{bmatrix} 1 & 0 & 0 & 0 \\ 0 & 1 & 0 & 0 \\ 1 & 0 & 1 & 0 \\ 0 & -3 & 0 & 8 \end{bmatrix}$，且$ABA^{-1} = BA^{-1} + 3E$，其中$E$为4阶单位矩阵，求矩阵$B$.

四、综合题

1. 设A为n阶矩阵，满足$AA^{\mathrm{T}} = E$，矩阵A^{T}是A的转置矩阵，$|A| < 0$，求$|A + E|$.

2. 设$A = I - \xi\xi^{\mathrm{T}}$，其中$I$是$n$阶单位矩阵，$\xi$是$n$维非零列向量，$\xi^{\mathrm{T}}$是$\xi$的转置．证明：

(1) $A^2 = A$的充分条件是$\xi^{\mathrm{T}}\xi = 1$；

(2) 当$\xi^{\mathrm{T}}\xi = 1$时，A是不可逆矩阵．

3. 设A是n阶可逆方阵，将A的第i行和第j行对换后得到的矩阵记为B.

(1) 证明B可逆．

(2) 求AB^{-1}.

4. 设A为n阶非零方阵，A^*是A的伴随矩阵，矩阵A^{T}是A的转置矩阵，且$A^* = A^{\mathrm{T}}$，证明$|A| \neq 0$.

第四章　向量组的秩与向量组空间

4.1　向量组的秩

有一群人要开会，但是会议条件有限，只能部分人参加，如何将这群人一分为二，一部分作为代表参加会议，而另一部分则向代表表达他们的意愿，由代表在会议上表达．

用什么标准选择代表？也就是选择什么标准将这群人分成两部分？

将每一个向量看成是一个人，有 n 个向量构成的向量组，也就是有 n 个人的一个群体．如何将他们一分为二？在这里我们选取一个最简单，表达最直接的方式，也就是把线性运算作为手段，以线性无关为标准来分类．

如果一个向量能够被其余的向量线性表出，它的意愿完全可以由其他向量来线性表达，这个向量所代表的人就没有必要参加会议，做不了代表．由此，能够做代表的一定是线性无关的那一部分，当然，代表既不能太少，所有线性无关的对象都应该成为代表，也不能太多，一旦增加代表人数，它们就线性相关了，那么增加的对象不应该成为代表，也就是说代表人数要恰到好处，而极大无关组恰好能够体现这样的要求．至此，如何选择代表，将对象一分为二的方案已经确定，即：通过线性运算，找到这组向量组的极大无关组，原对象组自动分为它的极大线性无关组和剩余部分．

4.1.1　向量基本知识回顾

向量用小写字母来表示，如 $\boldsymbol{\alpha}=\boldsymbol{A}_{n1}=\begin{pmatrix}a_1\\a_2\\\vdots\\a_n\end{pmatrix}$，称 $\boldsymbol{\alpha}$ 为列向量；如 $\boldsymbol{\beta}=\boldsymbol{A}_{1n}=(b_1, b_2, \cdots, b_n)$，称 $\boldsymbol{\beta}$ 为行向量，其中 a_k，$b_k(k=1, 2, \cdots, n)$ 称为对应向量的分量．

注意：(1) 行向量分量之间要用逗号分开；

(2) 向量的分量的个数就是该向量的维数；

(3) 如果每个分量都是实数，则称为实向量；分量中含有复数，则称为复向量；

(4) 矩阵 $\boldsymbol{A}_{n\times m}$ 中每一列都可以看做一个 n 维列向量，每个列向量依次记为 $\boldsymbol{\alpha}_1$，$\boldsymbol{\alpha}_2$，$\cdots$，$\boldsymbol{\alpha}_m$．则矩阵可以这样表示：

$$\boldsymbol{A}_{n\times m}=(\boldsymbol{\alpha}_1, \boldsymbol{\alpha}_2, \cdots, \boldsymbol{\alpha}_m)$$

或者矩阵 $\boldsymbol{A}_{n\times m}$ 中每一行都可以看做一个 m 维行向量，每个行向量依次记为 $\boldsymbol{\beta}_1$，$\boldsymbol{\beta}_2$，

$\cdots$，$\boldsymbol{\beta}_n$，则矩阵也可以这样表示：

$$A_{n\times m}=\begin{pmatrix}\boldsymbol{\beta}_1\\ \boldsymbol{\beta}_2\\ \vdots\\ \boldsymbol{\beta}_n\end{pmatrix}$$

4.1.2 向量组的秩的定义

一组向量组$\boldsymbol{\alpha}_1$，$\boldsymbol{\alpha}_2$，$\cdots$，$\boldsymbol{\alpha}_m$中极大无关组$\boldsymbol{\alpha}_1$，$\boldsymbol{\alpha}_2$，$\cdots$，$\boldsymbol{\alpha}_r(r\leqslant m)$的个数$r$，称为该向量组的秩，记作$\mathrm{rank}(\boldsymbol{\alpha}_1,\boldsymbol{\alpha}_2,\cdots,\boldsymbol{\alpha}_m)=r$，或者$r(\boldsymbol{\alpha}_1,\boldsymbol{\alpha}_2,\cdots,\boldsymbol{\alpha}_m)=r$.

4.2 向量组秩的意义

向量组的秩，就字面意思而言，就是向量组中不自由、受到约束的向量的个数.

注意：在线性代数中，这个约束就是向量之间的线性关系.

将向量组中的向量通过线性关系选择出来，选择的方式是：如果向量可以由其余向量线性表出，如$\boldsymbol{\alpha}=k_1\boldsymbol{\beta}_1+k_2\boldsymbol{\beta}_2+\cdots+k_m\boldsymbol{\beta}_m$，$\boldsymbol{\alpha}$在向量组$\boldsymbol{\alpha}$，$\boldsymbol{\beta}_1$，$\boldsymbol{\beta}_2$，$\cdots$，$\boldsymbol{\beta}_m$中就是自由的，无用的. 而可以表示其余向量的向量部分在这个向量组中起核心作用.

起核心作用的部分向量是线性无关的，而且其余向量均可以由它们线性表出，这样的向量部分称为这个向量组的极大线性无关组，它们是这个向量组的代表，它们的个数就是这个向量组的秩.

4.2.1 向量组的等价

若第一组向量中任何一个向量可以由第二组向量线性表出，反之亦然，则称两组向量等价.

关于等价向量组的性质：

(1) 一组向量组中若干极大无关组互相等价，也与原向量组等价；

(2) 等价向量组的秩相同；

注意：所谓向量组的线性极大无关组，就是在线性关系下，它们本身是线性无关的，如果把其余的任何一个对象加入，则线性相关，它们是无关组中个数最多的一个组.

4.2.2 极大无关组的性质

(1) 向量组的极大无关组和原向量组可以互相线性表出，也就是它们是等价的，在线性意义下，可以完全互相替代；

(2) 向量的极大无关组不一定唯一，但是它们互相可以线性表出，也就是等价；

(3) 一个极大无关组的向量个数是这个向量组的秩；

(4) 极大无关组的向量个数不超过向量的分量个数，也就是每个向量的维数，当然不超过向量个数和向量维数的最小值.

例 4.1：三维实向量，也就是每个向量有三个分量：

$$\boldsymbol{\beta}_1=\begin{pmatrix}\beta_{11}\\\beta_{21}\\\beta_{31}\end{pmatrix},\ \boldsymbol{\beta}_2=\begin{pmatrix}\beta_{12}\\\beta_{22}\\\beta_{32}\end{pmatrix},\ \cdots,\ \boldsymbol{\beta}_m=\begin{pmatrix}\beta_{1m}\\\beta_{2m}\\\beta_{3m}\end{pmatrix}$$

这个向量组共有m个向量，不管m的大小，这组向量的极大无关组的向量个数不会超过 3，当然也不会超过$\min\{m,3\}$.

4.2.3　向量组的极大无关组的求法，秩的求法

求向量组的秩的方法总结为：竖起来(变列向量，俗称站直了，别趴下)，并一起，组矩阵，行变换，变阶梯，数梯子层数，即向量组的秩.

在根据每一层梯子只站一个人的原则，在每一层选一个代表，组成该组的极大无关组.

注意：有的向量表面上站在某层，其实它应该在另外的一层.

行阶梯形矩阵：

(1) 可画出一条阶梯线，线的下方全为零；

(2) 每个台阶只有一行；

(3) 阶梯线的竖线后面是非零行的第一个非零元素.

例 4.2：$\boldsymbol{A}_{4\times5}=(\boldsymbol{\alpha}_1,\boldsymbol{\alpha}_2,\boldsymbol{\alpha}_3,\boldsymbol{\alpha}_4,\boldsymbol{\alpha}_5)=\begin{pmatrix}1&1&-2&1&4\\0&1&0&1&0\\0&0&0&1&-3\\0&0&0&0&0\end{pmatrix}$，$\operatorname{rank}(\boldsymbol{A})=3$，但是在选代表的时候注意向量$\boldsymbol{\alpha}_3$，它虽然站第二层，但是它应该属于第一层，也就是$\boldsymbol{A}_{4\times5}=$

$(\boldsymbol{\alpha}_1,\boldsymbol{\alpha}_3,\boldsymbol{\alpha}_2,\boldsymbol{\alpha}_4,\boldsymbol{\alpha}_5)=\begin{pmatrix}1&-2&1&1&4\\0&0&1&1&0\\0&0&0&1&-3\\0&0&0&0&0\end{pmatrix}$，在选极大无关组的时候，$\boldsymbol{\alpha}_1$，$\boldsymbol{\alpha}_3$不能同时被选. 读者要仔细体会.

下面讲求向量组的秩，极大无关组的具体方法.

例 4.3：$\boldsymbol{\alpha}_1=\begin{pmatrix}1\\1\\2\\2\end{pmatrix}$，$\boldsymbol{\alpha}_2=\begin{pmatrix}1\\2\\1\\3\end{pmatrix}$，$\boldsymbol{\alpha}_3=\begin{pmatrix}1\\-1\\4\\0\end{pmatrix}$，$\boldsymbol{\alpha}_4=\begin{pmatrix}1\\0\\3\\1\end{pmatrix}$，求$\boldsymbol{\alpha}_1,\boldsymbol{\alpha}_2,\boldsymbol{\alpha}_3,\boldsymbol{\alpha}_4$的秩.

解：

$\boldsymbol{A}_{4\times4}=(\boldsymbol{\alpha}_1,\boldsymbol{\alpha}_2,\boldsymbol{\alpha}_3,\boldsymbol{\alpha}_4)=\begin{pmatrix}1&1&1&1\\1&2&-1&0\\2&1&4&3\\2&3&0&1\end{pmatrix}\to\begin{pmatrix}1&1&1&1\\0&1&-2&-1\\0&0&0&0\\0&0&0&0\end{pmatrix}$，$\operatorname{rank}(\boldsymbol{A})=2$，$\boldsymbol{\alpha}_1,\boldsymbol{\alpha}_2,\boldsymbol{\alpha}_3,\boldsymbol{\alpha}_4$的秩是 2.

由秩的求法，进一步引申，根据阶梯矩阵每层只能站一人的原则，可以直接选出向量

组的极大无关组，显然，极大无关组的选择不唯一.

例 4.4：$\boldsymbol{\alpha}_1=\begin{pmatrix}2\\1\\4\\3\end{pmatrix}$，$\boldsymbol{\alpha}_2=\begin{pmatrix}-1\\1\\-6\\6\end{pmatrix}$，$\boldsymbol{\alpha}_3=\begin{pmatrix}-1\\-2\\2\\9\end{pmatrix}$，$\boldsymbol{\alpha}_4=\begin{pmatrix}1\\1\\-2\\-7\end{pmatrix}$，$\boldsymbol{\alpha}_5=\begin{pmatrix}2\\4\\4\\9\end{pmatrix}$，求 $\boldsymbol{\alpha}_1$，$\boldsymbol{\alpha}_2$，$\boldsymbol{\alpha}_3$，$\boldsymbol{\alpha}_4$，$\boldsymbol{\alpha}_5$ 的极大无关组，并将其余向量由其中一组极大无关组线性表出.

解：注意哪个向量期待成为极大无关组的一部分，就安排站在前面(俗称向前冲).

$$\boldsymbol{A}_{4\times5}=(\boldsymbol{\alpha}_1,\boldsymbol{\alpha}_2,\boldsymbol{\alpha}_3,\boldsymbol{\alpha}_4,\boldsymbol{\alpha}_5)=\begin{pmatrix}2&-1&-1&1&2\\1&1&-2&1&4\\4&-6&2&-2&4\\3&6&-9&7&9\end{pmatrix}\to\begin{pmatrix}1&1&-2&1&4\\0&1&-1&1&0\\0&0&0&1&-3\\0&0&0&0&0\end{pmatrix},$$

$\text{rank}(\boldsymbol{A})=3$，向量组自由向量有 2 个.

最高层，只站着一个向量 $\boldsymbol{\alpha}_1$，无其余选择，选 $\boldsymbol{\alpha}_1$.

第二层，站着两个向量 $\boldsymbol{\alpha}_2$，$\boldsymbol{\alpha}_3$，选其中一个，$\boldsymbol{\alpha}_2$ 或 $\boldsymbol{\alpha}_3$.

第三层，站着两个向量 $\boldsymbol{\alpha}_4$，$\boldsymbol{\alpha}_5$，选其中一个，$\boldsymbol{\alpha}_4$ 或 $\boldsymbol{\alpha}_5$.

所以，该向量组的极大无关组由三个向量构成，可以是：$\boldsymbol{\alpha}_1$，$\boldsymbol{\alpha}_2$，$\boldsymbol{\alpha}_4$；$\boldsymbol{\alpha}_1$，$\boldsymbol{\alpha}_2$，$\boldsymbol{\alpha}_5$；$\boldsymbol{\alpha}_1$，$\boldsymbol{\alpha}_3$，$\boldsymbol{\alpha}_4$；$\boldsymbol{\alpha}_1$，$\boldsymbol{\alpha}_3$，$\boldsymbol{\alpha}_5$ 四组.

选 $\boldsymbol{\alpha}_1$，$\boldsymbol{\alpha}_2$，$\boldsymbol{\alpha}_4$ 作为极大无关组，由它们线性表出 $\boldsymbol{\alpha}_3$，$\boldsymbol{\alpha}_5$，调整矩阵结构，将 $\boldsymbol{\alpha}_3$，$\boldsymbol{\alpha}_5$ 摆在矩阵的后列，行变换为：

$$\boldsymbol{A}_{4\times5}=(\boldsymbol{\alpha}_1,\boldsymbol{\alpha}_2,\boldsymbol{\alpha}_4,\boldsymbol{\alpha}_3,\boldsymbol{\alpha}_5)\to\begin{pmatrix}1&1&1&-2&4\\0&1&1&-1&0\\0&0&1&0&-3\\0&0&0&0&0\end{pmatrix}\to\begin{pmatrix}1&0&0&-1&4\\0&1&0&-1&3\\0&0&1&0&-3\\0&0&0&0&0\end{pmatrix}$$

则 $\boldsymbol{\alpha}_3=-\boldsymbol{\alpha}_1-\boldsymbol{\alpha}_2+0\boldsymbol{\alpha}_4$，$\boldsymbol{\alpha}_5=4\boldsymbol{\alpha}_1+3\boldsymbol{\alpha}_2-3\boldsymbol{\alpha}_4$.

4.3 矩阵的秩

所谓秩，本意是秩序，受到某些要求约束，不自由，如果把矩阵的每一列看成是一个人，那么矩阵 $\boldsymbol{A}_{n\times m}$ 就是 m(列数) 个人的集合，其中不自由的人的个数就是这个矩阵集体的秩(秩是一个数)，记作 $\text{rank}(\boldsymbol{A}_{n\times m})$ 或者 $r(\boldsymbol{A})$. 由于一个可逆矩阵 $\boldsymbol{P}$ 乘以矩阵 $\boldsymbol{A}$，对矩阵 $\boldsymbol{A}$ 的秩没有影响(证明略)，因此对矩阵进行行(列) 初等变换，不会改变矩阵的秩大小.

4.3.1 矩阵的等价

如果存在可逆矩阵 $\boldsymbol{P}$，$\boldsymbol{Q}$，使得 $\boldsymbol{PAQ}=\boldsymbol{B}$ 成立，则称矩阵 $\boldsymbol{A}$ 与矩阵 $\boldsymbol{B}$ 等价，记作：$\boldsymbol{A}\cong\boldsymbol{B}$.

矩阵等价的意义：

(1) 如果矩阵等价，则它们的秩相等，即：$\boldsymbol{A}\cong\boldsymbol{B}\Leftrightarrow r(\boldsymbol{A})=r(\boldsymbol{B})$；

(2) 任意矩阵 $\boldsymbol{A}$ 一定等价于一个对称形.

所谓对称形，是类似下面这样的矩阵：

$$\begin{pmatrix} \lambda & & 0 & 0 \\ & \ddots & 0 & 0 \\ & \beta & 0 & 0 \end{pmatrix}$$

当然，对角矩阵也是对称形．

4.3.2 矩阵秩的第一求法

将矩阵 $\boldsymbol{A}$ 进行初等变换变成阶梯矩阵 $\boldsymbol{B}$，阶梯矩阵 $\boldsymbol{B}$ 的有效层数(就是行中至少有一个元素不为 0 的行数) 就是矩阵 $\boldsymbol{A}$ 的秩．也就是：

$$R(\boldsymbol{A}) = r \Leftrightarrow \boldsymbol{A} \text{ 的行阶梯形含 } r \text{ 个非零行} \Leftrightarrow \boldsymbol{A} \text{ 的标准形 } \boldsymbol{F} = \begin{pmatrix} \boldsymbol{E}_r & \boldsymbol{O} \\ \boldsymbol{O} & \boldsymbol{O} \end{pmatrix}$$

注意：所谓阶梯矩阵，就是在矩阵中画类似梯子的横线，横线以下元素全部为 0，每层所在行的第一个元素不是 0.

例 4.5：求矩阵 $\boldsymbol{A} = \begin{pmatrix} 2 & -1 & -1 & 1 & 2 \\ 1 & 1 & -2 & 1 & 4 \\ 4 & -6 & 2 & -2 & 4 \\ 3 & 6 & -9 & 7 & 9 \end{pmatrix}$ 的秩．

解：初等行变换：

$$\boldsymbol{A} = \begin{pmatrix} 2 & -1 & -1 & 1 & 2 \\ 1 & 1 & -2 & 1 & 4 \\ 4 & -6 & 2 & -2 & 4 \\ 3 & 6 & -9 & 7 & 9 \end{pmatrix} \rightarrow \begin{pmatrix} 1 & 1 & -2 & 1 & 4 \\ 0 & 1 & -1 & 1 & 0 \\ 0 & 0 & 0 & 1 & -3 \\ 0 & 0 & 0 & 0 & 0 \end{pmatrix}$$

有三层有效阶梯，因此 $\text{rank}(\boldsymbol{A}) = 3$.

4.3.3 关于秩的定理

(1) n 阶方阵 $\boldsymbol{A}$，若 $\text{rank}(\boldsymbol{A}) = n$，则称矩阵 $\boldsymbol{A}$ 为满秩，它的行列式不为 0，此时也称矩阵 $\boldsymbol{A}$ 是非退化的，可逆的；若 $\text{rank}(\boldsymbol{A}) < n$，则称矩阵 $\boldsymbol{A}$ 是退化的，非满秩的，不可逆的．

(2) 对于矩阵 $\boldsymbol{A}_{m\times n}$，则 $\text{rank}(\boldsymbol{A}) \leqslant \min\{m, n\}$．

(3) 矩阵乘积的秩不超过矩阵因子的秩中最小的那个，即：

$$\text{rank}(\boldsymbol{AB}) \leqslant \min\{\text{rank}(\boldsymbol{A}), \text{rank}(\boldsymbol{B})\}$$

(4) 矩阵和的秩不超过矩阵秩的和：

$$\text{rank}(\boldsymbol{A} + \boldsymbol{B}) \leqslant \text{rank}(\boldsymbol{A}) + \text{rank}(\boldsymbol{B})$$

4.3.4 矩阵秩的第二求法

在矩阵 $\boldsymbol{A}_{n\times m}$ 中，任取 k 行、k 列构成一个 k 阶矩阵，称为它的 k 阶子矩阵，记作 $\boldsymbol{A}_k$. 若存在某个 k 阶子矩阵的行列式不等于 0，而所有 $k+1$ 阶子矩阵的行列式等于 0，则矩阵的秩是 k. 即：

$$\exists\,|A_k|\neq 0,\ \forall\,|A_{k+1}|=0\Leftrightarrow \mathrm{rank}(A)=k$$

解释：某个 k 阶子矩阵的行列式不等于 0，说明该矩阵的某个 k 阶子矩阵是满秩的，原矩阵的秩不小于 k，所有 $k+1$ 阶子矩阵的行列式等于 0，说明该矩阵的所有 $k+1$ 阶子矩阵是不满秩的，原矩阵的秩小于 $k+1$，则矩阵的秩是 k.

例 4.6：设矩阵 $A=\begin{pmatrix}1&2&-1&1\\3&2&\lambda&-1\\5&6&3&\mu\end{pmatrix}$，$\mathrm{rank}(A)=2$，求参数 λ，μ.

解：因为 $A_2=\begin{pmatrix}1&2\\3&2\end{pmatrix}$，$|A_2|=-4\neq 0$，$\mathrm{rank}(A)=2$.

所以$A_3=\begin{pmatrix}1&2&-1\\3&2&\lambda\\5&6&3\end{pmatrix}$，$|A_3|=0\Rightarrow\lambda-5=0\Rightarrow\lambda=5$；

$A_3=\begin{pmatrix}1&2&-1\\3&2&-1\\5&6&\mu\end{pmatrix}$，$|A_3|=0\Rightarrow\mu-1=0\Rightarrow\mu=1$.

按照矩阵秩的初等行变换法求解：

$$A=\begin{pmatrix}1&2&-1&1\\3&2&\lambda&-1\\5&6&3&\mu\end{pmatrix}\to\begin{pmatrix}1&2&-1&1\\0&-4&\lambda+3&-4\\0&-4&8&\mu-5\end{pmatrix}\to\begin{pmatrix}1&2&-1&1\\0&-4&\lambda+3&-4\\0&0&5-\lambda&\mu-1\end{pmatrix}$$

$$\mathrm{rank}(A)=2\Rightarrow\begin{cases}\mu-1=0\Rightarrow\mu=1,\\5-\lambda=0\Rightarrow\lambda=5.\end{cases}$$

例 4.7：设三阶矩阵 A 为

$$A=\begin{pmatrix}x&1&1\\1&x&1\\1&1&x\end{pmatrix}$$

试求秩 $r(A)$.

解：方法一：直接从矩阵秩的行列式定义出发讨论.

由于
$$\begin{vmatrix}x&1&1\\1&x&1\\1&1&x\end{vmatrix}=(x+2)(x-1)^2$$

故 (1) 当 $x\neq 1$ 且 $x\neq -2$ 时，$|A|\neq 0$，$r(A)=3$；

(2) 当 $x=1$ 时，$|A|=0$，且 $A=\begin{pmatrix}1&1&1\\1&1&1\\1&1&1\end{pmatrix}$，$r(A)=1$；

(3) 当 $x=-2$ 时，$|A|=0$，且 $A=\begin{pmatrix}-2&1&1\\1&-2&1\\1&1&-2\end{pmatrix}$，这时有 2 阶子式 $\begin{vmatrix}-2&1\\1&-2\end{vmatrix}\neq$

0. 因此 $r(\boldsymbol{A})=2$.

方法二：利用初等变换求秩.

$$\boldsymbol{A}=\begin{pmatrix}x&1&1\\1&x&1\\1&1&x\end{pmatrix}\to\begin{pmatrix}1&1&x\\1&x&1\\x&1&1\end{pmatrix}\to\begin{pmatrix}1&1&x\\0&x-1&1-x\\x&1-x&1-x^2\end{pmatrix}$$

$$\to\begin{pmatrix}1&1&x\\0&x-1&1-x\\0&0&-(x+2)(x-1)\end{pmatrix}$$

因此：(1) 当 $x\neq1$ 且 $x\neq-2$ 时，$r(\boldsymbol{A})=3$；

(2) 当 $x=1$ 时，$r(\boldsymbol{A})=1$；

(3) 当 $x=-2$ 时，$r(\boldsymbol{A})=2$.

4.4 线性方程组的基础解系

线性方程组的对象是未知数组 $x_1, x_2, \cdots, x_n$. 因此由 $x_1, x_2, \cdots, x_n$ 的线性组合 $a_{11}x_1+a_{12}x_2+\cdots+a_{1n}x_n=b_1$ 构成的方程，称为关于未知数组 $x_1, x_2, \cdots, x_n$ 的线性方程，m 个这样的线性方程构成 $x_1, x_2, \cdots, x_n$ 的线性方程组：

$$\begin{cases}a_{11}x_1+a_{12}x_2+\cdots+a_{1n}x_n=b_1\\a_{21}x_1+a_{22}x_2+\cdots+a_{2n}x_n=b_2\\\quad\cdots\cdots\\a_{m1}x_1+a_{m2}x_2+\cdots+a_{mn}x_n=b_m\end{cases}$$

改成乘法形式为：$\boldsymbol{Ax}=\boldsymbol{b}$，其中系数矩阵为 $\boldsymbol{A}=\begin{pmatrix}a_{11}&a_{12}&\cdots&a_{1n}\\a_{21}&a_{22}&\cdots&a_{2n}\\\vdots&\vdots&&\vdots\\a_{m1}&a_{m2}&\cdots&a_{mn}\end{pmatrix}$，未知数组为

$\boldsymbol{x}=\begin{pmatrix}x_1\\x_2\\\vdots\\x_n\end{pmatrix}$，数组为 $\boldsymbol{b}=\begin{pmatrix}b_1\\b_2\\\vdots\\b_m\end{pmatrix}$.

如果数组 $\boldsymbol{b}=\begin{pmatrix}b_1\\b_2\\\vdots\\b_m\end{pmatrix}$ 中每个分量 $b_i(i=1, 2, \cdots, m)$ 都是0，即 $\boldsymbol{Ax}=0$，则称该方程组为齐次线性方程组，否则称该方程组为非齐次线性方程组.

注意：这个方程组是由 m 个方程(在对应系数矩阵中表现为行数)、n 个未知数(在系数矩阵中表现为列数) 构成的方程组(可以这样理解，站着 n 个人，每个人都是 m 维的).

4.4.1 齐次线性方程组的解的结构

若$\boldsymbol{\xi}_1$，$\boldsymbol{\xi}_2$，…，$\boldsymbol{\xi}_r$都是齐次线性方程组$\boldsymbol{Ax}=0$的解，则它们的任何线性组合$k_1\boldsymbol{\xi}_1+k_2\boldsymbol{\xi}_2+\cdots+k_r\boldsymbol{\xi}_r$也是此方程组的解.

若$\boldsymbol{\xi}_1$，$\boldsymbol{\xi}_2$，…，$\boldsymbol{\xi}_r$…是方程组$\boldsymbol{Ax}=0$的所有解，则它们的极大无关组$\boldsymbol{\xi}_1$，$\boldsymbol{\xi}_2$，…，$\boldsymbol{\xi}_r$构成齐次线性方程组$\boldsymbol{Ax}=0$的基础解系，其意义是齐次线性方程组$\boldsymbol{Ax}=0$的所有解均可以由$\boldsymbol{\xi}_1$，$\boldsymbol{\xi}_2$，…，$\boldsymbol{\xi}_r$线性表出，$\boldsymbol{\xi}_1$，$\boldsymbol{\xi}_2$，…，$\boldsymbol{\xi}_r$的任意线性组合$k_1\boldsymbol{\xi}_1+k_2\boldsymbol{\xi}_2+\cdots+k_r\boldsymbol{\xi}_r$($\forall k_i\in\mathbf{R}$)也称为方程组$\boldsymbol{Ax}=0$的通解.

基本定理 齐次线性方程组$\boldsymbol{Ax}=0$的解系中，极大无关组$\boldsymbol{\xi}_1$，$\boldsymbol{\xi}_2$，…，$\boldsymbol{\xi}_r$的向量个数r=未知数总数n-系数矩阵的秩=自由未知数的个数，即$r=n-\text{rank}(\boldsymbol{A})$. 与方程组中方程的个数没有必然联系，因为有些方程是无用的方程，系数矩阵的秩反映了方程组中有用的方程的个数，也就是有效的阶梯的层数.

推论1 若$\boldsymbol{A}_{m\times n}\boldsymbol{B}_{n\times p}=0$，则$r(\boldsymbol{A}_{m\times n})+r(\boldsymbol{B}_{n\times p})\leqslant n$.

证明：矩阵$\boldsymbol{B}_{n\times p}$的列向量是方程$\boldsymbol{Ax}=0$的解空间的元素，根据基本定理$r(\boldsymbol{B}_{n\times p})\leqslant n-r(\boldsymbol{A}_{m\times n})$，也就是$r(\boldsymbol{A}_{m\times n})+r(\boldsymbol{B}_{n\times p})\leqslant n$.

推论2 若矩阵$\boldsymbol{A}$的秩是$n-1$，则它的伴随矩阵$\boldsymbol{A}^*$的秩是1.

证明：$\boldsymbol{AA}^*=|\boldsymbol{A}|\boldsymbol{E}=0\Rightarrow r(\boldsymbol{A})+r(\boldsymbol{A}^*)\leqslant n\Rightarrow r(\boldsymbol{A}^*)\leqslant 1$，又矩阵$\boldsymbol{A}$的秩是$n-1$，则伴随矩阵至少有一个元素不等于0，从而$r(\boldsymbol{A}^*)\geqslant 1$，所以伴随矩阵$\boldsymbol{A}^*$的秩是1.

4.4.2 关于方程组$\boldsymbol{Ax}=\boldsymbol{0}$的解的两种重要的提法以及含义

(1) 方程组$\boldsymbol{Ax}=0$仅有0解$\Leftrightarrow$系数矩阵的列满秩(此时系数矩阵的行数一定不能小于矩阵的列数)$\Leftrightarrow$系数矩阵经过行变换后，阶梯矩阵的层数恰好等于未知数的个数$\Leftrightarrow$方程组$\boldsymbol{Ax}=0$没有自由未知数；

(2) 方程组$\boldsymbol{Ax}=0$有非0解$\Leftrightarrow$方程组$\boldsymbol{Ax}=0$有无穷解$\Leftrightarrow$系数矩阵的列不满秩$\Leftrightarrow$系数矩阵经过行变换后，阶梯矩阵的层数小于未知数的个数$\Leftrightarrow$方程组$\boldsymbol{Ax}=0$有至少一个自由未知数.

例4.8：已知3阶非零矩阵$\boldsymbol{B}$的每一列都是方程组$\begin{cases}x_1+2x_2-2x_3=0\\2x_1-x_2+\lambda x_3=0\\3x_1+x_2-x_3=0\end{cases}$的解.

(1) 求λ的值；(2) 证明$|\boldsymbol{B}|=0$.

解：(1) 因为非零矩阵$\boldsymbol{B}$的每一列都是齐次方程组的解，所以齐次线性方程组

$$\begin{cases}x_1+2x_2-2x_3=0\\2x_1-x_2+\lambda x_3=0\\3x_1+x_2-x_3=0\end{cases}$$

有非零解.

即
$$\begin{vmatrix}1&2&-2\\2&-1&\lambda\\3&1&-1\end{vmatrix}=0\Rightarrow\lambda+4=5\Rightarrow\lambda=1$$

(2) 由题意可得$\begin{pmatrix}1 & 2 & -2\\ 2 & -1 & 1\\ 3 & 1 & -1\end{pmatrix}\boldsymbol{B}=0\Rightarrow r(\boldsymbol{B})+r(\boldsymbol{A})=n\leqslant 3.$

因为$r(\boldsymbol{A})>1$，所以$r(\boldsymbol{B})<3$，即$\boldsymbol{B}$不可逆，所以$|\boldsymbol{B}|=0$.

例 4.9：求齐次线性方程组$\begin{cases}x_1+x_2-x_3-x_4=0\\ 2x_1-5x_2+3x_3+2x_4=0\\ 7x_1-7x_2+3x_3+x_4=0\end{cases}$的基础解系与通解.

解：系数矩阵为：$\boldsymbol{A}=\begin{pmatrix}1 & 1 & -1 & -1\\ 2 & -5 & 3 & 2\\ 7 & -7 & 3 & 1\end{pmatrix}$，$\boldsymbol{x}=\begin{pmatrix}x_1\\ x_2\\ x_3\\ x_4\end{pmatrix}$，$\boldsymbol{b}=\begin{pmatrix}0\\ 0\\ 0\end{pmatrix}$，$\boldsymbol{Ax}=\boldsymbol{b}$，对系数矩阵进行行变换，变阶梯矩阵：

$$\boldsymbol{A}=\begin{pmatrix}1 & 1 & -1 & -1\\ 2 & -5 & 3 & 2\\ 7 & -7 & 3 & 1\end{pmatrix}\rightarrow\begin{pmatrix}1 & 0 & -\frac{2}{7} & -\frac{3}{7}\\ 0 & 1 & -\frac{5}{7} & -\frac{4}{7}\\ 0 & 0 & 0 & 0\end{pmatrix}$$

$\mathrm{rank}(\boldsymbol{A})=2$，未知数共有 4 个，自由未知数有 2 个，在第二层梯子上有未知数x_2，x_3，x_4，其中一个不自由，另外两个自由，一般位于后面的未知数作为自由未知数，也就是x_3，x_4. 由于基础解系的线性无关性，所以自由未知数的自由取值只要满足线性无关即可，选取的原则是方便计算，或者简单化. 分别取$\begin{pmatrix}x_3\\ x_4\end{pmatrix}=\begin{pmatrix}1\\ 0\end{pmatrix}$，$\begin{pmatrix}x_3\\ x_4\end{pmatrix}=\begin{pmatrix}0\\ 1\end{pmatrix}$，反代入有用方程组

$$\begin{cases}x_1+0x_2-\frac{2}{7}x_3-\frac{3}{7}x_4=0\\ x_2-\frac{5}{7}x_3-\frac{4}{7}x_4=0\end{cases}$$

计算得到基础解系

$$\boldsymbol{\xi}_1=\begin{pmatrix}x_1\\ x_2\\ x_3\\ x_4\end{pmatrix}=\begin{pmatrix}\frac{2}{7}\\ \frac{5}{7}\\ 1\\ 0\end{pmatrix},\ \boldsymbol{\xi}_2=\begin{pmatrix}x_1\\ x_2\\ x_3\\ x_4\end{pmatrix}=\begin{pmatrix}\frac{3}{7}\\ \frac{4}{7}\\ 0\\ 1\end{pmatrix}$$

从而得到通解

$$\boldsymbol{X}=k_1\boldsymbol{\xi}_1+k_2\boldsymbol{\xi}_2\quad(\forall k_1,\ k_2\in\mathbf{R})$$

例 4.10：$\boldsymbol{\alpha}_1=(1,\ -1,\ 1)$，$\boldsymbol{\alpha}_2=(1,\ 2,\ 0)$，$\boldsymbol{\alpha}_3=(1,\ 0,\ 3)$，$\boldsymbol{\alpha}_4=(2,\ -3,\ 7)$，求$\boldsymbol{\alpha}_1$，$\boldsymbol{\alpha}_2$，$\boldsymbol{\alpha}_3$，$\boldsymbol{\alpha}_4$的一个极大无关组，并将其余向量由这组极大无关组线性表出.

解：注意你想哪个向量成为极大无关组的一部分，就安排它站在前面.

第一步：站直了(列向量)，组矩阵，行变换，变阶梯，数层数.

$$A = (\boldsymbol{\alpha}_1^{\mathrm{T}}, \boldsymbol{\alpha}_2^{\mathrm{T}}, \boldsymbol{\alpha}_3^{\mathrm{T}}, \boldsymbol{\alpha}_4^{\mathrm{T}}) = \begin{pmatrix} 1 & 1 & 1 & 2 \\ -1 & 2 & 0 & -3 \\ 1 & 0 & 3 & 7 \end{pmatrix} \to \begin{pmatrix} 1 & 1 & 1 & 2 \\ 0 & -1 & 2 & 5 \\ 0 & 0 & 1 & 2 \end{pmatrix},$$

rank$(\boldsymbol{A}) = 3$，向量组的秩是 3.

所以极大无关组由三个向量构成，选 $\boldsymbol{\alpha}_1$，$\boldsymbol{\alpha}_2$，$\boldsymbol{\alpha}_3$ 作为极大无关组，由它们线性表出 $\boldsymbol{\alpha}_4$，令 $\boldsymbol{\alpha}_4 = x_1\boldsymbol{\alpha}_1 + x_2\boldsymbol{\alpha}_2 + x_3\boldsymbol{\alpha}_3$，即：

$$\begin{cases} x_1 + x_2 + x_3 = 2 \\ \quad - x_2 + 2x_3 = 5 \\ \qquad x_3 = 2 \end{cases} \Rightarrow \begin{pmatrix} x_1 \\ x_2 \\ x_3 \end{pmatrix} = \begin{pmatrix} 1 \\ -1 \\ 2 \end{pmatrix}$$

则 $\boldsymbol{\alpha}_4 = \boldsymbol{\alpha}_1 - \boldsymbol{\alpha}_2 + 2\boldsymbol{\alpha}_3$.

4.4.3 非齐次线性方程组的解结构

对于非齐次线性方程组 $\boldsymbol{Ax} = \boldsymbol{b}(\boldsymbol{b} \neq 0)$，有如下基本结论：

(1) 若 $\boldsymbol{\xi}_1$，$\boldsymbol{\xi}_2$，…，$\boldsymbol{\xi}_r$ 都是非齐次线性方程组 $\boldsymbol{Ax} = \boldsymbol{b}$ 的解，则任意两个解的差是对应齐次线性方程组的解，即 $\boldsymbol{\xi}_i - \boldsymbol{\xi}_j (1 \leqslant i, j \leqslant r)$ 是 $\boldsymbol{Ax} = 0$ 的解；

(2) 若 $\boldsymbol{\xi}_1$，$\boldsymbol{\xi}_2$，…，$\boldsymbol{\xi}_r$ 构成齐次线性方程组 $\boldsymbol{Ax} = 0$ 的基础解系，η 是方程组 $\boldsymbol{Ax} = \boldsymbol{b}$ 的一个特解，则 $k_1\boldsymbol{\xi}_1 + k_2\boldsymbol{\xi}_2 + \cdots + k_r\boldsymbol{\xi}_r + \eta$ 是非齐次线性方程组 $\boldsymbol{Ax} = \boldsymbol{b}$ 的通解，也就是非齐次线性方程组的通解等于齐次线性方程组的通解加上非齐次线性方程组的一个特解；

(3) 非齐次线性方程组 $\boldsymbol{Ax} = \boldsymbol{b}$ 中有些方程是无用的方程，系数矩阵的秩反映了方程组中有用的方程的个数. 方程组中如果有 r 个自由未知数，且 $\boldsymbol{\xi}_1$，$\boldsymbol{\xi}_2$，…，$\boldsymbol{\xi}_r$，$\boldsymbol{\xi}_{r+1}$ 为 $\boldsymbol{Ax} = \boldsymbol{b}$ 的线性无关解，则 $k_1\boldsymbol{\xi}_1 + k_2\boldsymbol{\xi}_2 + \cdots + k_r\boldsymbol{\xi}_r + k_{r+1}\boldsymbol{\xi}_{r+1}$ 为 $\boldsymbol{Ax} = \boldsymbol{b}$ 的通解，当且仅当 $k_1 + k_2 + \cdots + k_r + k_{r+1} = 1$；

(4) 设 $\boldsymbol{\xi}_1$，$\boldsymbol{\xi}_2$ 是 $\boldsymbol{Ax} = \boldsymbol{b}$ 的两个解，则 $\boldsymbol{\xi}_1 + \boldsymbol{\xi}_2$，$\lambda\boldsymbol{\xi}_1(\lambda \neq 1)$ 肯定不是 $\boldsymbol{Ax} = \boldsymbol{b}$ 的解，因此非齐次线性方程组的解不能构成解空间.

4.4.4 求非齐次线性方程组 $\boldsymbol{Ax} = \boldsymbol{b}$ 的通解的一般流程

第一步：写出增广矩阵：$(\boldsymbol{A} \mid \boldsymbol{b})$；

第二步：系数矩阵部分和增广部分同时进行相同的行变换，变成阶梯矩阵.

出现如下几种阶梯矩阵情况：

(1) 系数矩阵的层数和增广矩阵的层数相等，也就是系数矩阵的秩等于增广矩阵的秩，即 rank$(\boldsymbol{A})$ = rank$(\boldsymbol{A} \mid \boldsymbol{b})$.

进一步讨论：

① 如果阶梯矩阵的层数恰好等于未知数的个数，也就是方程组中没有自由未知数，此时非齐次线性方程 $\boldsymbol{Ax} = \boldsymbol{b}$ 有唯一解；或者这样表述：rank$(\boldsymbol{A})$ = rank$(\boldsymbol{A} \mid \boldsymbol{b})$ = 未知数的个数 = 矩阵 $\boldsymbol{A}$ 的列数，解唯一.

求解方式：

增广矩阵$(\boldsymbol{A}\mid\boldsymbol{b})$，行变换，系数矩阵部分变成单位阵，$(\boldsymbol{A}\mid\boldsymbol{b})\to(\boldsymbol{E}\mid\boldsymbol{\xi})$，增广部分$\boldsymbol{\xi}$就是唯一解$\boldsymbol{x}=\boldsymbol{\xi}$，或者使用克莱姆法则求唯一解.

② 如果阶梯矩阵的层数小于未知数的个数，也就是方程组中存在自由未知数，此时非齐次线性方程$\boldsymbol{Ax}=\boldsymbol{b}$有无数解(无穷解)；或者这样表述：$\text{rank}(\boldsymbol{A})=\text{rank}(\boldsymbol{A}\mid\boldsymbol{b})<$未知数的个数=矩阵$\boldsymbol{A}$的列数，解不唯一，也就是无穷解.

求解方式：

齐次化：先求齐次线性方程组$\boldsymbol{Ax}=0$的通解：$k_1\xi_1+k_2\xi_2+\cdots+k_r\xi_r(\forall k_i\in\mathbf{R})$；

求特解：再令自由未知数全部为0，求出非齐次线性方程组的一个特解η；

写通解：非齐次线性方程组$\boldsymbol{Ax}=\boldsymbol{b}$的通解$k_1\xi_1+k_2\xi_2+\cdots+k_r\xi_r+\eta$(也就是无穷解的统一表达式).

(2) 系数矩阵的层数小于增广矩阵的层数，也就是系数矩阵的秩小于增广矩阵的秩，即$\text{rank}(\boldsymbol{A})<\text{rank}(\boldsymbol{A}\mid\boldsymbol{b})$，此时非齐次线性方程组$\boldsymbol{Ax}=\boldsymbol{b}$无解.

非齐次线性方程组$\boldsymbol{A}_{m\times n}\boldsymbol{x}=\boldsymbol{b}$解的情况讨论：

$\text{rank}(\boldsymbol{A})=\text{rank}(\boldsymbol{A}\mid\boldsymbol{b})=n$：唯一解，无自由未知数，可以使用克莱姆法则求解；

$\text{rank}(\boldsymbol{A})=\text{rank}(\boldsymbol{A}\mid\boldsymbol{b})<n$：无穷解，存在自由未知数；

$\text{rank}(\boldsymbol{A})<\text{rank}(\boldsymbol{A}\mid\boldsymbol{b})$：无解.

例 4.11：求下列线性方程组的通解：

$$\begin{cases} x_1+x_2+x_3=0 \\ x_1+x_2-x_3-x_4-2x_5=1 \\ 2x_1+2x_2-x_4-2x_5=1 \\ 5x_1+5x_2-3x_3-4x_4-8x_5=4 \end{cases}$$

解：增广矩阵$(\boldsymbol{A}\mid\boldsymbol{b})$，行变换，变成$(\boldsymbol{U}\mid\boldsymbol{d})$：

$$(\boldsymbol{A}\mid\boldsymbol{b})=\left(\begin{array}{ccccc|c} 1 & 1 & 1 & 0 & 0 & 0 \\ 1 & 1 & -1 & -1 & -2 & 1 \\ 2 & 2 & 0 & -1 & -2 & 1 \\ 5 & 5 & -3 & -4 & -8 & 4 \end{array}\right)\to\left(\begin{array}{ccccc|c} 1 & 1 & 0 & -\frac{1}{2} & -1 & \frac{1}{2} \\ 0 & 0 & 1 & \frac{1}{2} & 1 & -\frac{1}{2} \\ 0 & 0 & 0 & 0 & 0 & 0 \\ 0 & 0 & 0 & 0 & 0 & 0 \end{array}\right)=(\boldsymbol{U}\mid\boldsymbol{d})$$

$\text{rank}(\boldsymbol{A})=2=\text{rank}(\boldsymbol{A}\mid\boldsymbol{b})<5$，在方程组中，表面上有4个方程，其实有效方程只有2个(由秩确定，也就是阶梯矩阵阶梯的层数)，未知数有5个，不自由(秩控制)的未知数有2个，取x_1，x_3；自由未知数有3个，取x_2，x_4，x_5. 分别让自由未知数(x_2, x_4, x_5)取最简单的线性无关的取值$(1, 0, 0)$，$(0, 1, 0)$，$(0, 0, 1)$，代入$\boldsymbol{Ux}=0$，得到齐次线性方程组的基础解系：

$$\boldsymbol{\xi}_1=(-1, 1, 0, 0, 0)^{\mathrm{T}},\ \boldsymbol{\xi}_2=\left(\frac{1}{2}, 0, -\frac{1}{2}, 1, 0\right)^{\mathrm{T}},\ \boldsymbol{\xi}_3=(1, 0, -1, 0, 1)^{\mathrm{T}}$$

再令自由未知数(x_2, x_4, x_5)全部为0，代入$\boldsymbol{Ux}=\boldsymbol{d}$，求非齐次线性方程组的一个特

解：$\boldsymbol{\eta}=\left(\frac{1}{2},\ 0,\ -\frac{1}{2},\ 0,\ 0\right)^{\mathrm{T}}$.

写出非齐次线性方程组的通解为：$\boldsymbol{x}=k_1\boldsymbol{\xi}_1+k_2\boldsymbol{\xi}_2+k_3\boldsymbol{\xi}_3+\boldsymbol{\eta}\quad(k_1,\ k_2,\ k_3\in\mathbf{R})$.

例 4.12：讨论 k 的值，并求下列线性方程组的通解：

$$\begin{cases} x_1+x_2+kx_3=4 \\ -x_1+kx_2+x_3=k^2 \\ x_1-x_2+2x_3=-4 \end{cases}$$

解：增广矩阵 $(\boldsymbol{A}\mid\boldsymbol{b})$，行变换，变成 $(\boldsymbol{U}\mid\boldsymbol{d})$：

$$(\boldsymbol{A}\mid\boldsymbol{b})=\left(\begin{array}{ccc|c} 1 & 1 & k & 4 \\ -1 & k & 1 & k^2 \\ 1 & -1 & 2 & -4 \end{array}\right)\to\left(\begin{array}{ccc|c} 1 & 1 & k & 4 \\ 0 & 2 & k-2 & 8 \\ 0 & 0 & \frac{1}{2}(k+1)(4-k) & k(k-4) \end{array}\right)=(\boldsymbol{U}\mid\boldsymbol{d}).$$

(1) 当 $k=-1$ 时，$(\boldsymbol{U}\mid\boldsymbol{d})=\left(\begin{array}{ccc|c} 1 & 1 & -1 & 4 \\ 0 & 2 & -3 & 8 \\ 0 & 0 & 0 & 5 \end{array}\right)$. $\operatorname{rank}(\boldsymbol{A})=2<\operatorname{rank}(\boldsymbol{A}\mid\boldsymbol{b})=3$，方程组无解.

(2) 当 $k\neq-1$，$k\neq4$ 时，$\operatorname{rank}(\boldsymbol{A})=3=\operatorname{rank}(\boldsymbol{A}\mid\boldsymbol{b})=3$，方程组有唯一解：

$$\boldsymbol{x}=\begin{pmatrix} x_1 \\ x_2 \\ x_3 \end{pmatrix}=\left(\frac{k^2+2k}{k+1}\quad\frac{k^2+2k+4}{k+1}\quad\frac{-2k}{k+1}\right)^{\mathrm{T}}$$

(3) 当 $k=4$ 时，$(\boldsymbol{U}\mid\boldsymbol{d})=\left(\begin{array}{ccc|c} 1 & 1 & 4 & 4 \\ 0 & 2 & 2 & 8 \\ 0 & 0 & 0 & 0 \end{array}\right)$. $\operatorname{rank}(\boldsymbol{A})=2=\operatorname{rank}(\boldsymbol{A}\mid\boldsymbol{b})<3$，方程组有无穷解.

自由未知数只有一个，取 x_3，令 $x_3=1$，代入 $\boldsymbol{Ux}=0$，得到齐次线性方程组的基础解系 $\boldsymbol{\xi}_1=(-3,\ 3,\ 1,\ )^{\mathrm{T}}$.

再令自由未知数 $x_3=0$，代入 $\boldsymbol{Ux}=\boldsymbol{d}$，求非齐次线性方程组的一个特解：$\boldsymbol{\eta}=(0,\ 4,\ 0)^{\mathrm{T}}$.

写出非齐次线性方程组的通解为：$\boldsymbol{x}=k_1\boldsymbol{\xi}_1+\boldsymbol{\eta}\quad(k_1\in\mathbf{R})$.

4.4.5 克莱姆法则

克莱姆法则求解的是满秩非齐次线性方程组的唯一解，也就是：

在 $\operatorname{rank}(\boldsymbol{A})=\operatorname{rank}(\boldsymbol{A}\mid\boldsymbol{b})=n$ 条件下，求非齐次线性方程组 $\boldsymbol{Ax}=\boldsymbol{b}$ 的唯一解的求解.

$x_i=\dfrac{|\boldsymbol{A}_i|}{|\boldsymbol{A}|}(i=1,\ 2,\ \cdots,\ n)$，其中矩阵 $\boldsymbol{A}_i$ 是矩阵 $\boldsymbol{A}$ 的第 i 列被 $\boldsymbol{b}$ 替换后的矩阵.

证明：首先以秩为 3 的三元一次常系数线性非齐次方程为例，方程 $\boldsymbol{Ax}=\boldsymbol{b}$ 改写为

$x_1\boldsymbol{\alpha}_1 + x_2\boldsymbol{\alpha}_2 + x_3\boldsymbol{\alpha}_3 = b$，两边点乘叉积$\boldsymbol{\alpha}_1 \times \boldsymbol{\alpha}_2$，得到混合积形式(混合积的结果就是它们构成的行列式).

$$x_1(\boldsymbol{\alpha}_1 \times \boldsymbol{\alpha}_2 \cdot \boldsymbol{\alpha}_1) + x_2(\boldsymbol{\alpha}_1 \times \boldsymbol{\alpha}_2 \cdot \boldsymbol{\alpha}_2) + x_3(\boldsymbol{\alpha}_1 \times \boldsymbol{\alpha}_2 \cdot \boldsymbol{\alpha}_3) = (\boldsymbol{\alpha}_1 \times \boldsymbol{\alpha}_2 \cdot b)$$

$$\Rightarrow x_3(\boldsymbol{\alpha}_1 \times \boldsymbol{\alpha}_2 \cdot \boldsymbol{\alpha}_3) = (\boldsymbol{\alpha}_1 \times \boldsymbol{\alpha}_2 \cdot b)$$

$$\Rightarrow |\boldsymbol{\alpha}_1, \boldsymbol{\alpha}_2, \boldsymbol{\alpha}_3| x_3 = |\boldsymbol{\alpha}_1, \boldsymbol{\alpha}_2, b| \Rightarrow x_3 = \frac{|\boldsymbol{\alpha}_1, \boldsymbol{\alpha}_2, b|}{|\boldsymbol{\alpha}_1, \boldsymbol{\alpha}_2, \boldsymbol{\alpha}_3|} = \frac{|\boldsymbol{A}_3|}{|\boldsymbol{A}|}$$

同理得到其余的两个.

对于n元形式，列向量的混合积就是它们构成的行列式，同样得到结论.

例 4.13：使用克莱姆法则解线性方程组：

$$\begin{cases} x_1 + x_2 + x_3 = 4 \\ -x_1 + x_3 = 0 \\ x_1 - x_2 + 2x_3 = -4 \end{cases}$$

解：$|\boldsymbol{A}| = \begin{vmatrix} 1 & 1 & 1 \\ -1 & 0 & 1 \\ 1 & -1 & 2 \end{vmatrix} = 5$，$|\boldsymbol{A}_1| = \begin{vmatrix} 4 & 1 & 1 \\ 0 & 0 & 1 \\ -4 & -1 & 2 \end{vmatrix} = 0$，

$$|\boldsymbol{A}_2| = \begin{vmatrix} 1 & 4 & 1 \\ -1 & 0 & 1 \\ 1 & -4 & 2 \end{vmatrix} = 20,\quad |\boldsymbol{A}_3| = \begin{vmatrix} 1 & 1 & 4 \\ -1 & 0 & 0 \\ 1 & -1 & -4 \end{vmatrix} = 0.$$

所以 $x_1 = \frac{|\boldsymbol{A}_1|}{|\boldsymbol{A}|} = 0$，$x_2 = \frac{|\boldsymbol{A}_2|}{|\boldsymbol{A}|} = 4$，$x_3 = \frac{|\boldsymbol{A}_3|}{|\boldsymbol{A}|} = 0$，解为 $\boldsymbol{\xi} = \begin{pmatrix} x_1 \\ x_2 \\ x_3 \end{pmatrix} = \begin{pmatrix} 0 \\ 4 \\ 0 \end{pmatrix}$.

4.5　向量空间与向量代数

4.5.1　空间

空间是一个重要的概念，是一个对某种运算封闭的对象的集合. 也就是在这个集合中，元素之间存在某种运算，运算的结果还是在这个集合中.

4.5.2　向量线性空间

向量线性空间简称向量空间，它是以向量为对象元素的集合，向量之间的线性运算结果依然在这个集合中，也就是对线性运算封闭. 换言之，这个集合中的任意元素之间的线性组合全部在这个集合中.

例 4.14：我们熟悉的二维空间表示为：$\boldsymbol{U} = \{(x, y) \mid x \in \mathbf{R}, y \in \mathbf{R}\}$，线性运算就是普通的向量加法与数乘.

三维空间表示为：$\boldsymbol{U} = \{(x, y, z) \mid x \in \mathbf{R}, y \in \mathbf{R}, z \in \mathbf{R}\}$，就是高中立体几何所学习的基本对象的集合.

4.5.3 向量空间的维数

向量空间的维数是指空间中元素自由分量的个数.

注意它不同于向量的维数，向量的维数是它的分量的个数，而向量空间的维数是它的极大无关组的个数，自然空间的维数不超过每一个向量的维数，注：三维向量构成的向量空间的维数一定不超过3.

例4.15：三维空间的过原点的平面是一个二维空间.

例4.16：$U=\{(x, y) \mid x-y=0, x \in \mathbf{R}, y \in \mathbf{R}\}$，表面上有2个分量，但自由的只有1个，也就是约束中的自由未知数的个数是自由分量的个数，也是向量空间的维数. 对几何熟悉的同学，知道这个空间其实是一个直线空间，它是一维的.

4.5.4 向量空间的基底

空间中所有对象 —— 向量的极大线性无关组构成向量空间的基底.

空间中任何一个向量均可以由这个基底线性表出，且表达方式唯一，即：$\boldsymbol{\alpha}_1$，$\boldsymbol{\alpha}_2$，…，$\boldsymbol{\alpha}_n$ 是向量空间 U 的基底，$\forall \boldsymbol{\beta} \in U$，有 $\boldsymbol{\beta}=k_1\boldsymbol{\alpha}_1+k_2\boldsymbol{\alpha}_2+\cdots+k_n\boldsymbol{\alpha}_n$，则系数 k_1，k_2，…，k_n 是唯一的.

证明：若 $\boldsymbol{\beta}=k_1'\boldsymbol{\alpha}_1+k_2'\boldsymbol{\alpha}_2+\cdots+k_n'\boldsymbol{\alpha}_n$，则

$$0=(k_1-k_1')\boldsymbol{\alpha}_1+(k_2-k_2')\boldsymbol{\alpha}_2+\cdots+(k_n-k_n')\boldsymbol{\alpha}_n \Rightarrow (k_i-k_i')=0$$

4.5.5 向量在标架下的坐标

极大线性无关组 $\boldsymbol{\alpha}_1$，$\boldsymbol{\alpha}_2$，…，$\boldsymbol{\alpha}_n$ 构成向量空间 U 的标架. 任意一个向量 β 被标架线性表出的系数构成的向量 $(k_1, k_2, \cdots, k_n)$，称为向量 β 在基底 $\boldsymbol{\alpha}_1$，$\boldsymbol{\alpha}_2$，…，$\boldsymbol{\alpha}_n$ 下的坐标.

例4.17：在二维平面空间中，点 $\boldsymbol{A}$ 的坐标 (a, b)，其实就是向量 $\boldsymbol{OA}$ 在基底下 $\boldsymbol{OX}=(1, 0)$，$\boldsymbol{OY}=(0, 1)$ 的系数表达，即 $(a, b)=a(1, 0)+b(0, 1)$.

例4.18：齐次线性方程组 $\boldsymbol{Ax}=0$ 的全体解也构成一个向量空间，称为解空间，它的维数就是自由未知数的个数.

而非其次线性方程组 $\boldsymbol{Ax}=\boldsymbol{b}$ 的解不构成一个空间，因为非齐次线性方程组的特解加上另一个特解，不再是它的特解，不满足对线性运算的封闭性.

4.5.6 不同基底下的坐标转化

一个向量空间的基底往往不是唯一的，虽然它们彼此等价，同一个对象在不同基底下有不同的坐标形式，但是它们可以互相转化.

向量空间有两个基底：$\boldsymbol{\alpha}_1$，$\boldsymbol{\alpha}_2$，…，$\boldsymbol{\alpha}_n$ 是向量空间 U 的基底，$\boldsymbol{\beta}_1$，$\boldsymbol{\beta}_2$，…，$\boldsymbol{\beta}_n$ 也是向量空间 U 的基底，由于它们等价，则存在矩阵 $\boldsymbol{A}$，使得 $(\boldsymbol{\alpha}_1, \boldsymbol{\alpha}_2, \cdots, \boldsymbol{\alpha}_n)^{\mathrm{T}}=\boldsymbol{A}(\boldsymbol{\beta}_1, \boldsymbol{\beta}_2, \cdots, \boldsymbol{\beta}_n)^{\mathrm{T}}$，称矩阵 $\boldsymbol{A}$ 为基底 $\boldsymbol{\alpha}_1$，$\boldsymbol{\alpha}_2$，…，$\boldsymbol{\alpha}_n$ 到基底 $\boldsymbol{\beta}_1$，$\boldsymbol{\beta}_2$，…，$\boldsymbol{\beta}_n$ 的过渡矩阵. 注意：过渡矩阵是可逆的，非退化的.

若对象 x 在基底 $\boldsymbol{\alpha}_1$，$\boldsymbol{\alpha}_2$，…，$\boldsymbol{\alpha}_n$ 的坐标为 $(k_1, k_2, \cdots, k_n)$，即 $x=k_1\boldsymbol{\alpha}_1+k_2\boldsymbol{\alpha}_2+\cdots+k_n\boldsymbol{\alpha}_n$，则有 $x=(k_1, k_2, \cdots, k_n)\boldsymbol{A}(\boldsymbol{\beta}_1, \boldsymbol{\beta}_2, \cdots, \boldsymbol{\beta}_n)^{\mathrm{T}}$，也就是对象 x 在基底 $\boldsymbol{\beta}_1$，$\boldsymbol{\beta}_2$，

$\cdots$，$\boldsymbol{\beta}_n$ 的坐标为$(k_1, k_2, \cdots, k_n)\boldsymbol{A}$.

例 4.19：向量组 $\boldsymbol{\alpha}_1=(1, 0)$，$\boldsymbol{\alpha}_2=(0, 1)$ 是平面空间的基底，同时向量组 $\boldsymbol{\beta}_1=(1, 2)$，$\boldsymbol{\beta}_2=(3, 4)$ 也是它的基底，$\boldsymbol{\beta}_1=1\boldsymbol{\alpha}_1+2\boldsymbol{\alpha}_2$，$\boldsymbol{\beta}_2=2\boldsymbol{\alpha}_1+4\boldsymbol{\alpha}_2$. 所以 $\boldsymbol{\beta}_1=(1, 2)$，$\boldsymbol{\beta}_2=(3, 4)$ 到 $\boldsymbol{\alpha}_1=(1, 0)$，$\boldsymbol{\alpha}_2=(0, 1)$ 的过渡矩阵为：$\boldsymbol{A}=\begin{pmatrix}1 & 2\\ 3 & 4\end{pmatrix}$，也就是$(\boldsymbol{\beta}_1, \boldsymbol{\beta}_2)^{\mathrm{T}}=\boldsymbol{A}(\boldsymbol{\alpha}_1, \boldsymbol{\alpha}_2)^{\mathrm{T}}$. 若向量 $\boldsymbol{x}=(5, 8)$，则向量 $\boldsymbol{x}$ 在基底 $\boldsymbol{\alpha}_1=(1, 0)$，$\boldsymbol{\alpha}_2=(0, 1)$ 下的坐标为$(5, 8)$，向量 $\boldsymbol{x}$ 在基底 $\boldsymbol{\beta}_1=(1, 2)$，$\boldsymbol{\beta}_2=(3, 4)$ 下的坐标为$(2, 1)$，且满足：$(5, 8)=(2, 1)\boldsymbol{A}=(2, 1)\begin{pmatrix}1 & 2\\ 3 & 4\end{pmatrix}$.

4.5.7　向量代数

向量代数是以向量为对象的集合，它保持向量的线性运算封闭性，同时也保持向量乘法(向量积) 的封闭性.

向量代数不同于向量空间，它们有相同点，也有不同点.

相同点：它们都是向量的集合，都保持对线性运算的封闭性；

不同点：向量空间只保持线性运算足矣，而向量代数内除了保持线性运算外，还要保持其他运算的封闭性，例如叉积.

设向量空间 $\boldsymbol{U}$ 是一个 n 维向量空间.

$\boldsymbol{\alpha}=(\boldsymbol{\alpha}_1, \boldsymbol{\alpha}_2, \cdots, \boldsymbol{\alpha}_n)\in\boldsymbol{U}$，$\boldsymbol{\beta}=(\boldsymbol{\beta}_1, \boldsymbol{\beta}_2, \cdots, \boldsymbol{\beta}_n)\in\boldsymbol{U}$.

数乘封闭：$\forall k\in\mathbf{R}$，$k\boldsymbol{\alpha}=(k\boldsymbol{\alpha}_1, k\boldsymbol{\alpha}_2, \cdots, k\boldsymbol{\alpha}_n)\in\boldsymbol{U}$.

加法封闭：$\boldsymbol{\alpha}+\boldsymbol{\beta}=(\boldsymbol{\alpha}_1+\boldsymbol{\beta}_1, \boldsymbol{\alpha}_2+\boldsymbol{\beta}_2, \cdots, \boldsymbol{\alpha}_n+\boldsymbol{\beta}_n)\in\boldsymbol{U}$.

乘法：在这里我们只规定内积运算，就是在高中学习的向量的数量积，或者称为点积. 规则是向量的对应分量之积之和，就是矩阵的乘法规则.

$$\langle\boldsymbol{\alpha}, \boldsymbol{\beta}\rangle=\boldsymbol{\alpha}\boldsymbol{\beta}^{\mathrm{T}}=\boldsymbol{\alpha}_1\boldsymbol{\beta}_1+\boldsymbol{\alpha}_2\boldsymbol{\beta}_2+\cdots+\boldsymbol{\alpha}_n\boldsymbol{\beta}_n$$

内积在高中及高等数学中均有涉及，其性质和规则没有改变，只是写法形式上稍微有变化，读者可以全面复习以前所学的相关知识.

向量的长度(自己和自己的内积的开方)，也称为向量的模：

$$|\boldsymbol{\alpha}|=\sqrt{\langle\boldsymbol{\alpha}, \boldsymbol{\alpha}\rangle}=\sqrt{\boldsymbol{\alpha}\boldsymbol{\alpha}^{\mathrm{T}}}=\sqrt{\boldsymbol{\alpha}_1^{\ 2}+\boldsymbol{\alpha}_2^{\ 2}+\cdots+\boldsymbol{\alpha}_n^{\ 2}}$$

如果向量的模等于 1，它就是一个单位向量.

向量相互垂直 $\langle\boldsymbol{\alpha}, \boldsymbol{\beta}\rangle=0\Leftrightarrow\boldsymbol{\alpha}\perp\boldsymbol{\beta}$(也称为向量正交).

例 4.20：在二维空间中，坐标轴向量：$\boldsymbol{\alpha}=(1, 0)$，$\boldsymbol{\beta}=(0, 1)\Rightarrow\langle\boldsymbol{\alpha}, \boldsymbol{\beta}\rangle=0\Rightarrow\boldsymbol{\alpha}\perp\boldsymbol{\beta}$.

而 $\boldsymbol{\alpha}=(1, 1)$，$\boldsymbol{\beta}=(3, 4)\Rightarrow\langle\boldsymbol{\alpha}, \boldsymbol{\beta}\rangle=7\Rightarrow\boldsymbol{\alpha}, \boldsymbol{\beta}$ 不垂直.

结论：正交向量一定是线性无关的，但是线性无关的向量不一定是正交的.

证明：$\boldsymbol{\alpha}, \boldsymbol{\beta}$ 正交，则 $\langle\boldsymbol{\alpha}, \boldsymbol{\beta}\rangle=0$，设 $x\boldsymbol{\alpha}+y\boldsymbol{\beta}=0$，则

$$\langle x\boldsymbol{\alpha}+y\boldsymbol{\beta}, \boldsymbol{\alpha}\rangle=x\langle\boldsymbol{\alpha}, \boldsymbol{\alpha}\rangle=0\Rightarrow x=0$$

同样 $y=0$，从而 $\boldsymbol{\alpha}, \boldsymbol{\beta}$ 线性无关.

例如，向量 $\boldsymbol{\alpha}=(1, 1)$，$\boldsymbol{\beta}=(3, 4)$ 是线性无关的，但是 $\langle\boldsymbol{\alpha}, \boldsymbol{\beta}\rangle=7\Rightarrow\boldsymbol{\alpha}, \boldsymbol{\beta}$ 不是正交的.

例 4.21：在二维向量中，不共线的向量一定是线性无关的，但是它们之间的角度不一定是直角，成角为直角的两个向量(比如两坐标轴)一定不共线，是线性无关的.

在三维空间中，不共面的 3 个向量一定线性无关，但是它们任意两者之间的角度不一定是直角，而彼此都是直角(空间直角标架)的 3 个向量一定不共面，是线性无关的.

读者可以相信，在 n 维空间中，一定存在某个类似平面的东西，这个称为超平面，不共面(超平面)的 n 个向量一定线性无关，但是它们任意两者之间的角度不一定是直角，而彼此都是直角(超平面体的标架)的 n 个向量一定不共面(超平面)，是线性无关的.

因此，将线性无关的向量变成新的等价向量，而它们彼此是正交的，是非常有意义的事情.

如何将线性无关的向量变成新的正交向量，可以使用施密特正交化方法.

4.5.8 施密特正交化方法

将 n 维线性无关的 m 个行向量 $\boldsymbol{\alpha}_1$，$\boldsymbol{\alpha}_2$，…，$\boldsymbol{\alpha}_m$ 正交化，生成新的一组向量 $\boldsymbol{\beta}_1$，$\boldsymbol{\beta}_2$，…，$\boldsymbol{\beta}_m$，且 $\boldsymbol{\beta}_i \perp \boldsymbol{\beta}_j (i \neq j \in \{1, 2, \cdots, m\})$ (两两正交)，称为将原向量 $\boldsymbol{\alpha}_1$，$\boldsymbol{\alpha}_2$，…，$\boldsymbol{\alpha}_m$ 正交化.

正交化过程如下：

令：$\boldsymbol{\beta}_1 = \boldsymbol{\alpha}_1$

$$\boldsymbol{\beta}_2 = \boldsymbol{\alpha}_2 - \frac{<\boldsymbol{\alpha}_2, \boldsymbol{\beta}_1>}{<\boldsymbol{\beta}_1, \boldsymbol{\beta}_1>}\boldsymbol{\beta}_1$$

$$\boldsymbol{\beta}_3 = \boldsymbol{\alpha}_3 - \frac{<\boldsymbol{\alpha}_3, \boldsymbol{\beta}_1>}{<\boldsymbol{\beta}_1, \boldsymbol{\beta}_1>}\boldsymbol{\beta}_1 - \frac{<\boldsymbol{\alpha}_3, \boldsymbol{\beta}_2>}{<\boldsymbol{\beta}_2, \boldsymbol{\beta}_2>}\boldsymbol{\beta}_2$$

……

$$\boldsymbol{\beta}_m = \boldsymbol{\alpha}_m - \frac{<\boldsymbol{\alpha}_m, \boldsymbol{\beta}_1>}{<\boldsymbol{\beta}_1, \boldsymbol{\beta}_1>}\boldsymbol{\beta}_1 - \frac{<\boldsymbol{\alpha}_m, \boldsymbol{\beta}_2>}{<\boldsymbol{\beta}_2, \boldsymbol{\beta}_2>}\boldsymbol{\beta}_2 - \cdots - \frac{<\boldsymbol{\alpha}_m, \boldsymbol{\beta}_{m-1}>}{<\boldsymbol{\beta}_{m-1}, \boldsymbol{\beta}_{m-1}>}\boldsymbol{\beta}_{m-1}$$

可以使用内积的算法验证 $\boldsymbol{\beta}_1$，$\boldsymbol{\beta}_2$，…，$\boldsymbol{\beta}_m$ 互相正交.

进一步，将 $\boldsymbol{\beta}_1$，$\boldsymbol{\beta}_2$，…，$\boldsymbol{\beta}_m$ 变成单位向量，也称为单位化，即：

$$\boldsymbol{\gamma}_1 = \frac{1}{|\boldsymbol{\beta}_1|}\boldsymbol{\beta}_1, \boldsymbol{\gamma}_2 = \frac{1}{|\boldsymbol{\beta}_2|}\boldsymbol{\beta}_2, \cdots, \boldsymbol{\gamma}_m = \frac{1}{|\boldsymbol{\beta}_m|}\boldsymbol{\beta}_m$$

$\boldsymbol{\gamma}_1$，$\boldsymbol{\gamma}_2$，…，$\boldsymbol{\gamma}_m$ 称为向量组 $\boldsymbol{\alpha}_1$，$\boldsymbol{\alpha}_2$，…，$\boldsymbol{\alpha}_m$ 的标准正交化.

注意：三组向量组 $\boldsymbol{\alpha}_1$，$\boldsymbol{\alpha}_2$，…，$\boldsymbol{\alpha}_m$，$\boldsymbol{\beta}_1$，$\boldsymbol{\beta}_2$，…，$\boldsymbol{\beta}_m$ 与 $\boldsymbol{\gamma}_1$，$\boldsymbol{\gamma}_2$，…，$\boldsymbol{\gamma}_m$ 相互等价，也就是彼此可以互相线性表出.

例 4.22：$\boldsymbol{\alpha}_1 = (1, 0, 1)$，$\boldsymbol{\alpha}_2 = (1, 1, 0)$，$\boldsymbol{\alpha}_3 = (0, 1, 1)$，试用施密特正交化方法将这组向量正交化，标准正交化.

解：令：$\boldsymbol{\beta}_1 = \boldsymbol{\alpha}_1 = (1, 0, 1)$

$$\boldsymbol{\beta}_2 = \boldsymbol{\alpha}_2 - \frac{<\boldsymbol{\alpha}_2, \boldsymbol{\beta}_1>}{<\boldsymbol{\beta}_1, \boldsymbol{\beta}_1>}\boldsymbol{\beta}_1 = (1, 1, 0) - \frac{1}{2}(1, 0, 1) = \left(\frac{1}{2}, 1, -\frac{1}{2}\right)$$

$$\boldsymbol{\beta}_3 = \boldsymbol{\alpha}_3 - \frac{<\boldsymbol{\alpha}_3, \boldsymbol{\beta}_1>}{<\boldsymbol{\beta}_1, \boldsymbol{\beta}_1>}\boldsymbol{\beta}_1 - \frac{<\boldsymbol{\alpha}_3, \boldsymbol{\beta}_2>}{<\boldsymbol{\beta}_2, \boldsymbol{\beta}_2>}\boldsymbol{\beta}_2 = \left(-\frac{2}{3}, \frac{2}{3}, \frac{2}{3}\right)$$

将 $\boldsymbol{\beta}_1$，$\boldsymbol{\beta}_2$，$\boldsymbol{\beta}_3$ 单位化，得到：

$$\gamma_1=\frac{1}{|\beta_1|}\beta_1=\left(\frac{1}{\sqrt{2}},\ 0,\ \frac{1}{\sqrt{2}}\right)$$

$$\gamma_2=\frac{1}{|\beta_2|}\beta_2=\left(\frac{1}{\sqrt{6}},\ \frac{2}{\sqrt{6}},\ -\frac{1}{\sqrt{6}}\right)$$

$$\gamma_3=\frac{1}{|\beta_3|}\beta_3=\left(-\frac{1}{\sqrt{3}},\ \frac{1}{\sqrt{3}},\ -\frac{1}{\sqrt{3}}\right)$$

4.5.9 正交矩阵

方阵 A 满足：

(1) 矩阵的行(列) 构成的向量相互垂直；

(2) 矩阵的行(列) 构成的向量均为单位向量．

则称这个矩阵 A 为正交矩阵，简称正交阵．

关于正交矩阵的结论：

(1) 矩阵 A 是正交矩阵的充要条件是 $AA^{T}=E$.

(2) 矩阵 A 是正交矩阵的充要条件是 $A^{-1}=A^{T}$.

(3) 矩阵 A 是正交矩阵的充要条件是 $A^{T}=\pm A^{*}$.

(4) 矩阵 A 是正交矩阵的必要条件是 $|A|=\pm 1$.

例 4.23：矩阵 A，B 是正交矩阵，且 $|A|+|B|=0$，求 $|A+B|$.

解：$|A|+|B|=0\Rightarrow|A|=-|B|$，不妨设 $|A|=1$，$|B|=-1$.

$|A+B|=|A^{T}||A+B|=|E+A^{T}B|$,

$-|A+B|=|B^{T}||A+B|=|E+B^{T}A|=|(E+B^{T}A)^{T}|=|A+B|$,

所以 $|A+B|=0$.

例 4.24：设 A 为对称矩阵，B 为反对称矩阵，且 A，B 可交换，$A-B$ 可逆，证明：$(A+B)(A-B)^{-1}$ 是正交矩阵．

证明：A 为对称矩阵 $\Rightarrow A^{T}=A$，B 为反对称矩阵 $\Rightarrow B^{T}=-B$

A，B 可交换 $\Rightarrow AB=BA\Rightarrow(A+B)(A-B)=(A-B)(A+B)$,

$((A+B)(A-B)^{-1})^{T}(A+B)(A-B)^{-1}=((A-B)^{-1})^{T}(A+B)^{T}(A+B)(A-B)^{-1}$

$=(A+B)^{-1}(A-B)(A+B)(A-B)^{-1}=E$

所以 $(A+B)(A-B)^{-1}$ 是正交矩阵．

练 习 四

一、填空题

1. 已知三维向量空间的基底为 $\alpha_1=(1,1,0)$，$\alpha_2=(1,0,1)$，$\alpha_3=(0,1,1)$，则向量 $\beta=(2,0,0)$ 在此基底下的坐标是________.

2. 已知向量组 $\alpha_1=(1,2,3,4)$，$\alpha_2=(2,3,4,5)$，$\alpha_3=(3,4,5,6)$，$\alpha_4=(4,5,6,7)$，则该向量组的秩是________.

3. 设$A=\begin{pmatrix} a_1b_1 & a_1b_2 & \cdots & a_1b_n \\ a_2b_1 & a_2b_2 & \cdots & a_2b_n \\ \vdots & \vdots & & \vdots \\ a_nb_1 & a_nb_2 & \cdots & a_nb_n \end{pmatrix}$，其中$a_i \neq 0$，$b_i \neq 0$，$(i=1, 2, \cdots, n)$，则矩阵$\boldsymbol{A}$的秩$r(\boldsymbol{A})=$________.

4. 设n阶矩阵$\boldsymbol{A}$的各行元素之和均为零，且$\boldsymbol{A}$的秩为$n-1$，则线性方程组$\boldsymbol{Ax}=0$的通解为________.

5. 设$\boldsymbol{A}$是4×3矩阵，且$\boldsymbol{A}$的秩$r(\boldsymbol{A})=2$，而$\boldsymbol{B}=\begin{bmatrix} 1 & 0 & 2 \\ 0 & 2 & 0 \\ -1 & 0 & 3 \end{bmatrix}$，则$r(\boldsymbol{AB})=$________.

6. 已知方程组$\begin{bmatrix} 1 & 2 & 1 \\ 2 & 3 & a+2 \\ 1 & a & -2 \end{bmatrix}\begin{bmatrix} x_1 \\ x_2 \\ x_3 \end{bmatrix}=\begin{bmatrix} 1 \\ 3 \\ 0 \end{bmatrix}$无解，则$a=$________.

7. 从R^2的基$\boldsymbol{\alpha}_1=\begin{pmatrix} 1 \\ 0 \end{pmatrix}$，$\boldsymbol{\alpha}_2=\begin{pmatrix} 1 \\ -1 \end{pmatrix}$到基$\boldsymbol{\beta}_1=\begin{pmatrix} 1 \\ 1 \end{pmatrix}$，$\boldsymbol{\beta}_2=\begin{pmatrix} 1 \\ 2 \end{pmatrix}$的过渡矩阵为________.

8. 设$\boldsymbol{\alpha}_1=(1, 2, -1, 0)^{\mathrm{T}}$，$\boldsymbol{\alpha}_2=(1, 1, 0, 2)^{\mathrm{T}}$，$\boldsymbol{\alpha}_3=(2, 1, 1, a)^{\mathrm{T}}$，若由$\boldsymbol{\alpha}_1$，$\boldsymbol{\alpha}_2$，$\boldsymbol{\alpha}_3$形成的向量空间的维数是2，则$a=$________.

9. 设$\boldsymbol{x}$为三维单位列向量，$\boldsymbol{E}$为三阶单位矩阵，则矩阵$\boldsymbol{E}-\boldsymbol{xx}^{\mathrm{T}}$的秩为________.

10. 设矩阵$\boldsymbol{A}=\begin{pmatrix} 0 & 1 & 0 & 0 \\ 0 & 0 & 1 & 0 \\ 0 & 0 & 0 & 1 \\ 0 & 0 & 0 & 0 \end{pmatrix}$，则$\boldsymbol{A}^3$的秩为________.

二、选择题

1. 设$\boldsymbol{\alpha}_1=\begin{pmatrix} 0 \\ 0 \\ c_1 \end{pmatrix}$，$\boldsymbol{\alpha}_2=\begin{pmatrix} 0 \\ 1 \\ c_2 \end{pmatrix}$，$\boldsymbol{\alpha}_3=\begin{pmatrix} 1 \\ -1 \\ c_3 \end{pmatrix}$，$\boldsymbol{\alpha}_4=\begin{pmatrix} -1 \\ 1 \\ c_4 \end{pmatrix}$，其中$c_1$，$c_2$，$c_3$，$c_4$为任意常数，则下列向量组线性相关的为(　　).

A. $\boldsymbol{\alpha}_1$，$\boldsymbol{\alpha}_2$，$\boldsymbol{\alpha}_3$　B. $\boldsymbol{\alpha}_1$，$\boldsymbol{\alpha}_2$，$\boldsymbol{\alpha}_4$　C. $\boldsymbol{\alpha}_1$，$\boldsymbol{\alpha}_3$，$\boldsymbol{\alpha}_4$　D. $\boldsymbol{\alpha}_2$，$\boldsymbol{\alpha}_3$，$\boldsymbol{\alpha}_4$

2. 设向量组$\boldsymbol{\alpha}_1$，$\boldsymbol{\alpha}_2$，$\boldsymbol{\alpha}_3$线性无关，则下列向量组线性相关的是(　　).

A. $\boldsymbol{\alpha}_1-\boldsymbol{\alpha}_2$，$\boldsymbol{\alpha}_2-\boldsymbol{\alpha}_3$，$\boldsymbol{\alpha}_3-\boldsymbol{\alpha}_1$　B. $\boldsymbol{\alpha}_1+\boldsymbol{\alpha}_2$，$\boldsymbol{\alpha}_2+\boldsymbol{\alpha}_3$，$\boldsymbol{\alpha}_3+\boldsymbol{\alpha}_1$

C. $\boldsymbol{\alpha}_1-2\boldsymbol{\alpha}_2$，$\boldsymbol{\alpha}_2-2\boldsymbol{\alpha}_3$，$\boldsymbol{\alpha}_3-2\boldsymbol{\alpha}_1$　D. $\boldsymbol{\alpha}_1+2\boldsymbol{\alpha}_2$，$\boldsymbol{\alpha}_2+2\boldsymbol{\alpha}_3$，$\boldsymbol{\alpha}_3+2\boldsymbol{\alpha}_1$

3. 设$\boldsymbol{\alpha}_1$，$\boldsymbol{\alpha}_2$，$\cdots$，$\boldsymbol{\alpha}_s$均为n维列向量，$\boldsymbol{A}$为$m\times n$矩阵，下列选项正确的是(　　).

A. 若$\boldsymbol{\alpha}_1$，$\boldsymbol{\alpha}_2$，$\cdots$，$\boldsymbol{\alpha}_s$线性相关，则$\boldsymbol{A\alpha}_1$，$\boldsymbol{A\alpha}_2$，$\cdots$，$\boldsymbol{A\alpha}_s$线性相关

B. 若$\boldsymbol{\alpha}_1$，$\boldsymbol{\alpha}_2$，$\cdots$，$\boldsymbol{\alpha}_s$线性相关，则$\boldsymbol{A\alpha}_1$，$\boldsymbol{A\alpha}_2$，$\cdots$，$\boldsymbol{A\alpha}_s$线性无关

C. 若$\boldsymbol{\alpha}_1$，$\boldsymbol{\alpha}_2$，$\cdots$，$\boldsymbol{\alpha}_s$线性无关，则$\boldsymbol{A\alpha}_1$，$\boldsymbol{A\alpha}_2$，$\cdots$，$\boldsymbol{A\alpha}_s$线性相关

D. 若$\boldsymbol{\alpha}_1$，$\boldsymbol{\alpha}_2$，$\cdots$，$\boldsymbol{\alpha}_s$线性无关，则$\boldsymbol{A\alpha}_1$，$\boldsymbol{A\alpha}_2$，$\cdots$，$\boldsymbol{A\alpha}_s$线性无关

4. 设$\boldsymbol{A}$，$\boldsymbol{B}$为满足$\boldsymbol{AB}=\boldsymbol{O}$的任意两个非零矩阵，则必有(　　).

A. $\boldsymbol{A}$的列向量组线性相关，$\boldsymbol{B}$的行向量组线性相关

B. $\boldsymbol{A}$的列向量组线性相关，$\boldsymbol{B}$的列向量组线性相关

C. $\boldsymbol{A}$的行向量组线性相关，$\boldsymbol{B}$的行向量组线性相关

D. $\boldsymbol{A}$的行向量组线性相关，$\boldsymbol{B}$的列向量组线性相关

5. n维向量组$\boldsymbol{\alpha}_1$，$\boldsymbol{\alpha}_2$，…，$\boldsymbol{\alpha}_s(3\leqslant s\leqslant n)$线性无关的充要条件是(　　).

A. 存在一组不全为零的数k_1，k_2，…，k_s，使$k_1\boldsymbol{\alpha}_1+k_2\boldsymbol{\alpha}_2+\cdots+k_s\boldsymbol{\alpha}_s\neq 0$

B. $\boldsymbol{\alpha}_1$，$\boldsymbol{\alpha}_2$，…，$\boldsymbol{\alpha}_s$中任意两个向量均线性无关

C. $\boldsymbol{\alpha}_1$，$\boldsymbol{\alpha}_2$，…，$\boldsymbol{\alpha}_s$中存在一个向量不能用其余向量线性表示

D. $\boldsymbol{\alpha}_1$，$\boldsymbol{\alpha}_2$，…，$\boldsymbol{\alpha}_s$中任意一个向量都不能用其余向量线性表示

6. 设线性无关的函数y_1，y_2，y_3都是自由未知数为2的非齐次线性方程组的解，c_1，c_2是任意常数，则该非齐次方程组的通解是(　　).

A. $c_1y_1+c_2y_2+y_3$　　B. $c_1y_1+c_2y_2-(c_1+c_2)y_3$

C. $c_1y_1+c_2y_2-(1-c_1-c_2)y_3$　　D. $c_1y_1+c_2y_2+(1-c_1-c_2)y_3$

7. 已知$\boldsymbol{\beta}_1$，$\boldsymbol{\beta}_2$是非齐次线性方程组$\boldsymbol{Ax}=\boldsymbol{b}$的两个不同的解，$\boldsymbol{\alpha}_1$，$\boldsymbol{\alpha}_2$是对应齐次线性方程组$Ax=0$的基础解系$k_1$，$k_2$为任意常数，则方程组$\boldsymbol{Ax}=\boldsymbol{b}$的通解(一般解)必是(　　).

A. $k_1\boldsymbol{\alpha}_1+k_2(\boldsymbol{\alpha}_1+\boldsymbol{\alpha}_2)+\dfrac{\boldsymbol{\beta}_1-\boldsymbol{\beta}_2}{2}$　　B. $k_1\boldsymbol{\alpha}_1+k_2(\boldsymbol{\alpha}_1-\boldsymbol{\alpha}_2)+\dfrac{\boldsymbol{\beta}_1+\boldsymbol{\beta}_2}{2}$

C. $k_1\boldsymbol{\alpha}_1+k_2(\boldsymbol{\beta}_1+\boldsymbol{\beta}_2)+\dfrac{\boldsymbol{\beta}_1-\boldsymbol{\beta}_2}{2}$　　D. $k_1\boldsymbol{\alpha}_1+k_2(\boldsymbol{\beta}_1-\boldsymbol{\beta}_2)+\dfrac{\boldsymbol{\beta}_1+\boldsymbol{\beta}_2}{2}$

8. 设$\boldsymbol{A}$，$\boldsymbol{B}$，$\boldsymbol{C}$均为n阶矩阵，若$\boldsymbol{AB}=\boldsymbol{C}$，且$\boldsymbol{B}$可逆，则(　　).

A. 矩阵$\boldsymbol{C}$的行向量组与矩阵$\boldsymbol{A}$的行向量组等价

B. 矩阵$\boldsymbol{C}$的列向量组与矩阵$\boldsymbol{A}$的列向量组等价

C. 矩阵$\boldsymbol{C}$的行向量组与矩阵$\boldsymbol{B}$的行向量组等价

D. 矩阵$\boldsymbol{C}$的列向量组与矩阵$\boldsymbol{B}$的列向量组等价

9. 设$\boldsymbol{A}=(\alpha_1,\ \alpha_2,\ \alpha_3,\ \alpha_4)$是4阶矩阵，$\boldsymbol{A}^*$是$\boldsymbol{A}$的伴随矩阵，若$(1,\ 0,\ 1,\ 0)^{\mathrm{T}}$是方程组$\boldsymbol{Ax}=0$的一个基础解系，则$\boldsymbol{A}^*\boldsymbol{x}=0$的基础解系可为(　　).

A. $\boldsymbol{\alpha}_1$，$\boldsymbol{\alpha}_3$　　B. $\boldsymbol{\alpha}_1$，$\boldsymbol{\alpha}_2$　　C. $\boldsymbol{\alpha}_1$，$\boldsymbol{\alpha}_2$，$\boldsymbol{\alpha}_3$　　D. $\boldsymbol{\alpha}_2$，$\boldsymbol{\alpha}_3$，$\boldsymbol{\alpha}_4$

10. 设$\boldsymbol{A}$为$m\times n$矩阵，$\boldsymbol{B}$为$n\times m$矩阵，若$\boldsymbol{AB}=\boldsymbol{E}$，则(　　).

A. 秩$(\boldsymbol{A})=m$，秩$(\boldsymbol{B})=m$　　B. 秩$(\boldsymbol{A})=m$，秩$(\boldsymbol{B})=n$

C. 秩$(\boldsymbol{A})=n$，秩$(\boldsymbol{B})=m$　　D. 秩$(\boldsymbol{A})=n$，秩$(\boldsymbol{B})=n$

11. 设$\boldsymbol{\alpha}_1$，$\boldsymbol{\alpha}_2$，$\boldsymbol{\alpha}_3$是3维向量空间$\mathbf{R}^3$的一组基，则由基$\boldsymbol{\alpha}_1$，$\dfrac{1}{2}\boldsymbol{\alpha}_2$，$\dfrac{1}{3}\boldsymbol{\alpha}_3$到基$\boldsymbol{\alpha}_1+\boldsymbol{\alpha}_2$，$\boldsymbol{\alpha}_2+\boldsymbol{\alpha}_3$，$\boldsymbol{\alpha}_3+\boldsymbol{\alpha}_1$的过渡矩阵为(　　).

A. $\begin{pmatrix}1&0&1\\2&2&0\\0&3&3\end{pmatrix}$　　B. $\begin{pmatrix}1&2&0\\0&2&3\\1&0&3\end{pmatrix}$

C. $\begin{pmatrix} \frac{1}{2} & \frac{1}{4} & -\frac{1}{6} \\ -\frac{1}{2} & \frac{1}{4} & \frac{1}{6} \\ \frac{1}{2} & -\frac{1}{4} & \frac{1}{6} \end{pmatrix}$　　D. $\begin{pmatrix} \frac{1}{2} & -\frac{1}{2} & \frac{1}{2} \\ \frac{1}{4} & \frac{1}{4} & -\frac{1}{4} \\ -\frac{1}{6} & \frac{1}{6} & \frac{1}{6} \end{pmatrix}$

12. 设向量组 Ⅰ：$\boldsymbol{\alpha}_1$，$\boldsymbol{\alpha}_2$，…，$\boldsymbol{\alpha}_r$ 可由向量组 Ⅱ：$\boldsymbol{\beta}_1$，$\boldsymbol{\beta}_2$，…，$\boldsymbol{\beta}_s$ 线性表示，则(　　).

A. 当 $r<s$ 时，向量组 Ⅱ 必线性相关　　B. 当 $r>s$ 时，向量组 Ⅱ 必线性相关

C. 当 $r<s$ 时，向量组 Ⅰ 必线性相关　　D. 当 $r>s$ 时，向量组 Ⅰ 必线性相关

13. 设有齐次线性方程组 $\boldsymbol{Ax}=0$ 和 $\boldsymbol{Bx}=0$，其中 $\boldsymbol{A}$、$\boldsymbol{B}$ 均为 $m\times n$ 矩阵，现有 4 个命题：

① 若 $\boldsymbol{Ax}=0$ 的解均是 $\boldsymbol{Bx}=0$ 的解，则秩$(\boldsymbol{A})\geqslant$秩$(\boldsymbol{B})$

② 若秩$(\boldsymbol{A})\geqslant$秩$(\boldsymbol{B})$，则 $\boldsymbol{Ax}=0$ 的解均是 $\boldsymbol{Bx}=0$ 的解

③ 若 $\boldsymbol{Ax}=0$ 与 $\boldsymbol{Bx}=0$ 同解，则秩$(\boldsymbol{A})=$秩$(\boldsymbol{B})$

④ 若秩$(\boldsymbol{A})=$秩$(\boldsymbol{B})$，则 $\boldsymbol{Ax}=0$ 与 $\boldsymbol{Bx}=0$ 同解

以上命题中正确的是(　　).

A. ①②　　B. ①③　　C. ②④　　D. ③④

14. 设有三张不同平面，其方程为 $\boldsymbol{a}_i\boldsymbol{x}+\boldsymbol{b}_i\boldsymbol{y}+\boldsymbol{c}_i\boldsymbol{z}=\boldsymbol{d}_i(i=1,2,3)$，它们所组成的线性方程组的系数矩阵与增广矩阵的秩都为 2，则这三张平面可能的位置关系为(　　).

A.

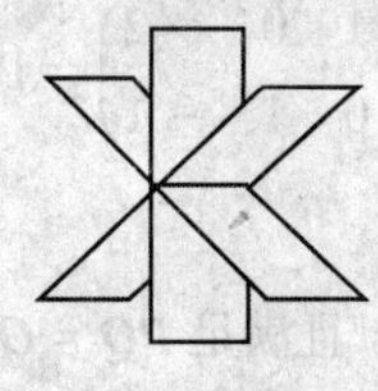
B.

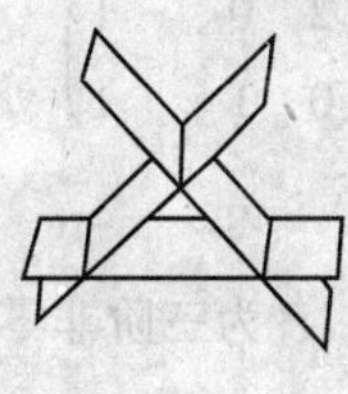
C.

D.

15. 设 n 维列向量组 $\boldsymbol{\alpha}_1$，…，$\boldsymbol{\alpha}_m(m<n)$ 线性无关，则 n 维列向量组 $\boldsymbol{\beta}_1$，…，$\boldsymbol{\beta}_m$ 线性无关的充分必要条件为(　　).

A. 向量组 $\boldsymbol{\alpha}_1$，…，$\boldsymbol{\alpha}_m$ 可由向量组 $\boldsymbol{\beta}_1$，…，$\boldsymbol{\beta}_m$ 线性表示

B. 向量组 $\boldsymbol{\beta}_1$，…，$\boldsymbol{\beta}_m$ 可由向量组 $\boldsymbol{\alpha}_1$，…，$\boldsymbol{\alpha}_m$ 线性表示

C. 向量组 $\boldsymbol{\alpha}_1$，…，$\boldsymbol{\alpha}_m$ 与向量组 $\boldsymbol{\beta}_1$，…，$\boldsymbol{\beta}_m$ 等价

D. 矩阵 $\boldsymbol{A}=(\boldsymbol{\alpha}_1,\cdots,\boldsymbol{\alpha}_m)$ 与矩阵 $\boldsymbol{B}=(\boldsymbol{\beta}_1,\cdots,\boldsymbol{\beta}_m)$ 等价

16. 设 $\boldsymbol{\alpha}_1=\begin{bmatrix} a_1 \\ a_2 \\ a_3 \end{bmatrix}$，$\boldsymbol{\alpha}_2=\begin{bmatrix} b_1 \\ b_2 \\ b_3 \end{bmatrix}$，$\boldsymbol{\alpha}_3=\begin{bmatrix} c_1 \\ c_2 \\ c_3 \end{bmatrix}$，则三条直线

$$\begin{cases} a_1x+b_1y+c_1=0 \\ a_2x+b_2y+c_2=0 \\ a_3x+b_3y+c_3=0 \end{cases}$$

其中，$a_i^2+b_i^2\neq 0(i=1,2,3)$ 交于一点的充要条件是(　　).

A. $\boldsymbol{\alpha}_1, \boldsymbol{\alpha}_2, \boldsymbol{\alpha}_3$ 线性相关

B. $\boldsymbol{\alpha}_1, \boldsymbol{\alpha}_2, \boldsymbol{\alpha}_3$ 线性无关

C. 秩 $r(\boldsymbol{\alpha}_1, \boldsymbol{\alpha}_2, \boldsymbol{\alpha}_3)=$ 秩 $r(\boldsymbol{\alpha}_1, \boldsymbol{\alpha}_2)$

D. $\boldsymbol{\alpha}_1, \boldsymbol{\alpha}_2, \boldsymbol{\alpha}_3$ 线性相关，$\boldsymbol{\alpha}_1, \boldsymbol{\alpha}_2$ 线性无关

17. 已知向量组 $\boldsymbol{\alpha}_1, \boldsymbol{\alpha}_2, \boldsymbol{\alpha}_3, \boldsymbol{\alpha}_4$ 线性无关，则向量组(　　).

A. $\boldsymbol{\alpha}_1+\boldsymbol{\alpha}_2, \boldsymbol{\alpha}_2+\boldsymbol{\alpha}_3, \boldsymbol{\alpha}_3+\boldsymbol{\alpha}_4, \boldsymbol{\alpha}_4+\boldsymbol{\alpha}_1$ 线性无关

B. $\boldsymbol{\alpha}_1-\boldsymbol{\alpha}_2, \boldsymbol{\alpha}_2-\boldsymbol{\alpha}_3, \boldsymbol{\alpha}_3-\boldsymbol{\alpha}_4, \boldsymbol{\alpha}_4-\boldsymbol{\alpha}_1$ 线性无关

C. $\boldsymbol{\alpha}_1+\boldsymbol{\alpha}_2, \boldsymbol{\alpha}_2+\boldsymbol{\alpha}_3, \boldsymbol{\alpha}_3+\boldsymbol{\alpha}_4, \boldsymbol{\alpha}_4-\boldsymbol{\alpha}_1$ 线性无关

D. $\boldsymbol{\alpha}_1+\boldsymbol{\alpha}_2, \boldsymbol{\alpha}_2+\boldsymbol{\alpha}_3, \boldsymbol{\alpha}_3-\boldsymbol{\alpha}_4, \boldsymbol{\alpha}_4-\boldsymbol{\alpha}_1$ 线性无关

18. 设 $\boldsymbol{A}$ 是 n 阶矩阵，且 $\boldsymbol{A}$ 的行列式 $|\boldsymbol{A}|=0$，则 $\boldsymbol{A}$ 中(　　).

A. 必有一列元素全为0

B. 必有两列元素对应成比例

C. 必有一列向量是其余列向量的线性组合

D. 任一列向量是其余列向量的线性组合

19. 要使 $\boldsymbol{\xi}_1=\begin{pmatrix}1\\0\\2\end{pmatrix}$，$\boldsymbol{\xi}_2=\begin{pmatrix}0\\1\\-1\end{pmatrix}$ 都是线性方程组 $\boldsymbol{Ax}=0$ 的解，只要系数矩阵 $\boldsymbol{A}$ 为(　　)即可.

A. $(-2, 1, 1)$　B. $\begin{pmatrix}2&0&-1\\0&1&1\end{pmatrix}$　C. $\begin{pmatrix}-1&0&2\\0&1&-1\end{pmatrix}$　D. $\begin{pmatrix}0&1&-1\\4&-2&-2\\0&1&1\end{pmatrix}$

20. 已知 $\boldsymbol{Q}=\begin{pmatrix}1&2&3\\2&4&t\\3&6&9\end{pmatrix}$，$\boldsymbol{P}$ 为三阶非零矩阵，且满足 $\boldsymbol{PQ}=\boldsymbol{O}$，则(　　).

A. $t=6$ 时 $\boldsymbol{P}$ 的秩必为1　　B. $t=6$ 时 $\boldsymbol{P}$ 的秩必为2

C. $t\neq 6$ 时 $\boldsymbol{P}$ 的秩必为1　　D. $t\neq 6$ 时 $\boldsymbol{P}$ 的秩必为2

21. 设向量组Ⅰ：$\boldsymbol{\alpha}_1, \boldsymbol{\alpha}_2, \cdots, \boldsymbol{\alpha}_r$ 可以由向量组Ⅱ：$\boldsymbol{\beta}_1, \boldsymbol{\beta}_2, \cdots, \boldsymbol{\beta}_s$ 线性表出，则命题正确的是(　　).

A. 若向量组Ⅰ线性无关，则 $r\leqslant s$　　B. 若向量组Ⅰ线性相关，则 $r>s$

C. 若向量组Ⅱ线性无关，则 $r\leqslant s$　　D. 若向量组Ⅱ线性相关，则 $r>s$

三、综合题

1. 设 $\boldsymbol{A}=\begin{pmatrix}1&a&0&0\\0&1&a&0\\0&0&1&a\\a&0&0&1\end{pmatrix}$，$\boldsymbol{\beta}=\begin{pmatrix}1\\-1\\0\\0\end{pmatrix}$.

(1) 计算行列式 $|\boldsymbol{A}|$；

(2) 当实数 a 为何值时，方程组 $\boldsymbol{Ax}=\boldsymbol{\beta}$ 有无穷多解，并求其通解.

2. 设$\boldsymbol{A}=\begin{pmatrix}1&-1&-1\\-1&1&1\\0&-4&-2\end{pmatrix}$，$\boldsymbol{\xi}_1=\begin{pmatrix}-1\\1\\-2\end{pmatrix}$.

(1) 求满足$\boldsymbol{A}\boldsymbol{\xi}_2=\boldsymbol{\xi}_1$，$\boldsymbol{A}^2\boldsymbol{\xi}_3=\boldsymbol{\xi}_1$的所有向量$\boldsymbol{\xi}_2$，$\boldsymbol{\xi}_3$；

(2) 对(1)中的任一向量$\boldsymbol{\xi}_2$，$\boldsymbol{\xi}_3$，证明：$\boldsymbol{\xi}_1$，$\boldsymbol{\xi}_2$，$\boldsymbol{\xi}_3$线性无关.

3. 设矩阵$\boldsymbol{A}=\begin{pmatrix}2a&1&&\\a^2&2a&\ddots&\\&\ddots&\ddots&1\\&&a^2&2a\end{pmatrix}_{n\times n}$，矩阵$\boldsymbol{A}$满足方程$\boldsymbol{Ax}=\boldsymbol{b}$，其中$\boldsymbol{x}=(x_1,\ \cdots,\ x_n)^{\mathrm{T}}$，$\boldsymbol{b}=(1,\ 0,\ \cdots,\ 0)^{\mathrm{T}}$.

(1) 求证$|\boldsymbol{A}|=(n+1)a^n$；

(2) a为何值，方程组有唯一解，并求x_1；

(3) a为何值，方程组有无穷多解，并求通解.

4. 设线性方程组$\begin{cases}x_1+x_2+x_3=0\\x_1+2x_2+ax_3=0\\x_1+4x_2+a^2x_3=0\end{cases}$与方程$x_1+2x_2+x_3=a-1$有公共解，求$a$的值及所有公共解.

5. 已知非齐次线性方程组$\begin{cases}x_1+x_2+x_3+x_4=-1\\4x_1+3x_2+5x_3-x_4=-1\\ax_1+x_2+3x_3+bx_4=1\end{cases}$仅有3个线性无关的解.

(1) 证明：方程组系数矩阵$\boldsymbol{A}$的秩$r(\boldsymbol{A})=2$；

(2) 求a，b的值及方程组的通解.

6. 确定常数a，使向量组$\boldsymbol{\alpha}_1=(1,\ 1,\ a)^{\mathrm{T}}$，$\boldsymbol{\alpha}_2=(1,\ a,\ 1)^{\mathrm{T}}$，$\boldsymbol{\alpha}_3=(a,\ 1,\ 1)^{\mathrm{T}}$可由向量组$\boldsymbol{\beta}_1=(1,\ 1,\ a)^{\mathrm{T}}$，$\boldsymbol{\beta}_2=(-2,\ a,\ 4)^{\mathrm{T}}$，$\boldsymbol{\beta}_3=(-2,\ a,\ a)^{\mathrm{T}}$线性表示，但向量组$\boldsymbol{\beta}_1$，$\boldsymbol{\beta}_2$，$\boldsymbol{\beta}_3$不能由向量组$\boldsymbol{\alpha}_1$，$\boldsymbol{\alpha}_2$，$\boldsymbol{\alpha}_3$线性表示.

7. 已知三阶矩阵$\boldsymbol{A}$的第一行是$(a,\ b,\ c)$，a，b，c不全为零，矩阵$\boldsymbol{B}=\begin{bmatrix}1&2&3\\2&4&6\\3&6&k\end{bmatrix}$（$k$为常数），且$\boldsymbol{AB}=0$，求线性方程组$\boldsymbol{Ax}=0$的通解.

8. 已知平面上三条不同直线的方程分别为

l_1：$ax+2by+3c=0$

l_2：$bx+2cy+3a=0$

l_3：$cx+2ay+3b=0$

试证：这三条直线交于一点的充分必要条件为$a+b+c=0$.

9. 问：a，b为何值时，线性方程组

$$\begin{cases} x_1 + x_2 + x_3 + x_4 = 0 \\ x_2 + 2x_3 + 2x_4 = 1 \\ -x_2 + (a-3)x_3 - 2x_4 = b \\ 3x_1 + 2x_2 + x_3 + ax_4 = -1 \end{cases}$$

有唯一解，无解，有无穷多解？并求出有无穷多解时的通解.

10. 问：λ 为何值时，线性方程组

$$\begin{cases} x_1 + x_3 = \lambda \\ 4x_1 + x_2 + 2x_3 = \lambda + 2 \\ 6x_1 + x_2 + 4x_3 = 2\lambda + 3 \end{cases}$$

有解，并求出解的一般形式.

11. 已知 $\boldsymbol{\alpha}_1 = (1, 0, 2, 3)$，$\boldsymbol{\alpha}_2 = (1, 1, 3, 5)$，$\boldsymbol{\alpha}_3 = (1, -1, a+2, 1)$，$\boldsymbol{\alpha}_4 = (1, 2, 4, a+8)$ 及 $\boldsymbol{\beta} = (1, 1, b+3, 5)$.

(1) a，b 为何值时，$\boldsymbol{\beta}$ 不能表示成 $\boldsymbol{\alpha}_1$，$\boldsymbol{\alpha}_2$，$\boldsymbol{\alpha}_3$，$\boldsymbol{\alpha}_4$ 的线性组合.

(2) a，b 为何值时，$\boldsymbol{\beta}$ 有 $\boldsymbol{\alpha}_1$，$\boldsymbol{\alpha}_2$，$\boldsymbol{\alpha}_3$，$\boldsymbol{\alpha}_4$ 的唯一的线性表示式？写出该表示式.

12. 设向量组 $\boldsymbol{\alpha}_1$，$\boldsymbol{\alpha}_2$，$\boldsymbol{\alpha}_3$ 线性相关，向量组 $\boldsymbol{\alpha}_2$，$\boldsymbol{\alpha}_3$，$\boldsymbol{\alpha}_4$ 线性无关，问：

(1) $\boldsymbol{\alpha}_1$ 能否由 $\boldsymbol{\alpha}_2$，$\boldsymbol{\alpha}_3$ 线性表出？证明你的结论.

(2) $\boldsymbol{\alpha}_4$ 能否由 $\boldsymbol{\alpha}_1$，$\boldsymbol{\alpha}_2$，$\boldsymbol{\alpha}_3$ 线性表出？证明你的结论.

13. 设 $\boldsymbol{A}$ 是 $n \times m$ 矩阵，$\boldsymbol{B}$ 是 $m \times n$ 矩阵，其中 $n < m$，$\boldsymbol{I}$ 是 n 阶单位矩阵，若 $\boldsymbol{AB} = \boldsymbol{I}$，证明：$\boldsymbol{B}$ 的列向量组线性无关.

14. 设四元线性齐次方程组(Ⅰ)为 $\begin{cases} x_1 + x_2 = 0 \\ x_2 - x_4 = 0 \end{cases}$，又已知某线性齐次方程组(Ⅱ)的通解为 $k_1(0, 1, 1, 0) + k_2(-1, 2, 2, 1)$.

(1) 求线性方程组(Ⅰ)的基础解系.

(2) 问：线性方程组(Ⅰ)和(Ⅱ)是否有非零公共解？若有，则求出所有的非零公共解；若没有，则说明理由.

15. 设 $\boldsymbol{B}$ 是秩为 2 的 5×4 矩阵，$\boldsymbol{\alpha}_1 = (1, 1, 2, 3)^{\mathrm{T}}$，$\boldsymbol{\alpha}_2 = (-1, 1, 4, -1)^{\mathrm{T}}$，$\boldsymbol{\alpha}_3 = (5, -1, -8, 9)^{\mathrm{T}}$ 是齐次线性方程组 $\boldsymbol{B}x = 0$ 的解向量，求 $\boldsymbol{B}x = 0$ 的解空间的一个标准正交基.

16. 设 $\boldsymbol{A}$ 是 n 阶矩阵，若存在正整数 k，使线性方程组 $\boldsymbol{A}^k x = 0$ 有解向量 $\boldsymbol{\alpha}$，且 $\boldsymbol{A}^{k-1}\boldsymbol{\alpha} \neq 0$. 证明：向量组 $\boldsymbol{\alpha}$，$\boldsymbol{A\alpha}$，$\cdots$，$\boldsymbol{A}^{k-1}\boldsymbol{\alpha}$ 是线性无关的.

17. 已知方程组(Ⅰ)：

$$\begin{cases} a_{11}x_1 + a_{12}x_2 + \cdots + a_{1,\,2n}x_{2n} = 0 \\ a_{21}x_1 + a_{22}x_2 + \cdots + a_{2,\,2n}x_{2n} = 0 \\ \cdots\cdots \\ a_{n1}x_1 + a_{n2}x_2 + \cdots + a_{n,\,2n}x_{2n} = 0 \end{cases}.$$

的一个基础解系为 $(b_{11}, b_{12}, \cdots, b_{1,\,2n})^{\mathrm{T}}$，$(b_{21}, b_{22}, \cdots, b_{2,\,2n})^{\mathrm{T}}$，$\cdots$，$(b_{n1}, b_{n2}, \cdots, b_{n,\,2n})^{\mathrm{T}}$ 试写出线性方程组(Ⅱ)：

$$\begin{cases} b_{11}y_1 + b_{12}y_2 + \cdots + b_{1,\ 2n}y_{2n} = 0 \\ b_{21}y_1 + b_{22}y_2 + \cdots + b_{2,\ 2n}y_{2n} = 0 \\ \quad \cdots\cdots \\ b_{n1}y_1 + b_{n2}y_2 + \cdots + b_{n,\ 2n}y_{2n} = 0 \end{cases}$$

的通解，并说明理由.

18. 设 $\boldsymbol{\alpha}_1$，$\boldsymbol{\alpha}_2$，…，$\boldsymbol{\alpha}_s$ 为线性方程组 $\boldsymbol{Ax}=0$ 的一个基础解系：

$$\boldsymbol{\beta}_1 = t_1\boldsymbol{\alpha}_1 + t_2\boldsymbol{\alpha}_2,\ \boldsymbol{\beta}_2 = t_1\boldsymbol{\alpha}_2 + t_2\boldsymbol{\alpha}_3,\ \cdots,\ \boldsymbol{\beta}_s = t_1\boldsymbol{\alpha}_s + t_2\boldsymbol{\alpha}_1$$

其中 t_1，t_2 为实常数，试问：t_1，t_2 满足什么条件时，$\boldsymbol{\beta}_1$，$\boldsymbol{\beta}_2$，…，$\boldsymbol{\beta}_s$ 也为 $\boldsymbol{Ax}=0$ 的一个基础解系？

19. 已知三阶矩阵 $\boldsymbol{A}$ 和三维列向量 $\boldsymbol{x}$，使得 $\boldsymbol{x}$，$\boldsymbol{Ax}$，$\boldsymbol{A}^2\boldsymbol{x}$ 线性无关，且满足 $\boldsymbol{A}^3\boldsymbol{x}=3\boldsymbol{Ax}-2\boldsymbol{A}^2\boldsymbol{x}$.

(1) 记 $\boldsymbol{P}=(\boldsymbol{x},\ \boldsymbol{Ax},\ \boldsymbol{A}^2\boldsymbol{x})$，求 $\boldsymbol{B}$，使 $\boldsymbol{A}=\boldsymbol{PBP}^{-1}$.

(2) 计算行列式 $|\boldsymbol{A}+\boldsymbol{E}|$.

20. 已知四阶方阵 $\boldsymbol{A}=(\boldsymbol{\alpha}_1,\ \boldsymbol{\alpha}_2,\ \boldsymbol{\alpha}_3,\ \boldsymbol{\alpha}_4)$，$\boldsymbol{\alpha}_1$，$\boldsymbol{\alpha}_2$，$\boldsymbol{\alpha}_3$，$\boldsymbol{\alpha}_4$ 均为四维列向量，其中 $\boldsymbol{\alpha}_2$，$\boldsymbol{\alpha}_3$，$\boldsymbol{\alpha}_4$ 线性无关，$\boldsymbol{\alpha}_1=2\boldsymbol{\alpha}_2-\boldsymbol{\alpha}_3$. 若 $\boldsymbol{\beta}=\boldsymbol{\alpha}_1+\boldsymbol{\alpha}_2+\boldsymbol{\alpha}_3+\boldsymbol{\alpha}_4$，求线性方程组 $\boldsymbol{Ax}=\boldsymbol{\beta}$ 的通解.

21. 设有齐次线性方程组

$$\begin{cases} (1+a)x_1 + x_2 + \cdots + x_n = 0 \\ 2x_1 + (2+a)x_2 + \cdots + 2x_n = 0 \\ \quad \cdots\cdots \\ nx_1 + nx_2 + \cdots + (n+a)x_n = 0 \end{cases} \qquad (n \geqslant 2)$$

试问：a 取何值时，该方程组有非零解？并求出其通解.

22. 已知 $\boldsymbol{A}=\boldsymbol{\alpha\alpha}^{\mathrm{T}}+\boldsymbol{\beta\beta}^{\mathrm{T}}$，$\boldsymbol{\alpha}^{\mathrm{T}}$ 为 $\boldsymbol{\alpha}$ 的转置，$\boldsymbol{\beta}^{\mathrm{T}}$ 为 $\boldsymbol{\beta}$ 的转置. 证明：

(1) $r(\boldsymbol{A}) \leqslant 2$.

(2) 若 $\boldsymbol{\alpha}$，$\boldsymbol{\beta}$ 线性相关，则 $r(\boldsymbol{A}) < 2$.

23. 设 $\boldsymbol{A}=\begin{pmatrix} \lambda & 1 & 1 \\ 0 & \lambda-1 & 0 \\ 1 & 1 & \lambda \end{pmatrix}$，$\boldsymbol{b}=\begin{pmatrix} a \\ 1 \\ 1 \end{pmatrix}$，已知线性方程组 $\boldsymbol{Ax}=\boldsymbol{b}$ 存在 2 个线性无关的解.

(1) 求 λ，a.

(2) 求方程组 $\boldsymbol{Ax}=\boldsymbol{b}$ 的通解.

24. 已知 $\boldsymbol{\alpha}_1=(1,\ 0,\ 1)^{\mathrm{T}}$，$\boldsymbol{\alpha}_2=(0,\ 1,\ 1)^{\mathrm{T}}$，$\boldsymbol{\alpha}_3=(1,\ 3,\ 5)^{\mathrm{T}}$ 不能由 $\boldsymbol{\beta}_1=(1,\ a,\ 1)^{\mathrm{T}}$，$\boldsymbol{\beta}_2=(1,\ 2,\ 3)^{\mathrm{T}}$，$\boldsymbol{\beta}_3=(1,\ 3,\ 5)^{\mathrm{T}}$ 线性表出.

(1) 求 a；

(2) 将 $\boldsymbol{\beta}_1$，$\boldsymbol{\beta}_2$，$\boldsymbol{\beta}_3$ 由 $\boldsymbol{\alpha}_1$，$\boldsymbol{\alpha}_2$，$\boldsymbol{\alpha}_3$ 线性表出.

第五章　矩阵特征

矩阵表面上只是将一些数据按照行与列的方式简单地放在一个括号内，数据好像没有什么规律特征，但是它们构成的这个整体却蕴含着内部的一些重要特征，将矩阵四则运算(尤其是矩阵乘法)作为工具，可以通过运算反映出它内部潜在的特性.

5.1　矩阵的特征值和特征向量

定义：矩阵 $\boldsymbol{A}$ 是一个 n 阶方阵，若有一个常数 λ 和一个非零的 n 维列向量 $\boldsymbol{\xi}$，满足等式 $\boldsymbol{A\xi}=\boldsymbol{\lambda\xi}$，则称这个常数 λ 为矩阵 $\boldsymbol{A}$ 的特征值，而对应的非零列向量 $\boldsymbol{\xi}$ 称为矩阵 $\boldsymbol{A}$ 属于特征值 λ 的特征向量.

例 5.1：$\begin{pmatrix}1&1\\1&1\end{pmatrix}\begin{pmatrix}1\\1\end{pmatrix}=2\begin{pmatrix}1\\1\end{pmatrix}$，则称数 2 是矩阵 $\begin{pmatrix}1&1\\1&1\end{pmatrix}$ 的特征值，列向量 $\begin{pmatrix}1\\1\end{pmatrix}$ 是矩阵 $\begin{pmatrix}1&1\\1&1\end{pmatrix}$ 属于特征值 2 的特征向量.

记住关于矩阵特征值和特征向量的一个类比例子：

将矩阵看做是这个世界，而它的特征值就是一些国家的名称，例如：中国就是它的一个特征值，中国人就是属于中国这个特征值的特征向量；美国也是一个特征值，美国人就是属于美国的特征向量.

5.2　特征值与特征向量的性质

5.2.1　数乘规则

若非零列向量 $\boldsymbol{\xi}$ 称为矩阵 $\boldsymbol{A}$ 属于特征值 λ 的特征向量，对任意非零常数 k，则 $\boldsymbol{A}(k\boldsymbol{\xi})=\lambda(k\boldsymbol{\xi})$，即非零列向量 $k\boldsymbol{\xi}$ 也是矩阵 $\boldsymbol{A}$ 属于特征值 λ 的特征向量.

其意义是：特征向量的非零数乘也是属于同一矩阵的同一个特征值的特征向量.

类比：如果你是中国人，无论你如何拉伸，你依然是属于中国的中国人.

5.2.2　加法规则

若非零列向量 $\boldsymbol{\xi}_1$，$\boldsymbol{\xi}_2$ 都是矩阵 $\boldsymbol{A}$ 属于特征值 λ 的特征向量，则 $A(\boldsymbol{\xi}_1+\boldsymbol{\xi}_2)=\lambda(\boldsymbol{\xi}_1+\boldsymbol{\xi}_2)$，即非零向量 $\boldsymbol{\xi}_1$，$\boldsymbol{\xi}_2$ 的和 $\boldsymbol{\xi}_1+\boldsymbol{\xi}_2$，也为矩阵 $\boldsymbol{A}$ 属于特征值 λ 的特征向量.

类比：两个中国人的组合产生的新的人依然是属于中国的中国人.

其意义是同一个特征值的特征向量的加法的结果也是属于该矩阵的这个特征值的特征

向量.

综合以上数乘规则及加法规则，矩阵所有属于 λ 的特征向量构成一个向量线性空间.

类比：全体中国人构成一个线性空间，他们是一家人.

自然这个向量空间也存在基底，该空间的维数不超过矩阵特征方程解中对应特征值的重数。我们称这些特征向量的集合(特征向量空间)是特征值 λ 的家族，构成一个谱系.

5.2.3 线性无关规则

结论：属于不同特征值的特征向量线性无关. 即 $\boldsymbol{A\xi}_1=\lambda_1\boldsymbol{\xi}_1$，$\boldsymbol{A\xi}_2=\lambda_2\boldsymbol{\xi}_2$，$\lambda_1\neq\lambda_2$，$\boldsymbol{\xi}_1$，$\boldsymbol{\xi}_2$ 线性无关.

证明：若 $k_1\boldsymbol{\xi}_1+k_2\boldsymbol{\xi}_2=0\Rightarrow Ak_1\boldsymbol{\xi}_1+Ak_2\boldsymbol{\xi}_2=\lambda_1k_1\boldsymbol{\xi}_1+\lambda_2k_2\boldsymbol{\xi}_2=0$

同理：$\lambda_1k_1\boldsymbol{\xi}_1+\lambda_1k_2\boldsymbol{\xi}_2=0$.

所以 $(\lambda_1-\lambda_2)k_2\boldsymbol{\xi}_2=0$

$k_2=0$

同理 $k_1=0$，从而 $\boldsymbol{\xi}_1$，$\boldsymbol{\xi}_2$ 线性无关.

类比：俗语“不是一家人，不进一家门”.

5.2.4 特征值、特征向量的求解规则

若 $\boldsymbol{A\xi}=\lambda\boldsymbol{\xi}$，则 $(\boldsymbol{A}-\lambda\boldsymbol{E})\boldsymbol{\xi}=0$ 是一个齐次线性方程组，它有非零解 $\boldsymbol{\xi}$，则系数矩阵 $\boldsymbol{A}-\lambda\boldsymbol{E}$ 不满秩，即 $|\boldsymbol{A}-\lambda\boldsymbol{E}|=0$，据此可以求出特征值 λ，再代入所求 λ 到 $(\boldsymbol{A}-\lambda\boldsymbol{E})\boldsymbol{\xi}=0$ 中，求出属于特征值 λ 的特征向量，也就是方程组 $(\boldsymbol{A}-\lambda\boldsymbol{E})\boldsymbol{\xi}=0$ 的解空间.

注意：解空间的维数(基底的向量的个数)不超过方程 $|\boldsymbol{A}-\lambda\boldsymbol{E}|=0$ 的解 λ(特征值)的重数.

5.2.5 特征值的两个重要特性

称方程 $|\boldsymbol{A}-\lambda\boldsymbol{E}|=0$ 为矩阵 $\boldsymbol{A}$ 的特征方程(求特征值的方程)，它是一个关于 λ 的 n 次方程，求出它的全部 n 个根 λ_1，λ_2，…，λ_n，重根重复计算，根据一元 n 次方程的根与系数关系(韦达定理)，得到特征值的两个重要性质：

(1) $\lambda_1+\lambda_2+\cdots+\lambda_n=\sum_{i=1}^{n}a_{ii}=\operatorname{trace}(\boldsymbol{A})$，即特征值的和是矩阵的迹，矩阵的迹是主对角线的元素的和.

(2) $\lambda_1\lambda_2\cdots\lambda_n=|\boldsymbol{A}|=\det(\boldsymbol{A})$. 特征值的乘积是矩阵的行列式.

例 5.2：已知 $\lambda_1=1$，$\lambda_2=2$ 是矩阵 $\boldsymbol{A}=\begin{pmatrix}0&0&1\\0&1&0\\b&0&-1\end{pmatrix}$ 的特征值，求第三个特征值 λ_3，参数 b 的值.

解：因为 $\lambda_1+\lambda_2+\lambda_3=\sum_{i=1}^{n}a_{ii}$.

所以 $0+1-1=1+2+\lambda_3$.

$\lambda_3=-3$.

又因为 $\lambda_1\lambda_2\lambda_3 = |\boldsymbol{A}|$.

所以 $-b = 1\times 2\times(-3) \Rightarrow b = 6$.

5.2.6 整数次幂规则

若 $\boldsymbol{A\xi} = \lambda\boldsymbol{\xi}$，$\lambda \neq 0$，$\boldsymbol{\xi} \neq 0$，称 $\boldsymbol{\xi}$ 是矩阵 $\boldsymbol{A}$ 的属于 λ 的特征向量，则 $\boldsymbol{A}^k\boldsymbol{\xi} = \lambda^k\boldsymbol{\xi}$，$\lambda \neq 0$，$\boldsymbol{\xi} \neq 0$，$k = -1, 1, 2, 3, \cdots$，称 $\boldsymbol{\xi}$ 是矩阵 $\boldsymbol{A}^k$ 的属于 λ^k 的特征向量.

证明：$\boldsymbol{A}^k\boldsymbol{\xi} = \lambda\boldsymbol{A}^{k-1}\boldsymbol{\xi} = \lambda^2\boldsymbol{A}^{k-2}\boldsymbol{\xi} = \cdots = \lambda^k\boldsymbol{\xi}$.

例 5.3：已知非零列向量 $\boldsymbol{\xi}$ 是矩阵 $\boldsymbol{A}$ 属于特征值 $\lambda_2 = 2$ 的特征向量，证明：$\boldsymbol{\xi}$ 是矩阵 $\boldsymbol{A}^3 - 3\boldsymbol{A} + \boldsymbol{E}$ 的特征向量，并求它对应 $\lambda_2 = 2$ 相应的特征值.

证明：因为 $\boldsymbol{A\xi} = 2\boldsymbol{\xi}$.

所以 $(\boldsymbol{A}^3 - 3\boldsymbol{A} + \boldsymbol{E})\boldsymbol{\xi} = 3\boldsymbol{\xi}$，对应特征值为 3.

例 5.4：已知非零常数 λ 是可逆矩阵 $\boldsymbol{A}$ 的特征值，求逆矩阵 $\boldsymbol{A}^{-1}$，$\boldsymbol{A}^*$ 的对应特征值.

解：$\boldsymbol{A\xi} = \lambda\boldsymbol{\xi} \Rightarrow \boldsymbol{A}^{-1}\boldsymbol{A\xi} = \boldsymbol{A}^{-1}(\lambda\boldsymbol{\xi}) \Rightarrow \boldsymbol{A}^{-1}\boldsymbol{\xi} = \lambda^{-1}\boldsymbol{\xi}$，矩阵 $\boldsymbol{A}^{-1}$ 的对应特征值是 λ^{-1}.

$\boldsymbol{A\xi} = \lambda\boldsymbol{\xi} \Rightarrow \boldsymbol{A}^*\boldsymbol{A\xi} = \boldsymbol{A}^*(\lambda\boldsymbol{\xi}) \Rightarrow |\boldsymbol{A}|\boldsymbol{\xi} = \boldsymbol{A}^*(\lambda\boldsymbol{\xi}) \Rightarrow \boldsymbol{A}^*\boldsymbol{\xi} = \dfrac{|\boldsymbol{A}|}{\lambda}\boldsymbol{\xi}$，矩阵 A^* 的对应特征值是 $\dfrac{|\boldsymbol{A}|}{\lambda}$.

5.3 三种特征值结构

5.3.1 单根满阶结构

如果 n 阶矩阵的特征值都是特征方程的单根，也就是特征方程的解是 n 个单根，则每个特征值对应的特征向量方程组的解空间是一维的，也就是它的谱系的基底均是一维的，这种结构称为单根满阶结构.

例 5.5：若矩阵 $\boldsymbol{A} = \begin{pmatrix} 1 & 0 & 0 \\ 0 & 2 & 0 \\ 0 & 0 & 3 \end{pmatrix}$，则 $\boldsymbol{A}$ 的特征值为 $\lambda_1 = 1$，$\lambda_2 = 2$，$\lambda_3 = 3$，它们都是单根.

对应于这里每一个单根，代入方程组 $(\lambda\boldsymbol{E} - \boldsymbol{A})x = 0$，得到的对应解空间的维数均是一维的，特征向量 $\boldsymbol{\xi}_1 = (1, 0, 0)^{\mathrm{T}}$ 对应特征值 $\lambda_1 = 1$；特征向量 $\boldsymbol{\xi}_2 = (0, 1, 0)^{\mathrm{T}}$ 对应特征值 $\lambda_2 = 2$；特征向量 $\boldsymbol{\xi}_3 = (0, 0, 1)^{\mathrm{T}}$ 对应特征值 $\lambda_3 = 3$. 在每一个解空间中选一个基底向量，构成由三个向量组成线性无关的向量组 $\boldsymbol{\xi}_1$，$\boldsymbol{\xi}_2$，$\boldsymbol{\xi}_3$ 与矩阵 A 的阶相等，满阶.

5.3.2 重根满阶结构

如果存在矩阵的特征值是特征方程的 m 重根，且 m 重根特征值对应的特征向量方程组的解空间是 m 维的，也就是它的谱系的基底均是 m 维的，这样的结构称为重根满阶结构.

例 5.6：若矩阵 $\boldsymbol{A} = \begin{pmatrix} 1 & 0 & 0 \\ 0 & 2 & 0 \\ 0 & 0 & 2 \end{pmatrix}$，则 $\boldsymbol{A}$ 的特征值为 $\lambda_1 = 1$，$\lambda_2 = \lambda_3 = 2$，$\lambda_1 = 1$ 是单根，

$\lambda_2=\lambda_3=2$ 是二重根.

对应于这里每一个单根 $\lambda_1=1$，代入方程组 $(\boldsymbol{A}-\lambda\boldsymbol{E})\boldsymbol{\xi}=0$，得到的对应解空间的维数是一维的，特征向量 $\boldsymbol{\xi}_1=(1,0,0)^{\mathrm{T}}$ 对应特征值 $\lambda_1=1$.

对应于这里的重根 $\lambda_2=\lambda_3=2$，代入方程组 $(\boldsymbol{A}-\lambda\boldsymbol{E})\boldsymbol{\xi}=0$，得到的对应解空间的维数是二维的，线性无关的特征向量 $\boldsymbol{\xi}_2=(0,1,0)^{\mathrm{T}}$ 与特征向量 $\boldsymbol{\xi}_3=(0,0,1)^{\mathrm{T}}$ 对应特征值 $\lambda_2=\lambda_3=2$. $\boldsymbol{\xi}_1$，$\boldsymbol{\xi}_2$，$\boldsymbol{\xi}_3$ 构成三个向量组成的线性无关的向量组，与矩阵 $\boldsymbol{A}$ 的阶相等，满阶.

例 5.7：若矩阵 $\boldsymbol{A}=\begin{pmatrix}2&0&0\\0&2&0\\0&0&2\end{pmatrix}$，则 $\boldsymbol{A}$ 的特征值为 $\lambda_1=\lambda_2=\lambda_3=2$，是三重根.

对应于这里的重根 $\lambda_1=\lambda_2=\lambda_3=2$，代入方程组 $(\boldsymbol{A}-\lambda\boldsymbol{E})\boldsymbol{\xi}=0$，得到的对应解空间的维数是三维的，特征向量 $\boldsymbol{\xi}_1=(1,0,0)^{\mathrm{T}}$、特征向量 $\boldsymbol{\xi}_2=(0,1,0)^{\mathrm{T}}$、特征向量 $\boldsymbol{\xi}_3=(0,0,1)^{\mathrm{T}}$ 对应特征值 $\lambda_1=\lambda_2=\lambda_3=2$. $\boldsymbol{\xi}_1$，$\boldsymbol{\xi}_2$，$\boldsymbol{\xi}_3$ 构成三个向量组成线性无关的向量组，与矩阵 $\boldsymbol{A}$ 的阶相等，满阶.

5.3.3　重根不满阶结构

如果存在矩阵的特征值是特征方程的 m 重根，且 m 重根特征值对应的特征向量方程组的解空间是小于 m 维的，也就是它的谱系的基底均是小于 m 维的，这样的结构称为重根不满阶结构.

例 5.8：若矩阵 $\boldsymbol{A}=\begin{pmatrix}1&0&0\\0&2&1\\0&0&2\end{pmatrix}$，则 $\boldsymbol{A}$ 的特征值为 $\lambda_1=1$，$\lambda_2=\lambda_3=2$，$\lambda_1=1$ 是单根，$\lambda_2=\lambda_3=2$ 是二重根.

对应于这里每一个单根 $\lambda_1=1$，代入方程组 $(\boldsymbol{A}-\lambda\boldsymbol{E})\boldsymbol{\xi}=0$，得到的对应解空间的维数是一维的，特征向量 $\boldsymbol{\xi}_1=(1,0,0)^{\mathrm{T}}$ 对应特征值 $\lambda_1=1$；

对应于这里的重根 $\lambda_2=\lambda_3=2$，代入方程组 $(\boldsymbol{A}-\lambda\boldsymbol{E})\boldsymbol{\xi}=0$，得到的对应解空间的维数是一维的，向量 $\boldsymbol{\xi}_2=(0,1,0)^{\mathrm{T}}$ 对应特征值 $\lambda_2=\lambda_3=2$. $\boldsymbol{\xi}_1$，$\boldsymbol{\xi}_2$ 构成两个向量组成线性无关的向量组，向量组的秩 2 小于矩阵 $\boldsymbol{A}$ 的阶，不满阶.

例 5.9：若矩阵 $\boldsymbol{A}=\begin{pmatrix}2&0&0\\0&2&1\\0&0&2\end{pmatrix}$，则 $\boldsymbol{A}$ 的特征值为 $\lambda_1=\lambda_2=\lambda_3=2$ 是三重根.

对应于这里的重根 $\lambda_1=\lambda_2=\lambda_3=2$，代入方程组 $(\boldsymbol{A}-\lambda\boldsymbol{E})\boldsymbol{\xi}=0$，得到的对应解空间的维数是二维的，向量 $\boldsymbol{\xi}_1=(1,0,0)^{\mathrm{T}}$，向量 $\boldsymbol{\xi}_2=(0,0,1)^{\mathrm{T}}$ 对应特征值 $\lambda_1=\lambda_2=\lambda_3=2$. $\boldsymbol{\xi}_1$，$\boldsymbol{\xi}_2$ 构成一个线性无关的向量组，向量组的秩小于矩阵 $\boldsymbol{A}$ 的阶，不满阶.

例 5.10：若矩阵 $\boldsymbol{A}=\begin{pmatrix}2&1&0\\0&2&1\\0&0&2\end{pmatrix}$，则 $\boldsymbol{A}$ 的特征值为 $\lambda_1=\lambda_2=\lambda_3=2$ 是三重根.

对应于这里的重根 $\lambda_1=\lambda_2=\lambda_3=2$，代入方程组 $(\boldsymbol{A}-\lambda\boldsymbol{E})\boldsymbol{\xi}=0$，得到的对应解空间

的维数是一维的，向量$\boldsymbol{\xi}_1=(1,\ 0,\ 0)^{\mathrm{T}}$对应特征值$\lambda_1=\lambda_2=\lambda_3=2$. $\boldsymbol{\xi}_1$构成一个线性无关的向量组，向量组的秩小于矩阵$\boldsymbol{A}$的阶，不满阶.

以上三种情况六个样本分析，结论如下：

(1) 由单根特征值对应的方程组$(\boldsymbol{A}-\lambda\boldsymbol{E})\boldsymbol{\xi}=0$的解空间是一维的；

(2) 由重根特征值对应的方程组$(\boldsymbol{A}-\lambda\boldsymbol{E})\boldsymbol{\xi}=0$的解空间的维数不超过重根的重数，当且仅当解空间的维数等于重根重数的时候，可以得到与矩阵的阶相等的个数的线性无关特征向量构成的向量组.

5.4 矩阵的对角化

5.4.1 对角化

矩阵相似的定义：对于矩阵$\boldsymbol{A}$，如果存在一个可逆矩阵$\boldsymbol{P}$，使得$\boldsymbol{P}^{-1}\boldsymbol{A}\boldsymbol{P}=\boldsymbol{B}$，则称矩阵$\boldsymbol{A}$，$\boldsymbol{B}$相似，记作：$\boldsymbol{A}\sim\boldsymbol{B}$.

矩阵对角化的定义：对于矩阵$\boldsymbol{A}$，如果存在一个可逆矩阵$\boldsymbol{P}$，使得$\boldsymbol{P}^{-1}\boldsymbol{A}\boldsymbol{P}=\begin{pmatrix}\lambda_1 & & \\ & \ddots & \\ & & \lambda_n\end{pmatrix}$，则称矩阵$\boldsymbol{A}$可以对角化，也就是矩阵与一个对角阵相似.

定理1：相似矩阵$\boldsymbol{A}$，$\boldsymbol{B}$有相同的特征值.

证明：$|\boldsymbol{B}-\lambda\boldsymbol{E}|=|\boldsymbol{P}^{-1}\boldsymbol{A}\boldsymbol{P}-\lambda\boldsymbol{E}|=|\boldsymbol{P}^{-1}(\boldsymbol{A}-\lambda\boldsymbol{E})\boldsymbol{P}|=|\boldsymbol{P}^{-1}|\cdot|(\boldsymbol{A}-\lambda\boldsymbol{E})|\cdot|\boldsymbol{P}|=|(\boldsymbol{A}-\lambda\boldsymbol{E})|=0$.

例5.11：矩阵$\boldsymbol{A}$，$\boldsymbol{B}$相似，求$|\boldsymbol{A}|-|\boldsymbol{B}|$.

解：矩阵$\boldsymbol{A}$，$\boldsymbol{B}$相似，因此它们有相同的特征值，且行列式等于特征值的乘积，因此$|\boldsymbol{A}|-|\boldsymbol{B}|=0$.

定理2：可以对角化的矩阵$\boldsymbol{A}$相似于由它的特征值λ_1，λ_2，…，λ_n构成的对角阵$\begin{pmatrix}\lambda_1 & & \\ & \ddots & \\ & & \lambda_n\end{pmatrix}$，且可逆矩阵$\boldsymbol{P}$由矩阵$\boldsymbol{A}$的$n$个线性无关的特征向量$\boldsymbol{\xi}_1$，$\boldsymbol{\xi}_2$，…，$\boldsymbol{\xi}_n$相应竖排而成.

证明：$\boldsymbol{A}\boldsymbol{\xi}_i=\lambda_i\boldsymbol{\xi}_i(i=1,\ 2,\ \cdots,\ n)$，$\boldsymbol{P}=(\boldsymbol{\xi}_1,\ \boldsymbol{\xi}_2,\ \cdots,\ \boldsymbol{\xi}_n)$

$$\boldsymbol{P}^{-1}\boldsymbol{A}\boldsymbol{P}=\boldsymbol{P}^{-1}\boldsymbol{A}(\boldsymbol{\xi}_1,\ \boldsymbol{\xi}_2,\ \cdots,\ \boldsymbol{\xi}_n)=\boldsymbol{P}^{-1}(\lambda_1\boldsymbol{\xi}_1,\ \lambda_2\boldsymbol{\xi}_2,\ \cdots,\ \lambda_n\boldsymbol{\xi}_n)$$

$$=\boldsymbol{P}^{-1}(\boldsymbol{\xi}_1,\ \boldsymbol{\xi}_2,\ \cdots,\ \boldsymbol{\xi}_n)\begin{pmatrix}\lambda_1 & & & \\ & \lambda_2 & & \\ & & \ddots & \\ & & & \lambda_n\end{pmatrix}=\boldsymbol{P}^{-1}\boldsymbol{P}\begin{pmatrix}\lambda_1 & & & \\ & \lambda_2 & & \\ & & \ddots & \\ & & & \lambda_n\end{pmatrix}$$

$$= \begin{pmatrix} \lambda_1 & & & \\ & \lambda_2 & & \\ & & \ddots & \\ & & & \lambda_n \end{pmatrix}$$

5.4.2 矩阵对角化的四个核心问题

1. 一个矩阵满足什么条件方可对角化

一个 n 阶矩阵 $\boldsymbol{A}$ 可否对角化，关键是寻找可逆矩阵 $\boldsymbol{P}$，与 $\boldsymbol{A}$ 相似的对角阵的主对角线的元素均为 $\boldsymbol{A}$ 的特征值，因此可逆矩阵 $\boldsymbol{P}$ 的构成和特征向量有关。如果矩阵 $\boldsymbol{A}$ 存在 n 个线性无关的特征向量，这 n 个向量竖排就可以构成可逆矩阵 $\boldsymbol{P}$，此时我们称矩阵 $\boldsymbol{A}$ 可以被对角化.

注意：可以对角化的矩阵 $\boldsymbol{A}$ 不依赖于它的特征值是不是重根或者单根，而是它是否具有与矩阵阶数相同的 n 个线性无关的特征向量.

重要结论：

(1) 如果矩阵全部是单根特征值，则它一定可以对角化；

(2) 即使特征值是重根，只要重根的重数和相应的线性无关的特征向量的个数相同，也就是如果满阶，这个矩阵也可以对角化.

总之，矩阵可否对角化，关键点是特征值为重根时，此时是否有和重根次数一致的线性无关的特征向量的个数.

例 5.12：问：x 为何值时，矩阵 $\boldsymbol{A} = \begin{pmatrix} 0 & 0 & 1 \\ 1 & 1 & x \\ 1 & 0 & 0 \end{pmatrix}$ 可以对角化？

解：特征方程为 $|\boldsymbol{A} - \lambda\boldsymbol{E}| = \begin{vmatrix} -\lambda & 0 & 1 \\ 1 & 1-\lambda & x \\ 1 & 0 & -\lambda \end{vmatrix} = -(\lambda-1)^2(\lambda+1) = 0$

得特征值为单根 $\lambda_1 = -1$，二重根 $\lambda_2 = \lambda_3 = 1$.

当单根 $\lambda_1 = -1$ 时，$(\boldsymbol{A}+\boldsymbol{E})\boldsymbol{\xi} = 0$ 的基础解系仅含一个特征向量；

当重根 $\lambda_2 = \lambda_3 = 1$ 时，是二重根，它的特征向量的基底中应该包含两个线性无关的向量，达到满秩，因此 $(\boldsymbol{A}+\boldsymbol{E})\boldsymbol{\xi} = 0$ 的系数矩阵为 $\begin{pmatrix} -1 & 0 & 1 \\ 1 & 0 & x \\ 1 & 0 & -1 \end{pmatrix}$ 的秩为 1，自由未知数有两个，方程组 $(\boldsymbol{A}+\boldsymbol{E})\boldsymbol{\xi} = 0$ 的基础解系含两个线性无关的向量. 所以，任意二阶子式均为 0，得到 $\begin{vmatrix} -1 & 1 \\ 1 & x \end{vmatrix} = -x-1 = 0$，所以 $x = -1$.

或者行变换，变阶梯，只有一层梯子，求出结果，即：

$$\begin{pmatrix} -1 & 0 & 1 \\ 1 & 0 & x \\ 1 & 0 & -1 \end{pmatrix} \to \begin{pmatrix} -1 & 0 & 1 \\ 0 & 0 & x+1 \\ 0 & 0 & 0 \end{pmatrix} \Rightarrow x+1=0 \Rightarrow x=-1$$

2. 如何对角化一个矩阵

对角化一个矩阵 A 的基本流程为：

第一步：求矩阵 A 的特征方程 $|A-\lambda E|=0$ 的解 λ，得到矩阵 A 的全部特征值；

第二步：将解 λ 分别代入线性方程组 $(A-\lambda E)\xi=0$，分别求出它的基础解系，得到对应 λ 的线性无关的特征向量；

第三步：将分属不同特征值的线性无关的特征向量依次竖排(站直了)，就构成了可逆矩阵 P；

第四步：写出结论：$P^{-1}AP=\begin{pmatrix}\lambda_1 & & \\ & \lambda_2 & \\ & & \lambda_3\end{pmatrix}=B$，对角矩阵 B 的主对角线元素全部为矩阵 A 的特征值(书写的时候注意特征值与特征向量对应).

例 5.13：将矩阵 $A=\begin{pmatrix}0 & -1 & 1\\ -1 & 0 & 1\\ 1 & 1 & 0\end{pmatrix}$ 对角化.

解：特征方程为 $|A-\lambda E|=\begin{vmatrix}-\lambda & -1 & 1\\ -1 & -\lambda & 1\\ 1 & 1 & -\lambda\end{vmatrix}=-(\lambda-1)^2(\lambda+2)=0$

得特征值为单根 $\lambda_1=-2$，二重根 $\lambda_2=\lambda_3=1$.

当单根 $\lambda_1=-2$ 时，$(A+2E)\xi=0$ 的基础解系是 $\xi_1=\begin{pmatrix}-1\\ -1\\ 1\end{pmatrix}$.

当重根 $\lambda_2=\lambda_3=1$ 时，$(A-E)\xi=0$ 的基础解系是 $\xi_2=\begin{pmatrix}-1\\ 1\\ 0\end{pmatrix}$，$\xi_3=\begin{pmatrix}1\\ 0\\ 1\end{pmatrix}$.

令 $P=\begin{pmatrix}-1 & -1 & 1\\ -1 & 1 & 0\\ 1 & 0 & 1\end{pmatrix}$，则 $P^{-1}AP=\begin{pmatrix}-2 & & \\ & 1 & \\ & & 1\end{pmatrix}$.

3. 对称矩阵的对角化

如果矩阵 A 的转置 A^T 等于它自己($A^T=A$)，则称矩阵 A 为对称矩阵.

结论：一个对称矩阵一定可以对角化，也就是一定和一个由它的特征值组成的对角阵相似.

对称矩阵对角化的一般流程为：对于对称矩阵 A，可以采用一般矩阵的对称化的步骤进行对角化，也就是先由矩阵的特征方程求特征值，再代入齐次方程组 $(A-\lambda E)\xi=0$ 求基础解系 —— 特征向量，特征向量竖排构成可逆矩阵 P，即可以完成矩阵 A 的对角化.

但是，由于对称矩阵的特殊性，它的对角化有它独特的性质，即：

对称矩阵的属于不同特征值 λ_1，$\lambda_2(\lambda_1\neq\lambda_2)$ 的特征向量 ξ_1，ξ_2 彼此正交.

证明：$A\xi_1=\lambda_1\xi_1$，$A\xi_2=\lambda_2\xi_2$，$(\lambda_1\xi_1)^T\xi_2=\xi_1^TA\xi_2=\lambda_2\xi_1^T\xi_2\Rightarrow(\lambda_1-\lambda_2)\xi_1^T\xi_2=0\Rightarrow\xi_1\perp\xi_2$.

因此，针对对称矩阵$\boldsymbol{A}$的特征向量，作如下处理：

(1) 特征向量分别属于不同的特征值，它们彼此自动正交，只需要分别将特征向量单位化，得到新的属于该特征值的特征向量；

(2) 对于重根的多个线性无关特征向量，首先使用施密特正交化方法，将特征向量正交化，然后再单位化，得到新的属于该特征值的正交的特征向量；

(3) 将这些彼此正交的单位向量竖排在一起，构成一个矩阵$\boldsymbol{C}$，此时矩阵$\boldsymbol{C}$是一个正交矩阵($\boldsymbol{C}^{-1}=\boldsymbol{C}^{\mathrm{T}}$). 则$\boldsymbol{C}^{-1}\boldsymbol{A}\boldsymbol{C}=\boldsymbol{C}^{\mathrm{T}}\boldsymbol{A}\boldsymbol{C}=\begin{pmatrix}\lambda_1 & & & \\ & \lambda_2 & & \\ & & \ddots & \\ & & & \lambda_n\end{pmatrix}$，即完成矩阵$\boldsymbol{A}$的对称化.

注意：在这里，找到了一个正交矩阵来实现对称矩阵的对角化.

例 5.14：使用正交矩阵将对称矩阵$\boldsymbol{A}=\begin{pmatrix}0 & -1 & 1\\ -1 & 0 & 1\\ 1 & 1 & 0\end{pmatrix}$对角化.

解：特征方程为$|\boldsymbol{A}-\lambda\boldsymbol{E}|=\begin{vmatrix}-\lambda & -1 & 1\\ -1 & -\lambda & 1\\ 1 & 1 & -\lambda\end{vmatrix}=-(\lambda-1)^2(\lambda+2)=0$

得特征值为单根$\lambda_1=-2$，重根$\lambda_2=\lambda_3=1$.

当单根$\lambda_1=-2$时，$(\boldsymbol{A}+2\boldsymbol{E})\boldsymbol{\xi}=0$的基础解系$\boldsymbol{\xi}_1=\begin{pmatrix}-1\\ -1\\ 1\end{pmatrix}$.

当重根$\lambda_2=\lambda_3=1$时，$(\boldsymbol{A}-\boldsymbol{E})\boldsymbol{\xi}=0$的基础解系$\boldsymbol{\xi}_2=\begin{pmatrix}-1\\ 1\\ 0\end{pmatrix}$，$\boldsymbol{\xi}_3=\begin{pmatrix}1\\ 0\\ 1\end{pmatrix}$.

施密特正交化$\boldsymbol{\xi}_2=\begin{pmatrix}-1\\ 1\\ 0\end{pmatrix}$，$\boldsymbol{\xi}_3=\begin{pmatrix}1\\ 0\\ 1\end{pmatrix}$，得

$$\eta_2=\boldsymbol{\xi}_2=\begin{pmatrix}-1\\ 1\\ 0\end{pmatrix},\ \eta_3=\boldsymbol{\xi}_3-\frac{<\boldsymbol{\xi}_3,\ \eta_2>}{<\eta_2,\ \eta_2>}\eta_2=\frac{1}{2}\begin{pmatrix}1\\ 1\\ 2\end{pmatrix}$$

单位化向量$\boldsymbol{\xi}_1$，η_2，η_3，得到$p_1=\frac{1}{\sqrt{3}}\begin{pmatrix}-1\\ -1\\ 1\end{pmatrix}$，$p_2=\frac{1}{\sqrt{2}}\begin{pmatrix}-1\\ 1\\ 0\end{pmatrix}$，$p_3=\frac{1}{\sqrt{6}}\begin{pmatrix}1\\ 1\\ 2\end{pmatrix}$.

取$\boldsymbol{P}=(p_1,\ p_2,\ p_3)$，则$\boldsymbol{P}^{\mathrm{T}}\boldsymbol{A}\boldsymbol{P}=\begin{pmatrix}-2 & & \\ & 1 & \\ & & 1\end{pmatrix}$.

例 5.15：设三阶实对称矩阵$\boldsymbol{A}$的特征值为$\lambda_1=-1$，$\lambda_2=\lambda_3=1$，对应于λ_1的特征向

量为 $\boldsymbol{\xi}_1 = \begin{bmatrix} 0 \\ 1 \\ 1 \end{bmatrix}$，求 $\boldsymbol{A}$.

解：设 $\boldsymbol{\xi}_2$，$\boldsymbol{\xi}_3$ 是矩阵 $\boldsymbol{A}$ 属于特征值 $\lambda_2 = \lambda_3 = 1$ 的特征向量，则它们分别与属于特征值 $\lambda_1 = -1$ 的特征向量 $\boldsymbol{\xi}_1$ 垂直(正交)。因此满足方程 $x_2 + x_3 = 0$，得到它的单位化，正交化解系为：$\boldsymbol{\xi}_2 = \begin{pmatrix} 1 \\ 0 \\ 0 \end{pmatrix}$，$\boldsymbol{\xi}_3 = \begin{pmatrix} 0 \\ -\frac{1}{\sqrt{2}} \\ \frac{1}{\sqrt{2}} \end{pmatrix}$.

单位化 $\boldsymbol{\xi}_1 = \begin{pmatrix} 0 \\ \frac{1}{\sqrt{2}} \\ \frac{1}{\sqrt{2}} \end{pmatrix}$，从而得到正交矩阵 $\boldsymbol{P} = (\boldsymbol{\xi}_1, \boldsymbol{\xi}_2, \boldsymbol{\xi}_3)$.

则 $\boldsymbol{A} = \boldsymbol{P}\begin{pmatrix} -1 & & \\ & 1 & \\ & & 1 \end{pmatrix}\boldsymbol{P}^{\mathrm{T}} = \begin{pmatrix} 1 & & \\ & 1 & -1 \\ & -1 & 0 \end{pmatrix}$.

4. 对角化后的意义

(1) 求矩阵的高次幂.

例 5.16：设矩阵 $\boldsymbol{A} = \begin{pmatrix} 2 & 0 & 0 \\ 1 & 2 & -1 \\ 1 & 0 & 1 \end{pmatrix}$，求 $\boldsymbol{A}^n (n \in \mathbf{Z}_+)$.

解：特征方程为 $|\boldsymbol{A} - \lambda \boldsymbol{E}| = \begin{vmatrix} 2-\lambda & 0 & 0 \\ 1 & 2-\lambda & -1 \\ 1 & 0 & 1-\lambda \end{vmatrix} = (\lambda - 1)(\lambda - 2)^2 = 0$

得特征值为单根 $\lambda_1 = 1$，重根 $\lambda_2 = \lambda_3 = 2$.

当单根 $\lambda_1 = 1$ 时，$(\boldsymbol{A} - \boldsymbol{E})\boldsymbol{\xi} = 0$ 的基础解系是 $\boldsymbol{\xi}_1 = \begin{pmatrix} 0 \\ 1 \\ 1 \end{pmatrix}$.

当重根 $\lambda_2 = \lambda_3 = 2$ 时，$(\boldsymbol{A} - 2\boldsymbol{E})\boldsymbol{\xi} = 0$ 的基础解系是 $\boldsymbol{\xi}_2 = \begin{pmatrix} 0 \\ 1 \\ 0 \end{pmatrix}$，$\boldsymbol{\xi}_3 = \begin{pmatrix} 1 \\ 0 \\ 1 \end{pmatrix}$.

令 $\boldsymbol{P} = \begin{pmatrix} 0 & 0 & 1 \\ 1 & 1 & 0 \\ 1 & 0 & 1 \end{pmatrix}$，$\boldsymbol{P}^{-1} = \begin{pmatrix} -1 & 0 & 1 \\ 1 & 1 & -1 \\ 1 & 0 & 0 \end{pmatrix}$，则 $\boldsymbol{P}^{-1}\boldsymbol{A}\boldsymbol{P} = \begin{pmatrix} 1 & & \\ & 2 & \\ & & 2 \end{pmatrix} = B$.

所以 $\boldsymbol{A} = \boldsymbol{P}\boldsymbol{B}\boldsymbol{P}^{-1}$，$\boldsymbol{A}^n = \boldsymbol{P}\boldsymbol{B}^n\boldsymbol{P}^{-1} = \begin{pmatrix} 2^n & 0 & 0 \\ 2^n - 1 & 2^n & 1 - 2^n \\ 2^n - 1 & 0 & 1 \end{pmatrix}$.

(2) 反求矩阵.

例 5.17：已知 $A \sim \begin{pmatrix} 0 & & \\ & 1 & \\ & & 2 \end{pmatrix}$，而 0，1，2 对应的特征向量分别取 $\boldsymbol{\xi}_1 = \begin{pmatrix} 1 \\ 0 \\ 1 \end{pmatrix}$，$\boldsymbol{\xi}_2 = \begin{pmatrix} 1 \\ 1 \\ 1 \end{pmatrix}$，$\boldsymbol{\xi}_3 = \begin{pmatrix} 0 \\ 1 \\ 1 \end{pmatrix}$. 求 $\boldsymbol{A}$.

解：令 $\boldsymbol{P} = \begin{pmatrix} 1 & 1 & 0 \\ 0 & 1 & 1 \\ 1 & 1 & 1 \end{pmatrix}$，$\boldsymbol{P}^{-1} = \begin{pmatrix} 0 & -1 & 1 \\ 1 & 1 & -1 \\ -1 & 0 & 1 \end{pmatrix}$

则 $\boldsymbol{P}^{-1}\boldsymbol{A}\boldsymbol{P} = \begin{pmatrix} 0 & & \\ & 1 & \\ & & 2 \end{pmatrix} = \boldsymbol{B}$

所以 $\boldsymbol{A} = \boldsymbol{P}\boldsymbol{B}\boldsymbol{P}^{-1} = \begin{pmatrix} 1 & 1 & -1 \\ -1 & 1 & -1 \\ -1 & 1 & -1 \end{pmatrix}$.

例 5.18：设三阶对称矩阵 $\boldsymbol{A}$ 的特征值为 6，3，3，与 6 对应的特征向量为 $\boldsymbol{P}_1 = (1, 1, 1)^{\mathrm{T}}$，求 $\boldsymbol{A}$.

解：因为对称矩阵不同的特征值对应的特征向量正交，因此与 3 对应的特征向量 $\boldsymbol{P}_2$，$\boldsymbol{P}_3$ 满足 $\boldsymbol{P}_1^{\mathrm{T}}\boldsymbol{P}_2 = 0$，$\boldsymbol{P}_1^{\mathrm{T}}\boldsymbol{P}_3 = 0$。因此 $\boldsymbol{P}_2$，$\boldsymbol{P}_3$ 为 $x_1 + x_2 + x_3 = 0$ 的解向量。取 $\boldsymbol{P}_2 = (-1, 1, 0)^{\mathrm{T}}$，$\boldsymbol{P}_3 = (-1, 0, 1)^{\mathrm{T}}$，令 $\boldsymbol{P} = (\boldsymbol{P}_1, \boldsymbol{P}_2, \boldsymbol{P}_3)$，则有 $\boldsymbol{A}(\boldsymbol{P}_1 \ \ \boldsymbol{P}_2 \ \ \boldsymbol{P}_3) = (\boldsymbol{P}_1 \ \ \boldsymbol{P}_2 \ \ \boldsymbol{P}_3)\mathrm{diag}(6, 3, 3)$.

所以 $\boldsymbol{A} = (\boldsymbol{P}_1 \ \ \boldsymbol{P}_2 \ \ \boldsymbol{P}_3)\begin{pmatrix} 6 & & \\ & 3 & \\ & & 3 \end{pmatrix}(\boldsymbol{P}_1 \ \ \boldsymbol{P}_2 \ \ \boldsymbol{P}_3)^{-1} = \begin{pmatrix} 4 & 1 & 1 \\ 1 & 4 & 1 \\ 1 & 1 & 4 \end{pmatrix}$.

练　习　五

一、填空题

1. 设 $\boldsymbol{A}$ 为 n 阶矩阵，$|\boldsymbol{A}| \neq 0$，$\boldsymbol{A}^*$ 为 $\boldsymbol{A}$ 的伴随矩阵，$\boldsymbol{E}$ 为 n 阶单位矩阵. 若 $\boldsymbol{A}$ 有特征值 λ，则 $(\boldsymbol{A}^*)^2 + \boldsymbol{E}$ 必有特征值________.

2. 设 n 阶矩阵 $\boldsymbol{A}$ 的元素全为 1，则 $\boldsymbol{A}$ 的 n 个特征值是________.

3. 设 $\boldsymbol{A}$ 为 2 阶矩阵，$\boldsymbol{\alpha}_1$，$\boldsymbol{\alpha}_1$ 为线性无关的二维列向量，$\boldsymbol{A}\boldsymbol{\alpha}_1 = 0$，$\boldsymbol{A}\boldsymbol{\alpha}_2 = 2\boldsymbol{\alpha}_1 + \boldsymbol{\alpha}_2$，则 $\boldsymbol{A}$ 的非零特征值为________.

4. 若三维列向量 $\boldsymbol{\alpha}$，$\boldsymbol{\beta}$ 满足 $\boldsymbol{\alpha}^{\mathrm{T}}\boldsymbol{\beta}$，其中 $\boldsymbol{\alpha}^{\mathrm{T}}$ 为 $\boldsymbol{\alpha}$ 的转置，则矩阵 $\boldsymbol{\beta}\boldsymbol{\alpha}^{\mathrm{T}}$ 的非零特征值为________.

5. 设$\boldsymbol{\alpha}$，$\boldsymbol{\beta}$为三维列向量，$\boldsymbol{\beta}^{\mathrm{T}}$为$\boldsymbol{\beta}$的转置，若矩阵$\boldsymbol{\alpha\beta}^{\mathrm{T}}$相似于$\begin{pmatrix}2&0&0\\0&0&0\\0&0&0\end{pmatrix}$，则$\boldsymbol{\beta}^{\mathrm{T}}\boldsymbol{\alpha}=$ ________.

二、选择题

1. 设λ_1，λ_2是矩阵$\boldsymbol{A}$的两个不同的特征值，对应的特征向量分别为$\boldsymbol{\alpha}_1$，$\boldsymbol{\alpha}_2$，则$\boldsymbol{\alpha}_1$，$\boldsymbol{A}(\boldsymbol{\alpha}_1+\boldsymbol{\alpha}_2)$线性无关的充分必要条件是(　　).

A. $\lambda_1\neq 0$　　B. $\lambda_2\neq 0$　　C. $\lambda_1=0$　　D. $\lambda_2=0$

2. 设$\boldsymbol{A}$为4阶实对称矩阵且$\boldsymbol{A}^2+\boldsymbol{A}=0$，若$\boldsymbol{A}$的秩是3，则矩阵$\boldsymbol{A}$相似于(　　).

A. $\begin{pmatrix}1&&&\\&1&&\\&&1&\\&&&0\end{pmatrix}$　　B. $\begin{pmatrix}1&&&\\&1&&\\&&-1&\\&&&0\end{pmatrix}$

C. $\begin{pmatrix}1&&&\\&-1&&\\&&-1&\\&&&0\end{pmatrix}$　　D. $\begin{pmatrix}-1&&&\\&-1&&\\&&-1&\\&&&0\end{pmatrix}$

3. 矩阵$\begin{pmatrix}1&a&1\\a&b&a\\1&a&1\end{pmatrix}$与$\begin{pmatrix}2&0&0\\0&b&0\\0&0&0\end{pmatrix}$相似的充分必要条件为(　　).

A. $a=0$，$b=2$　　B. $a=0$，b为任意常数

C. $a=2$，$b=0$　　D. $a=2$，b为任意常数

三、综合题

1. 设A为三阶矩阵，$\boldsymbol{\alpha}_1$，$\boldsymbol{\alpha}_2$为A的分别属于特征值-1，1的特征向量，向量$\boldsymbol{\alpha}_3$满足$A\boldsymbol{\alpha}_3=\boldsymbol{\alpha}_2+\boldsymbol{\alpha}_3$.

(1) 证明：$\boldsymbol{\alpha}_1$，$\boldsymbol{\alpha}_2$，$\boldsymbol{\alpha}_3$线性无关；

(2) 令$\boldsymbol{P}=(\boldsymbol{\alpha}_1,\boldsymbol{\alpha}_2,\boldsymbol{\alpha}_3)$，求$\boldsymbol{P}^{-1}A\boldsymbol{P}$.

2. 设三阶对称矩阵$\boldsymbol{A}$的特征向量值$\lambda_1=1$，$\lambda_2=2$，$\lambda_3=-2$，$\boldsymbol{\alpha}_1=(1,\ -1,\ 1)^{\mathrm{T}}$是$\boldsymbol{A}$的属于$\lambda_1$的一个特征向量，记$\boldsymbol{B}=\boldsymbol{A}^5-4\boldsymbol{A}^3+\boldsymbol{E}$，其中$\boldsymbol{E}$为三阶单位矩阵.

(1) 验证$\boldsymbol{\alpha}_1$是矩阵$\boldsymbol{B}$的特征向量，并求$\boldsymbol{B}$的全部特征值与特征向量；

(2) 求矩阵$\boldsymbol{B}$.

3. 设三阶实对称矩阵$\boldsymbol{A}$的各行元素之和均为3，向量$\boldsymbol{\alpha}_1=(-1,\ 2,\ -1)^{\mathrm{T}}$，$\boldsymbol{\alpha}_2=(0,\ -1,\ 1)^{\mathrm{T}}$是线性方程组$\boldsymbol{Ax}=0$的两个解.

(1) 求$\boldsymbol{A}$的特征值与特征向量；

(2) 求正交矩阵$\boldsymbol{Q}$和对角矩阵$\boldsymbol{\Lambda}$，使得$\boldsymbol{Q}^{\mathrm{T}}\boldsymbol{AQ}=\boldsymbol{\Lambda}$.

4. 设三阶矩阵$\boldsymbol{A}$的特征值为$\lambda_1=1$，$\lambda_2=2$，$\lambda_3=3$，对应的特征向量依次为

$$\boldsymbol{\xi}_1=\begin{pmatrix}1\\1\\1\end{pmatrix},\ \boldsymbol{\xi}_2=\begin{pmatrix}1\\2\\4\end{pmatrix},\ \boldsymbol{\xi}_3=\begin{pmatrix}1\\3\\9\end{pmatrix}$$，又向量$\boldsymbol{\beta}=\begin{pmatrix}1\\2\\3\end{pmatrix}$.

(1) 将$\boldsymbol{\beta}$用$\boldsymbol{\xi}_1$，$\boldsymbol{\xi}_2$，$\boldsymbol{\xi}_3$线性表出；

(2) 求$\boldsymbol{A}^n\boldsymbol{\beta}$($n$为自然数).

5. 已知$\boldsymbol{\xi}=\begin{pmatrix}1\\1\\-1\end{pmatrix}$是矩阵$\boldsymbol{A}=\begin{pmatrix}2&-1&2\\5&a&3\\-1&b&-2\end{pmatrix}$的一个特征向量，求$a$，$b$.

6. 设矩阵$\boldsymbol{A}=\begin{pmatrix}a&-1&c\\5&a&3\\1-c&0&-a\end{pmatrix}$，其行列式$|\boldsymbol{A}|=-1$，又$\boldsymbol{A}$的伴随矩阵$\boldsymbol{A}^*$有一个特征值$\lambda_0$，属于$\lambda_0$的一个特征向量为$\boldsymbol{\alpha}=(-1,\ -1,\ 1)^{\mathrm{T}}$，求$a$，$b$，$c$和$\lambda_0$的值.

7. 某适应性生产线每年1月份进行熟练工与非熟练工的人数统计，然后将$\frac{1}{6}$熟练工支援其余生产部门，其缺额由招收新的非熟练工补齐. 新、老非熟练工经过培训及实践至年终考核有$\frac{2}{5}$成为熟练工. 设第n年1月份统计的熟练工与非熟练工所占百分比分别为x_n和y_n，记成向量$\begin{pmatrix}x_n\\y_n\end{pmatrix}$.

(1) 求$\begin{pmatrix}x_{n+1}\\y_{n+1}\end{pmatrix}$与$\begin{pmatrix}x_n\\y_n\end{pmatrix}$的关系式并写成矩阵形式：$\begin{pmatrix}x_{n+1}\\y_{n+1}\end{pmatrix}=\boldsymbol{A}\begin{pmatrix}x_n\\y_n\end{pmatrix}$.

(2) 验证$\boldsymbol{\eta}_1=\begin{pmatrix}4\\1\end{pmatrix}$，$\boldsymbol{\eta}_2=\begin{pmatrix}-1\\1\end{pmatrix}$是$\boldsymbol{A}$的两个线性无关的特征向量，并求出相应的特征值.

(3) 当$\begin{pmatrix}x_1\\y_1\end{pmatrix}=\begin{pmatrix}\frac{1}{2}\\\frac{1}{2}\end{pmatrix}$时，求$\begin{pmatrix}x_{n+1}\\y_{n+1}\end{pmatrix}$.

8. 设$\boldsymbol{A}$，$\boldsymbol{B}$为同阶方阵.

(1) 若$\boldsymbol{A}$，$\boldsymbol{B}$相似，证明$\boldsymbol{A}$，$\boldsymbol{B}$的特征多项式相等.

(2) 举一个二阶方阵的例子说明(1)的逆命题不成立.

(3) 当$\boldsymbol{A}$，$\boldsymbol{B}$为实对称矩阵时，证明(1)的逆命题成立.

9. 设矩阵$\boldsymbol{A}=\begin{pmatrix}3&2&2\\2&3&2\\2&2&3\end{pmatrix}$，$\boldsymbol{P}=\begin{pmatrix}0&1&0\\1&0&1\\0&0&1\end{pmatrix}$，求$\boldsymbol{B}=\boldsymbol{P}^{-1}\boldsymbol{A}^*\boldsymbol{P}$，求$\boldsymbol{B}+2\boldsymbol{E}$的特征值与特征向量，其中$\boldsymbol{A}^*$为$\boldsymbol{A}$的伴随矩阵，$\boldsymbol{E}$为三阶单位矩阵.

10. A 为三阶实对称矩阵，$r(\boldsymbol{A}) = 2$，且 $\boldsymbol{A}\begin{pmatrix} 1 & 1 \\ 0 & 0 \\ -1 & 1 \end{pmatrix} = \begin{pmatrix} -1 & 1 \\ 0 & 0 \\ 1 & 1 \end{pmatrix}$.

(1) 求 $\boldsymbol{A}$ 的特征值与特征向量；

(2) 求 $\boldsymbol{A}$.

11. 已知矩阵 $\boldsymbol{A} = \begin{pmatrix} 2 & 0 & 0 \\ 0 & 0 & 1 \\ 0 & 1 & x \end{pmatrix}$ 与 $\boldsymbol{B} = \begin{pmatrix} 2 & 0 & 0 \\ 0 & y & 0 \\ 0 & 0 & -1 \end{pmatrix}$ 相似.

(1) 求 x 与 y；

(2) 求一个满足 $\boldsymbol{P}^{-1}\boldsymbol{A}\boldsymbol{P} = \boldsymbol{B}$ 的可逆矩阵 $\boldsymbol{P}$.

第六章　二　次　型

6.1　二次型相关概念

所谓二次型，通俗而言，就是含有若干字母的二次齐次多项式.

例如，两个字母的二次型为：

$$f(x_1, x_2) = ax_1^2 + 2bx_1x_2 + cx_2^2$$

三个字母的二次型为：

$$f(x_1, x_2, x_3) = ax_1^2 + bx_2^2 + cx_3^2 + 2dx_1x_2 + 2ex_1x_3 + 2gx_2x_3$$

在几何中讨论的有心二次曲线形状其实就是对二次型形式的讨论与分类.

有 n 个字母的二次型的标准形式：

$$f(x_1, x_2, \cdots, x_n) = a_{11}x_1^2 + a_{22}x_2^2 + \cdots + a_{nn}x_2^2 + 2a_{12}x_1x_2 + 2a_{13}x_1x_3 + \cdots + 2a_{n-1,n}x_{n-1}x_n$$

改成矩阵乘法形式为：

$$f = (x_1, x_2, \cdots, x_n)\begin{pmatrix} a_{11} & a_{12} & \cdots & a_{1n} \\ a_{21} & a_{22} & \cdots & a_{2n} \\ \vdots & \vdots & & \vdots \\ a_{n1} & a_{n2} & \cdots & a_{nn} \end{pmatrix}\begin{pmatrix} x_1 \\ x_2 \\ \vdots \\ x_n \end{pmatrix} = \boldsymbol{x}^{\mathrm{T}}\boldsymbol{A}\boldsymbol{x}$$

其中，$\boldsymbol{A} = \begin{pmatrix} a_{11} & a_{12} & \cdots & a_{1n} \\ a_{21} & a_{22} & \cdots & a_{2n} \\ \vdots & \vdots & & \vdots \\ a_{n1} & a_{n2} & \cdots & a_{nn} \end{pmatrix}$ 称为二次型对应的矩阵，是一个对称矩阵，即满足

$$\boldsymbol{A}^{\mathrm{T}} = \boldsymbol{A},\ \boldsymbol{x} = (x_1, x_2, \cdots, x_n)^{\mathrm{T}}$$

6.2　二次型核心问题

需找一个线性变换 $\begin{pmatrix} x_1 \\ x_2 \\ \vdots \\ x_n \end{pmatrix} = \boldsymbol{P}\begin{pmatrix} y_1 \\ y_2 \\ \vdots \\ y_n \end{pmatrix}$，使得

$$f=(y_1,\ y_2,\ \cdots,\ y_n)\boldsymbol{P}^{\mathrm{T}}\begin{pmatrix}a_{11} & a_{12} & \cdots & a_{1n}\\ a_{21} & a_{22} & \cdots & a_{2n}\\ \vdots & \vdots & & \vdots\\ a_{n1} & a_{n2} & \cdots & a_{nn}\end{pmatrix}\boldsymbol{P}\begin{pmatrix}y_1\\ y_2\\ \vdots\\ y_n\end{pmatrix}$$

$$=(y_1,\ y_2,\ \cdots,\ y_n)\begin{pmatrix}\lambda_1 & & & \\ & \lambda_2 & & \\ & & \ddots & \\ & & & \lambda_n\end{pmatrix}\begin{pmatrix}y_1\\ y_2\\ \vdots\\ y_n\end{pmatrix}=\boldsymbol{y}^{\mathrm{T}}\boldsymbol{B}\boldsymbol{y}$$

其中，$\boldsymbol{B}=\begin{pmatrix}\lambda_1 & & & \\ & \lambda_2 & & \\ & & \ddots & \\ & & & \lambda_n\end{pmatrix}=\boldsymbol{P}^{\mathrm{T}}\boldsymbol{A}\boldsymbol{P}$，$\boldsymbol{y}=(y_1,\ y_2,\ \cdots,\ y_n)^{\mathrm{T}}$.

也就是二次型在这个变换之后只有平方项存在，而交错项消失，此式也称为二次型的标准式(也称为法式).

6.3 两个矩阵的合同

若存在可逆矩阵 $\boldsymbol{C}$，使得 $\boldsymbol{C}^{\mathrm{T}}\boldsymbol{A}\boldsymbol{C}=\boldsymbol{B}$，则称矩阵 $\boldsymbol{A}$ 与矩阵 $\boldsymbol{B}$ 合同，记作：$\boldsymbol{A}\simeq\boldsymbol{B}$.

关于矩阵合同的核心结论：

(1) 矩阵 $\boldsymbol{A}$ 与矩阵 $\boldsymbol{B}$ 合同，则 $r(\boldsymbol{A})=r(\boldsymbol{B})$，矩阵的秩相同，且它们等价($\boldsymbol{A}\cong\boldsymbol{B}$).

(2) 矩阵 $\boldsymbol{A}$ 与矩阵 $\boldsymbol{B}$ 合同，它们的特征值的正负个数一样，但是特征值不一定相等.

例 6.1：矩阵 $\boldsymbol{A}=\begin{pmatrix}1 & & \\ & -1 & \\ & & 0\end{pmatrix}$ 与矩阵 $\boldsymbol{B}=\begin{pmatrix}2 & & \\ & -3 & \\ & & 0\end{pmatrix}$ 合同，与矩阵 $\boldsymbol{D}=\begin{pmatrix}1 & & \\ & -1 & \\ & & -1\end{pmatrix}$ 不合同.

(3) 当两个对称矩阵相似时，它们一定合同，即：

$$\boldsymbol{A}\simeq\boldsymbol{B}\Leftrightarrow\boldsymbol{C}^{\mathrm{T}}\boldsymbol{A}\boldsymbol{C}=\boldsymbol{B}\overset{\boldsymbol{C}^{\mathrm{T}}=\boldsymbol{C}^{-1}}{\Longleftarrow}\boldsymbol{C}^{-1}\boldsymbol{A}\boldsymbol{C}=\boldsymbol{B}\Leftrightarrow\boldsymbol{A}\sim\boldsymbol{B}.$$

矩阵合同不一定相似，例如例 6.1 中矩阵 $\boldsymbol{A}$，$\boldsymbol{B}$.

例 6.2：求一个正交变换，把二次型 $f=-2x_1x_2+2x_1x_3+2x_2x_3$ 化成标准型、规范型(规范型就是二次系数只能是 ±1，且只含平方项的二次型).

解：二次型对应的对称矩阵为 $\boldsymbol{A}=\begin{pmatrix}0 & -1 & 1\\ -1 & 0 & 1\\ 1 & 1 & 0\end{pmatrix}$

特征方程为 $|\boldsymbol{A}-\lambda\boldsymbol{E}|=\begin{vmatrix}-\lambda & -1 & 1\\ -1 & -\lambda & 1\\ 1 & 1 & -\lambda\end{vmatrix}=-(\lambda-1)^2(\lambda+2)=0$

得特征值为单根 $\lambda_1=-2$，重根 $\lambda_2=\lambda_3=1$.

当单根 $\lambda_1=-2$ 时，$(\boldsymbol{A}+2\boldsymbol{E})\boldsymbol{\xi}=0$ 的基础解系 $\boldsymbol{\xi}_1=\begin{pmatrix}-1\\-1\\1\end{pmatrix}$.

当重根 $\lambda_2=\lambda_3=1$ 时，$(\boldsymbol{A}-\boldsymbol{E})\boldsymbol{\xi}=0$ 的基础解系 $\boldsymbol{\xi}_2=\begin{pmatrix}-1\\1\\0\end{pmatrix}$，$\boldsymbol{\xi}_3=\begin{pmatrix}1\\0\\1\end{pmatrix}$.

施密特正交化 $\boldsymbol{\xi}_2=\begin{pmatrix}-1\\1\\0\end{pmatrix}$，$\boldsymbol{\xi}_3=\begin{pmatrix}1\\0\\1\end{pmatrix}$，得

$$\boldsymbol{\eta}_2=\boldsymbol{\xi}_2=\begin{pmatrix}-1\\1\\0\end{pmatrix},\ \boldsymbol{\eta}_3=\boldsymbol{\xi}_3-\frac{<\boldsymbol{\xi}_3,\ \boldsymbol{\eta}_2>}{<\boldsymbol{\eta}_2,\ \boldsymbol{\eta}_2>}\boldsymbol{\eta}_2=\frac{1}{2}\begin{pmatrix}1\\1\\2\end{pmatrix}$$

单位化向量 $\boldsymbol{\xi}_1$，$\boldsymbol{\eta}_2$，$\boldsymbol{\eta}_3$，得到

$$\boldsymbol{p}_1=\frac{1}{\sqrt{3}}\begin{pmatrix}-1\\-1\\1\end{pmatrix},\ \boldsymbol{p}_2=\frac{1}{\sqrt{2}}\begin{pmatrix}-1\\1\\0\end{pmatrix},\ \boldsymbol{p}_3=\frac{1}{\sqrt{6}}\begin{pmatrix}1\\1\\2\end{pmatrix}$$

$\boldsymbol{P}=(\boldsymbol{p}_1,\ \boldsymbol{p}_2,\ \boldsymbol{p}_3)$，则 $\boldsymbol{P}^{\mathrm{T}}\boldsymbol{A}\boldsymbol{P}=\begin{pmatrix}-2&&\\&1&\\&&1\end{pmatrix}$.

令正交变换 $\boldsymbol{x}=\boldsymbol{P}\boldsymbol{y}$，$\boldsymbol{x}^{\mathrm{T}}\boldsymbol{A}\boldsymbol{x}=-2\boldsymbol{y}_1^2+\boldsymbol{y}_2{}^2+\boldsymbol{y}_3^2$ 为所求标准型.

再令 $\boldsymbol{y}_1=\frac{1}{\sqrt{2}}z_1$，$\boldsymbol{y}_2=z_2$，$\boldsymbol{y}_3=z_3$，则 $\boldsymbol{x}^{\mathrm{T}}\boldsymbol{A}\boldsymbol{x}=-z_1^2+z_2{}^2+z_3^2$ 为所求规范型.

6.4 用配方法化二次型为标准型

配方法充分发挥二次的基本代数公式，完全平方公式的作用，将二次型变换为标准型.

先确定一个含有平方项的字母，然后一次性将这个字母的所有单项式应用完全平方公式配入一个完全平方内，再选第二个，依次完成.

如果二次型中没有平方项，则首先使用平方差公式变出平方项，再使用配方法.

例 6.3：用配方法把二次型 $f(x_1,\ x_2,\ x_3)=2x_1^2+3x_2^2+x_3^2+4x_1x_2-4x_1x_3-8x_2x_3$ 化为标准型，并求所用的坐标变换 $\boldsymbol{x}=\boldsymbol{C}\boldsymbol{y}$ 及变换矩阵 $\boldsymbol{C}$.

解：选取 x_1，将含有 x_1 的项 $2x_1^2$，$4x_1x_2$，$-4x_1x_3$，一次性配入一个完全平方内.

$$\begin{aligned}f&=2(x_1^2+2x_1x_2-2x_1x_3+x_2^2+x_3^2-2x_2x_3)+x_2^2-x_3^2-4x_2x_3\\&=2(x_1+x_2-x_3)^2+(x_2^2-4x_2x_3+4x_3^2)-5x_3^2\\&=2(x_1+x_2-x_3)^2+(x_2-2x_3)^2-5x_3^2\end{aligned}$$

令 $\begin{cases} y_1 = x_1 + x_2 - x_3 \\ y_2 = x_2 - 2x_3 \\ y_3 = x_3 \end{cases}$, $\boldsymbol{y} = \boldsymbol{C}^{-1}\boldsymbol{x} = \begin{pmatrix} 1 & 1 & -1 \\ 0 & 2 & -2 \\ 0 & 0 & 1 \end{pmatrix} \begin{pmatrix} x_1 \\ x_2 \\ x_3 \end{pmatrix}$

则 $\boldsymbol{x} = \boldsymbol{C}\boldsymbol{y} = \begin{pmatrix} 1 & -1 & -1 \\ 0 & 1 & 2 \\ 0 & 0 & 1 \end{pmatrix} \begin{pmatrix} y_1 \\ y_2 \\ y_3 \end{pmatrix}$, $\boldsymbol{C} = \begin{pmatrix} 1 & -1 & -1 \\ 0 & 1 & 2 \\ 0 & 0 & 1 \end{pmatrix}$

所求标准型为 $f = 2y_1^2 + y_2^2 - 5y_3^2$.

例 6.4：用配方法把二次型 $f(x_1, x_2, x_3) = 2x_1x_2 + 4x_1x_3$ 化为标准型，并求所用的坐标变换 $\boldsymbol{x} = \boldsymbol{C}\boldsymbol{y}$ 及变换矩阵 $\boldsymbol{C}$.

解：此题没有平方项，先使用平方差变换，产生平方项.

令 $\begin{cases} x_1 = y_1 + y_2 \\ x_2 = y_2 - y_3, \\ x_3 = y_3 \end{cases}$ $\boldsymbol{X} = \boldsymbol{C}_1\boldsymbol{Y} = \begin{pmatrix} 1 & 1 & 0 \\ 1 & -1 & 0 \\ 0 & 0 & 1 \end{pmatrix} \begin{pmatrix} y_1 \\ y_2 \\ y_3 \end{pmatrix}$

得到：$f(x_1, x_2, x_3) = 2y_1^2 - 2y_2^2 + 4y_1y_3 + 4y_2y_3$

选取 y_1，将含有 y_1 的项 $2y_1^2$，$4y_1x_3$，一次性配入一个完全平方内

$$\begin{aligned} f &= 2(y_1^2 + 2y_1y_3 + y_3^2) - 2y_2^2 - 2y_3^2 + 4y_2y_3 \\ &= 2(y_1 + y_3)^2 - 2(y_2 - y_3)^2 \\ &= 2(z_1)^2 - 2(z_2)^2 \end{aligned}$$

令 $\begin{cases} z_1 = y_1 + y_2 \\ z_2 = y_2 - y_3, \\ z_3 = y_3 \end{cases}$ $\boldsymbol{z} = \boldsymbol{C}_2^{-1}\boldsymbol{y} = \begin{pmatrix} 1 & 1 & 0 \\ 0 & 1 & -1 \\ 0 & 0 & 1 \end{pmatrix} \begin{pmatrix} y_1 \\ y_2 \\ y_3 \end{pmatrix}$

则 $\boldsymbol{y} = \boldsymbol{C}_2\boldsymbol{z} = \begin{pmatrix} 1 & -1 & -1 \\ 0 & 1 & 1 \\ 0 & 0 & 1 \end{pmatrix} \begin{pmatrix} z_1 \\ z_2 \\ z_3 \end{pmatrix}$, $\boldsymbol{C}_2 = \begin{pmatrix} 1 & -1 & -1 \\ 0 & 1 & 1 \\ 0 & 0 & 1 \end{pmatrix}$

$$\boldsymbol{x} = \boldsymbol{C}\boldsymbol{z} = \boldsymbol{C}_1\boldsymbol{C}_2\boldsymbol{z} = \begin{pmatrix} 1 & 1 & 0 \\ 1 & -1 & -2 \\ 0 & 0 & 1 \end{pmatrix} \begin{pmatrix} z_1 \\ z_2 \\ z_3 \end{pmatrix}, \quad \boldsymbol{C} = \begin{pmatrix} 1 & 1 & 0 \\ 1 & -1 & -2 \\ 0 & 0 & 1 \end{pmatrix}$$

所求标准型为 $f = 2z_1^2 - 2z_2^2$.

6.5 用矩阵变换法化二次型为标准型

将二次型的矩阵和单位上下矩阵结合在一起，同时进行列变换，单独对二次型矩阵进行相应的行变换.

例 6.5：用初等变换法把二次型 $f(x_1, x_2, x_3) = 2x_1x_2 + 4x_1x_3$ 化为标准型，并求所用的坐标变换 $\boldsymbol{x} = \boldsymbol{C}\boldsymbol{y}$ 及变换矩阵 $\boldsymbol{C}$.

解：令 $f=\boldsymbol{x}^{\mathrm{T}}\boldsymbol{A}\boldsymbol{x}=(x_1\quad x_2\quad x_3)\begin{pmatrix}0&1&2\\1&0&0\\2&0&0\end{pmatrix}\begin{pmatrix}x_1\\x_2\\x_3\end{pmatrix}$

则 $$\left(\frac{\boldsymbol{A}}{\boldsymbol{E}}\right)=\begin{pmatrix}0&1&2\\1&0&0\\2&0&0\\\hline 1&0&0\\0&1&0\\0&0&1\end{pmatrix}\to\begin{pmatrix}2&&\\&-\frac{1}{2}&\\&&0\\\hline 1&-\frac{1}{2}&0\\1&\frac{1}{2}&2\\0&0&1\end{pmatrix}\to\left(\frac{\boldsymbol{\Lambda}}{\boldsymbol{C}}\right)$$

注意：对 $\boldsymbol{A}$，$\boldsymbol{E}$ 同步进行列变换，单独对 $\boldsymbol{A}$ 进行相应的行变换.

其中，$$\boldsymbol{x}=\boldsymbol{C}\boldsymbol{y}=\begin{pmatrix}1&-\frac{1}{2}&0\\1&\frac{1}{2}&-2\\0&0&1\end{pmatrix}\begin{pmatrix}y_1\\y_2\\y_3\end{pmatrix},\ \boldsymbol{C}=\begin{pmatrix}1&-\frac{1}{2}&0\\1&\frac{1}{2}&-2\\0&0&1\end{pmatrix}$$

所求标准型为 $f=2y_1^2-\frac{1}{2}{y_2}^2$.

注意：不同的变换，可能得到的标准型是不一样的，但是规范型是一致的.

使用的原理：由于行(列)变换的本质是矩阵的左(右)乘法，因此有：

$$\begin{pmatrix}\boldsymbol{C}^{\mathrm{T}}&0\\0&\boldsymbol{E}\end{pmatrix}\begin{pmatrix}\boldsymbol{A}\\\boldsymbol{E}\end{pmatrix}\boldsymbol{C}=\begin{pmatrix}\boldsymbol{C}^{\mathrm{T}}\boldsymbol{A}\\\boldsymbol{E}\end{pmatrix}\boldsymbol{C}=\begin{pmatrix}\boldsymbol{C}^{\mathrm{T}}\boldsymbol{A}\boldsymbol{C}\\\boldsymbol{E}\boldsymbol{C}\end{pmatrix}=\begin{pmatrix}\boldsymbol{\Lambda}\\\boldsymbol{C}\end{pmatrix}$$

6.6 二次型分类

6.6.1 满秩二次型

将二次型化为它的标准型(规范型)，如果变形后的完全平方的个数与原二次型的字母个数相等，当然也等于二次型矩阵的秩，则称这个二次型是满秩的.

满秩二次型分为三类：正定二次型、负定二次型、不定二次型.

定义：

正定二次型：二次型中字母取不全为 0 的任意数时，二次型恒正.

负定二次型：二次型中字母取不全为 0 的任意数时，二次型恒负.

不定二次型：二次型中字母取不全为 0 的任意数时，二次型的正负不确定.

6.6.2 正定二次型的判断准则

(1) 使用定义，仅在证明抽象问题中使用；

(2) 首先必须满秩，其次变规范型后完全平方的系数全部是正数；

(3) 使用二次型矩阵来判断，所有顺序主子式全为正；或者矩阵合同于单位阵(可以寻找它的特征值判断).

例 6.6：判断二次型 $f(x_1, x_2, x_3) = 2x_1^2 + 3x_2^2 + 8x_3^2 + 4x_1x_2 - 4x_1x_3 - 8x_2x_3$ 的正定性.

解：(1) 变规范型为 $f = y_1^2 + y_2{}^2 + y_3^2$，满秩且系数全为正，从而它是正定的.

(2) 二次型矩阵：$A = \begin{pmatrix} 2 & 2 & -2 \\ 2 & 3 & -4 \\ -2 & -4 & 8 \end{pmatrix}$

顺序主子式分别为：$|A_1| = 2 > 0$；$|A_2| = \begin{vmatrix} 2 & 2 \\ 2 & 3 \end{vmatrix} = 2 > 0$；$|A_3| = \begin{vmatrix} 2 & 2 & -2 \\ 2 & 3 & -4 \\ -2 & -4 & 8 \end{vmatrix} = 4 > 0$

全部为正，所以原二次型正定.

6.6.3 负定二次型的判断准则

(1) 使用定义，仅在证明抽象问题中使用；

(2) 首先必须满秩，其次变规范型后完全平方的系数全部是负数；

(3) 使用二次型矩阵来判断，所有奇数阶顺序主子式全为负，而偶数阶顺序主子式全为正；或者矩阵合同于负单位阵(可以寻找它的特征值判断).

6.6.4 不满秩二次型分类

将二次型化为它的标准型(规范型)，如果变形后的完全平方的个数小于原二次型的字母个数，当然小于二次型矩阵的秩，则称这个二次型是不满秩的.

不满秩二次型分为三类：半正定二次型、半负定二次型、不定二次型.

定义：

半正定二次型：二次型中字母取不全为 0 的任意数时，二次型非负.

半负定二次型：二次型中字母取不全为 0 的任意数时，二次型非正.

不定二次型：二次型中字母取不全为 0 的任意数时，二次型的正负不确定.

6.6.5 半正定二次型的判断准则

(1) 使用定义，仅在证明抽象问题中使用；

(2) 首先它不满秩，其次变规范型后残存的完全平方的系数全部是正数；

(3) 使用二次型矩阵来判断，所有顺序主子式全为非负.

半负定的判定类似.

6.6.6 正(负)惯性指数

正惯性指数 p：规范型(标准型) 中平方项系数为正的个数；

正惯性指数 q：规范型(标准型) 中平方项系数为负的个数.

显然：

$p+q=n$，二次型满秩；$p+q<n$，二次型不满秩；

$p=n$，二次型正定；$q=n$，二次型负定；$p<n$，$q=0$，二次型半正定；$q<n$，$p=0$，二次型半负定；其余情况二次型不定，其中 n 是二次型中字母个数，或者二次型矩阵的阶数.

例 6.7：若二次型 $\boldsymbol{x}^{\mathrm{T}}\boldsymbol{A}\boldsymbol{x}$ 正定，则

(1) 二次型矩阵 $\boldsymbol{A}$ 的主对角线元素 $a_{ii}>0(i=1,2,\cdots,n)$；

(2) $|\boldsymbol{A}|>0$.

证明：(1) 由定义：取 $\alpha_i=(0,0,\cdots,0,1,0,\cdots,0)^{\mathrm{T}}$，则 $\boldsymbol{\alpha}_i{}^{\mathrm{T}}\boldsymbol{A}\boldsymbol{\alpha}_i=\boldsymbol{a}_{ii}>0$.

(2) 矩阵 $\boldsymbol{A}$ 的行列式是它最大的顺序主子式，自然 $|\boldsymbol{A}|>0$.

例 6.8：判断二次型 $f=n\sum\limits_{i=1}^{n}x_i{}^2-\left(\sum\limits_{i=1}^{n}x_i\right)^2$ 是否为正定二次型.

解：**方法一**：取值法，取 $x_1=x_2=\cdots=x_n$，则原式为 0，从而它不满秩，也不正定和负定，配方，原式 $=f=\sum\limits_{1\leqslant i<j\leqslant n}(x_i-x_j)^2$，所以它是半正定.

方法二：特征值法：二次型的矩阵的特征方程为：

$$|\boldsymbol{A}-\lambda\boldsymbol{E}|=\begin{vmatrix}\lambda-(n-1) & 1 & \cdots & 1\\ 1 & \lambda-(n-1) & & \vdots\\ \vdots & & \ddots & 1\\ 1 & \cdots & & \lambda-(n-1)\end{vmatrix}=\lambda\ (\lambda-n)^{n-1}=0$$

所以 $\lambda_1=0$，$\lambda_2=\lambda_3=\cdots=\lambda_n=n$.

所以它是半正定.

练　习　六

一、填空题

1. 已知实二次型 $f(x_1,x_2,x_3)=a(x_1^2+x_2^2+x_3^2)+4x_1x_2+4x_1x_3+4x_2x_3$ 经正交变换可化为标准型 $f=6y_1^2$，则 $a=$ ________.

2. 若二次曲面的方程为 $x^2+3y^2+z^2+2axy+2xz+2yz=4$，经正交变换化为 $y_1^2+4z_1^2=4$，则 $a=$ ________.

二、选择题

1. 设 $\boldsymbol{A}=\begin{pmatrix}1&1&1&1\\1&1&1&1\\1&1&1&1\\1&1&1&1\end{pmatrix}$，$\boldsymbol{B}=\begin{pmatrix}4&0&0&0\\0&0&0&0\\0&0&0&0\\0&0&0&0\end{pmatrix}$，则 $\boldsymbol{A}$ 与 $\boldsymbol{B}$(　　).

A. 合同且相似　　B. 合同但不相似　　C. 不合同但相似　　D. 不合同且不相似

2. 设 $\boldsymbol{A}=\begin{pmatrix}1&2\\2&1\end{pmatrix}$，则在实数域上与 $\boldsymbol{A}$ 合同的矩阵为(　　).

A. $\begin{pmatrix}-2&1\\1&-2\end{pmatrix}$　　B. $\begin{pmatrix}2&-1\\-1&2\end{pmatrix}$　　C. $\begin{pmatrix}2&1\\1&2\end{pmatrix}$　　D. $\begin{pmatrix}1&-2\\-2&1\end{pmatrix}$

3. 设矩阵 $\boldsymbol{A}=\begin{pmatrix}2&-1&-1\\-1&2&-1\\-1&-1&2\end{pmatrix}$，$\boldsymbol{B}=\begin{pmatrix}1&0&0\\0&1&0\\0&0&0\end{pmatrix}$，则 $\boldsymbol{A}$ 与 B（　　）.

A. 合同且相似　　B. 合同，但不相似

C. 不合同，但相似　　D. 既不合同也不相似

三、综合题

1. 已知 $\boldsymbol{A}=\begin{pmatrix}1&0&1\\0&1&1\\-1&0&a\\0&a&-1\end{pmatrix}$，二次型 $f(x_1,x_2,x_3)=\boldsymbol{x}^{\mathrm{T}}(\boldsymbol{A}^{\mathrm{T}}\boldsymbol{A})\boldsymbol{x}$ 的秩为 2.

(1) 求实数 a 的值；

(2) 求正交变换 $x=\boldsymbol{Q}y$ 将 f 化为标准形.

2. 设二次型 $f(x_1,x_2,x_3)=ax_1^2+ax_2^2+(a-1)x_3^2+2x_1x_3-2x_2x_3$.

(1) 求二次型 f 的矩阵的所有特征值；

(2) 若二次型 f 的规范形为 $y_1^2+y_2^2$，求 a 的值.

3. 求一个正交变换化二次型 $f=x_1^2+4x_2^2+4x_3^2-4x_1x_2+4x_1x_3-8x_2x_3$ 成标准型.

4. 设 $\boldsymbol{A}$ 是 n 阶正定阵，$\boldsymbol{E}$ 是 n 阶单位阵，证明 $\boldsymbol{A}+\boldsymbol{E}$ 的行列式大于 1.

5. 已知二次型 $f(x_1,x_2,x_3)=2x_1^2+3x_2^2+3x_3^2+2ax_2x_3\ (a>0)$ 通过正交变换化成标准形 $f=y_1^2+2y_2^2+5y_3^2$，求参数 a 及所用的正交变换矩阵.

6. 已知二次曲面方程 $x^2+ay^2+z^2+2bxy+2xz+2yz=4$ 可以经过正交变换 $\begin{pmatrix}x\\y\\z\end{pmatrix}=\boldsymbol{P}\begin{pmatrix}\xi\\\eta\\\zeta\end{pmatrix}$ 化为椭圆柱面方程 $\eta^2+4\xi^2=4$，求 a，b 的值和正交矩阵 $\boldsymbol{P}$.

7. 已知二次型 $f(x_1,x_2,x_3)=(1-a)x_1^2+(1-a)x_2^2+2x_3^2+2(1+a)x_1x_2$ 的秩为 2.

(1) 求 a 的值；

(2) 求正交变换 $\boldsymbol{x}=\boldsymbol{Q}\boldsymbol{y}$，把 $f(x_1,x_2,x_3)$ 化成标准形；

(3) 求方程 $f(x_1,x_2,x_3)=0$ 的解.

8. 设 $\boldsymbol{A}$ 为三阶实对称矩阵，如果二次曲面方程 $(x,y,z)\boldsymbol{A}\begin{pmatrix}x\\y\\z\end{pmatrix}=1$，在正交变换下的标准方程的图形如下图所示，则 $\boldsymbol{A}$ 的正特征值个数是多少？

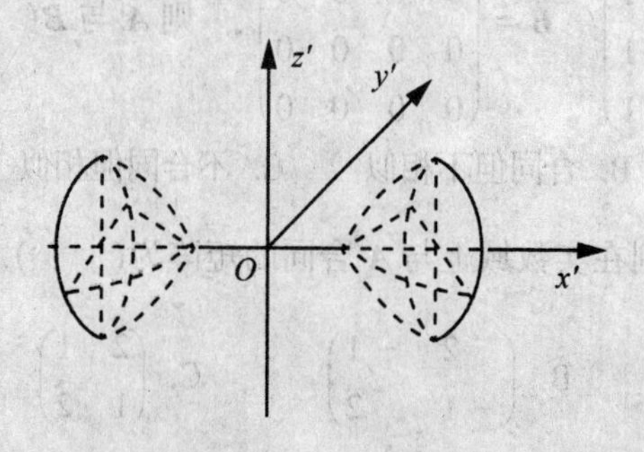

9. 设二次型$f(x_1, x_2, x_3)=\boldsymbol{x}^{\mathrm{T}}\boldsymbol{A}\boldsymbol{x}$在正交变换$x=\boldsymbol{Q}y$下的标准形为$y_1^2+y_2^2$，且$\boldsymbol{Q}$的第三列为$\left(\frac{\sqrt{2}}{2}, 0, \frac{\sqrt{2}}{2}\right)^{\mathrm{T}}$.

(1) 求$\boldsymbol{A}$；

(2) 证明$\boldsymbol{A}+\boldsymbol{E}$为正定矩阵，其中$\boldsymbol{E}$为3阶单位矩阵.

10. 设二次型$f(x_1, x_2, x_3)=2(a_1x_1+a_2x_2+a_3x_3)^2+(b_1x_1+b_2x_2+b_3x_3)^2$，记

$$\boldsymbol{\alpha}=\begin{pmatrix}a_1\\a_2\\a_3\end{pmatrix}, \boldsymbol{\beta}=\begin{pmatrix}b_1\\b_2\\b_3\end{pmatrix}.$$

(1) 证明二次型f对应的矩阵为$2\boldsymbol{\alpha}\boldsymbol{\alpha}^{\mathrm{T}}+\boldsymbol{\beta}\boldsymbol{\beta}^{\mathrm{T}}$；

(2) 若$\boldsymbol{\alpha}$，$\boldsymbol{\beta}$正交且均为单位向量，证明f在正交变换下的标准型为$2y_1^2+y_2^2$.

11. 设$\boldsymbol{A}=\begin{pmatrix}0 & -1 & 4\\-1 & 3 & a\\4 & a & 0\end{pmatrix}$，正交矩阵$\boldsymbol{Q}$使得$\boldsymbol{Q}^{\mathrm{T}}\boldsymbol{A}\boldsymbol{Q}$为对角矩阵，若$\boldsymbol{Q}$的第一列为$\frac{1}{\sqrt{6}}(1, 2, 1)^{\mathrm{T}}$，求$a$，$\boldsymbol{Q}$.

12. 设$\boldsymbol{A}$为m阶实对称矩阵且正定，$\boldsymbol{B}$为$m\times n$实矩阵，$\boldsymbol{B}^{\mathrm{T}}$为$\boldsymbol{B}$的转置矩阵，试证$\boldsymbol{B}^{\mathrm{T}}\boldsymbol{A}\boldsymbol{B}$为正定矩阵的充分必要条件是$\boldsymbol{B}$的秩$r(\boldsymbol{B})=n$.

第七章 综合测试

一、填空题

1. $\begin{pmatrix}1&0&0\\0&0&1\\0&1&0\end{pmatrix}^{2010}\begin{pmatrix}1&-1&0\\0&1&2\\1&0&-1\end{pmatrix}\begin{pmatrix}1&0&0\\0&-1&0\\0&0&1\end{pmatrix}^{2009}=$________.

2. 设$\boldsymbol{A}$为5阶方阵，且$r(\boldsymbol{A})=3$，则$r(\boldsymbol{A}^*)=$________.

3. 设三阶方阵$\boldsymbol{A}$的特征值为1、2、2，则$|4\boldsymbol{A}^{-1}-\boldsymbol{E}|=$________.

4. 已知$\boldsymbol{\alpha}=(1,2,3)$，$\boldsymbol{\beta}=\left(1,\frac{1}{2},\frac{1}{3}\right)$，设$\boldsymbol{A}=\boldsymbol{\alpha}^{\mathrm{T}}\boldsymbol{\beta}$，则$\boldsymbol{A}=$________.

5. 设$\boldsymbol{A}$是三阶方阵，且$|\boldsymbol{A}|=-1$，则$|\boldsymbol{A}^*-2\boldsymbol{A}^{-1}|=$________.

6. 已知$\boldsymbol{A}=\begin{pmatrix}1&-1&1\\2&4&-2\\-3&-3&5\end{pmatrix}$，$\boldsymbol{B}=\begin{pmatrix}\lambda&0&0\\0&2&0\\0&0&2\end{pmatrix}$，且$\boldsymbol{A}$与$\boldsymbol{B}$相似，则$\lambda=$________.

7. 设$\boldsymbol{A}$为n阶方阵，$\boldsymbol{A}\neq\boldsymbol{E}$，且$r(\boldsymbol{A}+3\boldsymbol{E})+r(\boldsymbol{A}-\boldsymbol{E})=n$，则$\boldsymbol{A}$的一个特征值$\lambda=$________.

8. 设$\boldsymbol{A}_{ij}(i,j=1,2)$为行列式$D=\begin{vmatrix}2&1\\3&1\end{vmatrix}$中元素$a_{ij}$的代数余子式，则$\begin{vmatrix}\boldsymbol{A}_{11}&\boldsymbol{A}_{12}\\\boldsymbol{A}_{21}&\boldsymbol{A}_{22}\end{vmatrix}=$________.

9. 已知向量组$\boldsymbol{\alpha}_1$，$\boldsymbol{\alpha}_2$，$\boldsymbol{\alpha}_3$线性无关，则向量组$\boldsymbol{\alpha}_1-\boldsymbol{\alpha}_2$，$\boldsymbol{\alpha}_2-\boldsymbol{\alpha}_3$，$\boldsymbol{\alpha}_1-\boldsymbol{\alpha}_3$的秩为________.

10. 设$\boldsymbol{A}$为n阶方阵，$\boldsymbol{E}$为单位矩阵，满足$\boldsymbol{A}^2=\boldsymbol{A}$，则$(\boldsymbol{A}+\boldsymbol{E})^{-1}=$________.

11. 设四元方程组$\boldsymbol{A}x=b$的3个线性无关的解分别是$\boldsymbol{\alpha}_1$，$\boldsymbol{\alpha}_2$，$\boldsymbol{\alpha}_3$，若$r(\boldsymbol{A})=3$，则方程组$\boldsymbol{Ax}=\boldsymbol{b}$的通解是________.

12. 若$\boldsymbol{\alpha}$，$\boldsymbol{\beta}$，$\boldsymbol{\gamma}_1$，$\boldsymbol{\gamma}_2$均为三维列向量，已知$|\boldsymbol{\beta},2\boldsymbol{\gamma}_1,\boldsymbol{\alpha}|=m$，$|\boldsymbol{\gamma}_2+2\boldsymbol{\beta},3\boldsymbol{\beta},2\boldsymbol{\gamma}_2+\boldsymbol{\alpha}|=n$，则$|2\boldsymbol{\alpha},3\boldsymbol{\beta},\boldsymbol{\gamma}_1-\boldsymbol{\gamma}_2|=$________.

13. 实二次型$f(x_1,x_2,x_3)=x_1^2+2x_1x_2+tx_2^2+3x_3^2$，当$t=$________时，其秩为2.

14. 若$\boldsymbol{\xi}$是矩阵$\boldsymbol{A}$的特征向量，则________是$\boldsymbol{P}^{-1}\boldsymbol{AP}$的特征向量.

二、选择题

1. 满足下列条件的行列式不一定为零的是(　　).

A. 行列式的某行(列)可以写成两项和的形式

B. 行列式中有两行(列)元素完全相同

C. 行列式中有两行(列)元素成比例

D. 行列式中等于零的个数大于n^2-n个

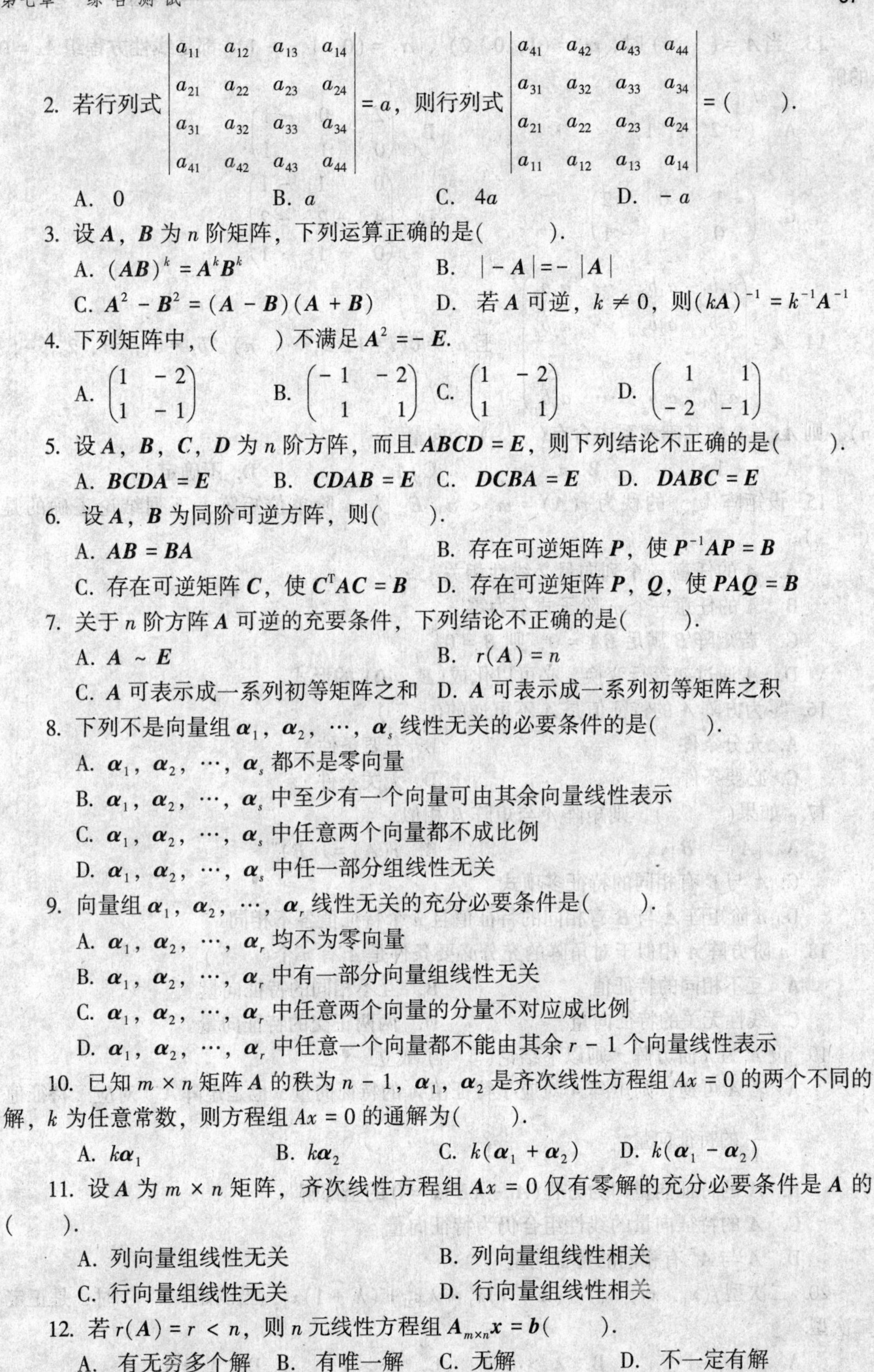

2. 若行列式 $\begin{vmatrix} a_{11} & a_{12} & a_{13} & a_{14} \\ a_{21} & a_{22} & a_{23} & a_{24} \\ a_{31} & a_{32} & a_{33} & a_{34} \\ a_{41} & a_{42} & a_{43} & a_{44} \end{vmatrix} = a$，则行列式 $\begin{vmatrix} a_{41} & a_{42} & a_{43} & a_{44} \\ a_{31} & a_{32} & a_{33} & a_{34} \\ a_{21} & a_{22} & a_{23} & a_{24} \\ a_{11} & a_{12} & a_{13} & a_{14} \end{vmatrix} = ($　　$)$.

A. 0　　B. a　　C. $4a$　　D. $-a$

3. 设 $\boldsymbol{A}$，$\boldsymbol{B}$ 为 n 阶矩阵，下列运算正确的是(　　).

A. $(\boldsymbol{AB})^k = \boldsymbol{A}^k\boldsymbol{B}^k$　　B. $|-\boldsymbol{A}| = -|\boldsymbol{A}|$

C. $\boldsymbol{A}^2 - \boldsymbol{B}^2 = (\boldsymbol{A}-\boldsymbol{B})(\boldsymbol{A}+\boldsymbol{B})$　　D. 若 $\boldsymbol{A}$ 可逆，$k \neq 0$，则 $(k\boldsymbol{A})^{-1} = k^{-1}\boldsymbol{A}^{-1}$

4. 下列矩阵中，(　　) 不满足 $\boldsymbol{A}^2 = -\boldsymbol{E}$.

A. $\begin{pmatrix} 1 & -2 \\ 1 & -1 \end{pmatrix}$　　B. $\begin{pmatrix} -1 & -2 \\ 1 & 1 \end{pmatrix}$　　C. $\begin{pmatrix} 1 & -2 \\ 1 & 1 \end{pmatrix}$　　D. $\begin{pmatrix} 1 & 1 \\ -2 & -1 \end{pmatrix}$

5. 设 $\boldsymbol{A}$，$\boldsymbol{B}$，$\boldsymbol{C}$，$\boldsymbol{D}$ 为 n 阶方阵，而且 $\boldsymbol{ABCD} = \boldsymbol{E}$，则下列结论不正确的是(　　).

A. $\boldsymbol{BCDA} = \boldsymbol{E}$　　B. $\boldsymbol{CDAB} = \boldsymbol{E}$　　C. $\boldsymbol{DCBA} = \boldsymbol{E}$　　D. $\boldsymbol{DABC} = \boldsymbol{E}$

6. 设 $\boldsymbol{A}$，$\boldsymbol{B}$ 为同阶可逆方阵，则(　　).

A. $\boldsymbol{AB} = \boldsymbol{BA}$　　B. 存在可逆矩阵 $\boldsymbol{P}$，使 $\boldsymbol{P}^{-1}\boldsymbol{AP} = \boldsymbol{B}$

C. 存在可逆矩阵 $\boldsymbol{C}$，使 $\boldsymbol{C}^{\mathrm{T}}\boldsymbol{AC} = \boldsymbol{B}$　　D. 存在可逆矩阵 $\boldsymbol{P}$，$\boldsymbol{Q}$，使 $\boldsymbol{PAQ} = \boldsymbol{B}$

7. 关于 n 阶方阵 $\boldsymbol{A}$ 可逆的充要条件，下列结论不正确的是(　　).

A. $\boldsymbol{A} \sim \boldsymbol{E}$　　B. $r(\boldsymbol{A}) = n$

C. $\boldsymbol{A}$ 可表示成一系列初等矩阵之和　　D. $\boldsymbol{A}$ 可表示成一系列初等矩阵之积

8. 下列不是向量组 $\boldsymbol{\alpha}_1$，$\boldsymbol{\alpha}_2$，…，$\boldsymbol{\alpha}_s$ 线性无关的必要条件的是(　　).

A. $\boldsymbol{\alpha}_1$，$\boldsymbol{\alpha}_2$，…，$\boldsymbol{\alpha}_s$ 都不是零向量

B. $\boldsymbol{\alpha}_1$，$\boldsymbol{\alpha}_2$，…，$\boldsymbol{\alpha}_s$ 中至少有一个向量可由其余向量线性表示

C. $\boldsymbol{\alpha}_1$，$\boldsymbol{\alpha}_2$，…，$\boldsymbol{\alpha}_s$ 中任意两个向量都不成比例

D. $\boldsymbol{\alpha}_1$，$\boldsymbol{\alpha}_2$，…，$\boldsymbol{\alpha}_s$ 中任一部分组线性无关

9. 向量组 $\boldsymbol{\alpha}_1$，$\boldsymbol{\alpha}_2$，…，$\boldsymbol{\alpha}_r$ 线性无关的充分必要条件是(　　).

A. $\boldsymbol{\alpha}_1$，$\boldsymbol{\alpha}_2$，…，$\boldsymbol{\alpha}_r$ 均不为零向量

B. $\boldsymbol{\alpha}_1$，$\boldsymbol{\alpha}_2$，…，$\boldsymbol{\alpha}_r$ 中有一部分向量组线性无关

C. $\boldsymbol{\alpha}_1$，$\boldsymbol{\alpha}_2$，…，$\boldsymbol{\alpha}_r$ 中任意两个向量的分量不对应成比例

D. $\boldsymbol{\alpha}_1$，$\boldsymbol{\alpha}_2$，…，$\boldsymbol{\alpha}_r$ 中任意一个向量都不能由其余 $r-1$ 个向量线性表示

10. 已知 $m \times n$ 矩阵 $\boldsymbol{A}$ 的秩为 $n-1$，$\boldsymbol{\alpha}_1$，$\boldsymbol{\alpha}_2$ 是齐次线性方程组 $Ax = 0$ 的两个不同的解，k 为任意常数，则方程组 $Ax = 0$ 的通解为(　　).

A. $k\boldsymbol{\alpha}_1$　　B. $k\boldsymbol{\alpha}_2$　　C. $k(\boldsymbol{\alpha}_1 + \boldsymbol{\alpha}_2)$　　D. $k(\boldsymbol{\alpha}_1 - \boldsymbol{\alpha}_2)$

11. 设 $\boldsymbol{A}$ 为 $m \times n$ 矩阵，齐次线性方程组 $\boldsymbol{A}x = 0$ 仅有零解的充分必要条件是 $\boldsymbol{A}$ 的(　　).

A. 列向量组线性无关　　B. 列向量组线性相关

C. 行向量组线性无关　　D. 行向量组线性相关

12. 若 $r(\boldsymbol{A}) = r < n$，则 n 元线性方程组 $\boldsymbol{A}_{m\times n}\boldsymbol{x} = \boldsymbol{b}$(　　).

A. 有无穷多个解　　B. 有唯一解　　C. 无解　　D. 不一定有解

13. 当$\boldsymbol{A}=($　　$)$时，$\boldsymbol{\alpha}_1=(1,0,2)^{\mathrm{T}}$，$\boldsymbol{\alpha}_2=(0,1,-1)^{\mathrm{T}}$都是线性方程组$Ax=0$的解.

A. $(-2,1,1)$　　B. $\begin{pmatrix}2&0&-1\\0&1&1\end{pmatrix}$

C. $\begin{pmatrix}-1&0&2\\0&1&-1\end{pmatrix}$　　D. $\begin{pmatrix}0&1&-1\\4&-2&-2\\0&1&1\end{pmatrix}$

14. $\boldsymbol{A}=\begin{pmatrix}a_1b_1&a_1b_2&\cdots&a_1b_n\\a_2b_1&a_2b_2&\cdots&a_2b_n\\\vdots&\vdots&&\vdots\\a_nb_1&a_nb_2&\cdots&a_nb_n\end{pmatrix}$，且$a_i\neq0(i=1,2,\cdots,n)$，$b_j\neq0(j=1,2,\cdots,n)$，则$\boldsymbol{Ax}=0$的基础解系中含有(　　)个向量.

A. $n-1$　　B. n　　C. 1　　D. 不确定

15. 设矩阵$\boldsymbol{A}_{m\times n}$的秩为$r(\boldsymbol{A})=m<n$，$\boldsymbol{E}_m$为$m$阶单位矩阵，下列结论正确的是(　　).

A. $\boldsymbol{A}$的任意m个列向量必线性相关

B. $\boldsymbol{A}$的任意一个m阶子式不为零

C. 若矩阵$\boldsymbol{B}$满足$\boldsymbol{BA}=0$，则$\boldsymbol{B}=0$

D. $\boldsymbol{A}$通过初等行变换，必可以化成$(\boldsymbol{E}_m,0)$的形式

16. 零为方阵$\boldsymbol{A}$的特征值是$\boldsymbol{A}$不可逆的(　　).

A. 充分条件　　B. 充要条件

C. 必要条件　　D. 无关条件

17. 如果(　　)，则矩阵A与矩阵B相似.

A. $|\boldsymbol{A}|=|\boldsymbol{B}|$　　B. $r(\boldsymbol{A})=r(\boldsymbol{B})$

C. $\boldsymbol{A}$与$\boldsymbol{B}$有相同的特征多项式

D. n阶矩阵$\boldsymbol{A}$与$\boldsymbol{B}$有相同的特征值且n个特征值各不相同

18. n阶方阵$\boldsymbol{A}$相似于对角阵的充分必要条件是$\boldsymbol{A}$有n个(　　)

A. 互不相同的特征值　　B. 互不相同的特征向量

C. 线性无关的特征向量　　D. 两两正交的特征向量

19. 设$\boldsymbol{A}$为n阶方阵，则以下结论(　　)成立.

A. 若$\boldsymbol{A}$可逆，则矩阵$\boldsymbol{A}$对应于特征值λ的特征向量x也是矩阵$\boldsymbol{A}^{-1}$对应于特征值$\dfrac{1}{\lambda}$的特征向量

B. $\boldsymbol{A}$的特征向量即为方程$(\boldsymbol{A}-\lambda\boldsymbol{E})x=0$的全部解

C. $\boldsymbol{A}$的特征向量的线性组合仍为特征向量

D. $\boldsymbol{A}$与$\boldsymbol{A}^{\mathrm{T}}$有相同的特征向量

20. 二次型$f(x_1,x_2,x_3)=(\lambda-1)x_1^2+\lambda x_2^2+(\lambda+1)x_3^2$，当满足(　　)时，是正定二次型.

A. $\lambda>-1$　　B. $\lambda>0$　　C. $\lambda>1$　　D. $\lambda\geqslant1$.

21. 二次型 $f = x^T Ax$ 为正定二次型的充要条件是(　　).

A. $|A| > 0$　　B. 负惯性指数为0

C. A 的所有特征值均大于0　　D. A 等价于单位阵 E

22. 当 (a, b, c) 满足(　　)时，二次型 $f(x_1, x_2, x_3) = ax_1^2 + bx_2^2 + ax_3^2 + 2cx_1x_3$ 为正定二次型.

A. $a > 0, b + c > 0$　　B. $a > 0, b > 0$

C. $a > |c|, b > 0$　　D. $|a| > c, b > 0$

三、综合题

1. 计算行列式 $D = \begin{vmatrix} 1+x & 1 & 1 & 1 \\ 1 & 1-x & 1 & 1 \\ 1 & 1 & 1+y & 1 \\ 1 & 1 & 1 & 1-y \end{vmatrix}$.

2. 设 $AX + E = A^2 + X$，且 $A = \begin{pmatrix} 1 & 0 & 1 \\ 0 & 2 & 0 \\ 1 & 0 & 1 \end{pmatrix}$，求 X.

3. 设 $A = \begin{pmatrix} 0 & 2 & 0 & 0 \\ 1 & 0 & 0 & 0 \\ 0 & 0 & 2 & 2 \\ 0 & 0 & 1 & -1 \end{pmatrix}$，求 A^{-1}.

4. 求向量组 $\alpha_1 = \begin{pmatrix} 1 \\ 3 \\ 2 \\ 3 \end{pmatrix}$，$\alpha_2 = \begin{pmatrix} -1 \\ -3 \\ -2 \\ -3 \end{pmatrix}$，$\alpha_3 = \begin{pmatrix} 3 \\ 5 \\ 3 \\ 4 \end{pmatrix}$，$\alpha_4 = \begin{pmatrix} -4 \\ -4 \\ -2 \\ -2 \end{pmatrix}$，$\alpha_5 = \begin{pmatrix} 3 \\ 1 \\ 0 \\ -1 \end{pmatrix}$ 的秩及最大无关组.

5. a，b 取何值时，向量 $\beta = (1, 2, b)^T$ 可由向量组 $\alpha_1 = (1, 1, 2)^T$，$\alpha_2 = (2, 3, 3)^T$，$\alpha_3 = (3, 6, a)^T$ (1) 唯一地线性表示？(2) 无穷多地线性表示？(3) 不能线性表示？

6. 设方程组 $\begin{cases} (2-\lambda)x_1 + 2x_2 - 2x_3 = 1 \\ 2x_1 + (5-\lambda)x_2 - 4x_3 = 2 \\ -2x_1 - 4x_2 + (5-\lambda)x_3 = -\lambda - 1 \end{cases}$，问：当 λ 取何值时，(1) 方程组有唯一解？(2) 方程组无解？(3) 方程组有无穷多解？并求其通解(用解向量形式表示).

7. λ 取何值时，线性方程组 $\begin{cases} 2x_1 + \lambda x_2 - x_3 = 1 \\ \lambda x_1 - x_2 + x_3 = 2 \\ 4x_1 + 5x_2 - 5x_3 = -1 \end{cases}$ 无解、有唯一解或有无穷多解？当有无穷多解时，求通解.

8. 设 $A = \begin{pmatrix} 1 & 0 & 2 \\ 0 & 1 & 4 \\ a+5 & -a-2 & 2a \end{pmatrix}$，问：$A$ 能否对角化？

9. 设 $f(x_1, x_2, x_3) = (x_1, x_2, x_3)\begin{pmatrix} 0 & 0 & 1 \\ 3 & 0 & 0 \\ 4 & 3 & 0 \end{pmatrix}\begin{pmatrix} x_2 \\ x_3 \\ x_1 \end{pmatrix}$.

(1) 求二次型 $f(x_1, x_2, x_3)$ 所对应的矩阵 $\boldsymbol{A}$；

(2) 求 $\boldsymbol{A}$ 的特征值和对应的特征向量.

10. 已知二次型 $f(x_1, x_2, x_3) = 5x_1^2 + 5x_2^2 + 3x_3^2 - 2x_1x_2 + 6x_1x_3 - 6x_2x_3$. (1) 写出此二次型对应的矩阵 $\boldsymbol{A}$；(2) 求一个正交变换 $\boldsymbol{x} = \boldsymbol{Q}\boldsymbol{y}$，把二次型 $f(x_1, x_2, x_3)$ 化为标准型.

四、证明题

1. $\boldsymbol{A}^3 = 2\boldsymbol{E}$，$\boldsymbol{B} = \boldsymbol{A}^2 - 2\boldsymbol{A} + 2\boldsymbol{E}$，证明：$\boldsymbol{B}$ 可逆，并求 $\boldsymbol{B}^{-1}$.

2. 设 $\boldsymbol{\alpha}_1, \boldsymbol{\alpha}_2, \cdots, \boldsymbol{\alpha}_n$ 是一组 n 维向量，证明：它们线性无关的充分必要条件是：任一 n 维向量都可由它们线性表示.

3. 已知向量组(I) $\boldsymbol{\alpha}_1, \boldsymbol{\alpha}_2, \boldsymbol{\alpha}_3$ 的秩为 3，向量组(II) $\boldsymbol{\alpha}_1, \boldsymbol{\alpha}_2, \boldsymbol{\alpha}_3, \boldsymbol{\alpha}_4$ 的秩为 3，向量组(III) $\boldsymbol{\alpha}_1, \boldsymbol{\alpha}_2, \boldsymbol{\alpha}_3, \boldsymbol{\alpha}_5$ 的秩为 4，证明：向量组 $\boldsymbol{\alpha}_1, \boldsymbol{\alpha}_2, \boldsymbol{\alpha}_3, \boldsymbol{\alpha}_5 - \boldsymbol{\alpha}_4$ 的秩为 4.

4. 设 $\boldsymbol{A}$ 是 n 阶方阵，若存在正整数 k，使线性方程组 $\boldsymbol{A}^k x = 0$ 有非零解向量 $\boldsymbol{\alpha}$，且 $\boldsymbol{A}^{k-1}\boldsymbol{\alpha} \neq 0$. 证明：向量组 $\boldsymbol{\alpha}, \boldsymbol{A}\boldsymbol{\alpha}, \cdots, \boldsymbol{A}^{k-1}\boldsymbol{\alpha}$ 是线性无关的.

5. 设 $\boldsymbol{A}$ 是 n 阶方阵，且 $r(\boldsymbol{A}) + r(\boldsymbol{A} - \boldsymbol{E}) = n$，$\boldsymbol{A} \neq \boldsymbol{E}$. 证明：$\boldsymbol{A}x = 0$ 有非零解.

6. 向量组 $\boldsymbol{A}$：$\boldsymbol{\alpha}_1, \boldsymbol{\alpha}_2, \cdots, \boldsymbol{\alpha}_L$ 和向量组 $\boldsymbol{B}$：$\boldsymbol{\beta}_1, \boldsymbol{\beta}_2, \cdots, \boldsymbol{\beta}_S$ 的秩分别为 p 和 q. 证明：若 $\boldsymbol{A}$ 可由 $\boldsymbol{B}$ 线性表示，则 $p \leqslant q$.

7. 设 $\boldsymbol{A}$，$\boldsymbol{B}$ 为两个 n 阶方阵，且 $\boldsymbol{A}$ 的 n 个特征值互异，若 $\boldsymbol{A}$ 的特征向量恒为 $\boldsymbol{B}$ 的特征向量，证明：$\boldsymbol{AB} = \boldsymbol{BA}$.

8. 已知 $\boldsymbol{A}$ 和 $\boldsymbol{B}$ 都为 n 阶正定矩阵，证明：$\boldsymbol{A} + \boldsymbol{B}$ 的特征值均大于零.

参考答案

练　习　一

1. 证明：令 $k_1 \times 1 + k_2 x + k_3 x^2 + \cdots + k_n x^{n+1} + \cdots = 0$，取 $x = 0$，则 $k_1 = 0$.

有 $k_2 x + k_3 x^2 + \cdots + k_n x^{n+1} + \cdots = 0$，故 $x(k_2 + k_3 x + \cdots + k_n x^n + \cdots) = 0$，

所以 $k_2 + k_3 x + \cdots + k_n x^n + \cdots = 0$，令 $x = 0$，则 $k_2 = 0$.

同理 $k_3 = k_4 = \cdots = k_n = \cdots = 0$，故 $k_i = 0(i = 1, 2, \cdots, n, \cdots)$，从而 $1, x, x^2, \cdots, x^n \cdots$ 线性无关.

$\arctan x = x - \frac{1}{3}x^3 + \frac{1}{5}x^5 - \frac{1}{7}x^7 + \cdots + (-1)^{n+1}x^{2n-1} + \cdots$

因为 $\cos x = 1 - \frac{1}{2!}x^2 + \frac{1}{4!}x^4 + \cdots + \frac{(-1)^n}{(2n)!}x^{2n} + \cdots$

所以 $\cos x, 1, x, x^2, \cdots$ 线性无关.

$\sin x$ 在基底 $1, x, x^2, \cdots, x^n, \cdots$ 下的坐标为 $\left(0, 1, 0, -\frac{1}{3!}, 0, \frac{1}{5!}, \cdots\right)$.

2. 解：将 $y = 1$，$y = e^x$，$y = e^{2x}$ 分别代入原微分方程，验算等式成立，从而它们是原方程的解. 令 $k_1 + k_2 e^x + k_3 e^{2x} = 0$，分别令 $x = 0$，$x = 1$，$x = -1$ 得

$$\begin{cases} k_1 + k_2 + k_3 = 0 \\ k_1 + ek_2 + e^2 k_3 = 0 \\ k_1 + e^{-1}k_2 + e^{-2}k_3 = 0 \end{cases}$$

此方程组只有零解，故 $y = 1$，$y = e^x$，$y = e^{2x}$ 线性无关，而三阶微分方程的解空间基底向量只有 3 个，从而，通解为 $y = k_1 + k_2 e^x + k_3 e^{2x} (k_i \in \mathbf{R})$.

令通解为：$y = c_1 + c_2 e^x + c_3 e^{2x} (c_1, c_2 c_3 \in \mathbf{R})$.

练　习　二

一、填空题

1. 解：$|\boldsymbol{B}| = |\boldsymbol{\alpha}_1 + \boldsymbol{\alpha}_2 + \boldsymbol{\alpha}_3, \boldsymbol{\alpha}_1 + 2\boldsymbol{\alpha}_2 + 4\boldsymbol{\alpha}_3, \boldsymbol{\alpha}_1 + 3\boldsymbol{\alpha}_2 + 9\boldsymbol{\alpha}_3|$

$= |\boldsymbol{\alpha}_1 + \boldsymbol{\alpha}_2 + \boldsymbol{\alpha}_3, \boldsymbol{\alpha}_2 + 3\boldsymbol{\alpha}_3, 2\boldsymbol{\alpha}_2 + 8\boldsymbol{\alpha}_3|$

$= 2|\boldsymbol{\alpha}_1 + \boldsymbol{\alpha}_2 + \boldsymbol{\alpha}_3, \boldsymbol{\alpha}_2 + 3\boldsymbol{\alpha}_3, \boldsymbol{\alpha}_3| = 2|\boldsymbol{\alpha}_1, \boldsymbol{\alpha}_2, \boldsymbol{\alpha}_3| = 2.$

2. 解：$|\boldsymbol{A} + \boldsymbol{B}| = |\boldsymbol{\alpha} + \boldsymbol{\beta}, 2\boldsymbol{\gamma}_2, 2\boldsymbol{\gamma}_3, 2\boldsymbol{\gamma}_4| = 8|\boldsymbol{\alpha} + \boldsymbol{\beta}, \boldsymbol{\gamma}_2, \boldsymbol{\gamma}_3, \boldsymbol{\gamma}_4| = 8(|\boldsymbol{A}| + |\boldsymbol{B}|)$

$= 40.$

3. 解：计算此行列式结果是关于 x 的二次函数，所以根的个数是 2.

二、选择题

1. D.

三、综合题

1. 解：原式 $= bce\begin{vmatrix} -a & a & a \\ d & -d & d \\ f & f & f \end{vmatrix} = abcdef\begin{vmatrix} -1 & 1 & 1 \\ 1 & -1 & 1 \\ 1 & 1 & -1 \end{vmatrix} = -abcdef\begin{vmatrix} -1 & 1 & 1 \\ 0 & 2 & 0 \\ 0 & 0 & 2 \end{vmatrix}$

$= 4abcdef.$

2. 解：

$$\begin{vmatrix} 1 & 2 & 3 & 4 & 5 \\ 2 & 3 & 4 & 5 & 1 \\ 3 & 4 & 5 & 1 & 2 \\ 4 & 5 & 1 & 2 & 3 \\ 5 & 1 & 2 & 3 & 4 \end{vmatrix} = \begin{vmatrix} 15 & 2 & 3 & 4 & 5 \\ 15 & 3 & 4 & 5 & 1 \\ 15 & 4 & 5 & 1 & 2 \\ 15 & 5 & 1 & 2 & 3 \\ 15 & 1 & 2 & 3 & 4 \end{vmatrix} = 15\begin{vmatrix} 1 & 2 & 3 & 4 & 5 \\ 1 & 3 & 4 & 5 & 1 \\ 1 & 4 & 5 & 1 & 2 \\ 1 & 5 & 1 & 2 & 3 \\ 1 & 1 & 2 & 3 & 4 \end{vmatrix}$$

$$= 15\begin{vmatrix} 1 & 2 & 3 & 4 & 5 \\ 0 & 1 & 1 & 1 & -4 \\ 0 & 2 & 2 & -3 & -3 \\ 0 & 3 & -2 & -2 & -2 \\ 0 & -1 & -1 & -1 & -1 \end{vmatrix} = 15\begin{vmatrix} 1 & 2 & 3 & 4 & 5 \\ 0 & 1 & 1 & 1 & -4 \\ 0 & 0 & 0 & -5 & 5 \\ 0 & 0 & -5 & -5 & 10 \\ 0 & 0 & 0 & 0 & -5 \end{vmatrix}$$

$$= -15\begin{vmatrix} 1 & 2 & 3 & 4 & 5 \\ 0 & 1 & 1 & 1 & -4 \\ 0 & 0 & -5 & -5 & 10 \\ 0 & 0 & 0 & -5 & 5 \\ 0 & 0 & 0 & 0 & -5 \end{vmatrix} = 1875$$

3. 解：$D_n = \begin{vmatrix} 1+a_1 & 1 & 1 & \cdots & 1 \\ 1 & 1+a_2 & 1 & \cdots & 1 \\ 1 & 1 & 1+a_3 & \cdots & 1 \\ \vdots & \vdots & \vdots & & \vdots \\ 1 & 1 & 1 & \cdots & 1+a_n \end{vmatrix} = \begin{vmatrix} 1 & 1 & 1 & \cdots & 1 \\ 0 & 1+a_1 & 1 & \cdots & 1 \\ 0 & 1 & 1+a_2 & \cdots & 1 \\ \vdots & \vdots & \vdots & & \vdots \\ 0 & 1 & 1 & \cdots & 1+a_n \end{vmatrix}$

$$= \begin{vmatrix} 1 & 1 & 1 & \cdots & 1 \\ -1 & a_1 & 0 & \cdots & 0 \\ -1 & 0 & a_2 & \cdots & 0 \\ \vdots & \vdots & \vdots & & \vdots \\ -1 & 0 & 0 & \cdots & a_n \end{vmatrix} = \begin{vmatrix} 1+\sum\limits_{i=1}^{n}\frac{1}{a_i} & 1 & 1 & \cdots & 1 \\ 0 & a_1 & 0 & \cdots & 0 \\ 0 & 0 & a_2 & \cdots & 0 \\ \vdots & \vdots & \vdots & & \vdots \\ 0 & 0 & 0 & \cdots & a_n \end{vmatrix}$$

$$= \left(1 + \sum_{i=1}^{n}\frac{1}{a_i}\right)a_1a_2\cdots a_n.$$

4. 解：$|A|=\begin{vmatrix}1&1&1&\cdots&1\\0&1+a&1&\cdots&1\\0&2&2+a&\cdots&2\\\vdots&\vdots&\vdots&&\vdots\\0&n&n&\cdots&n+a\end{vmatrix}=\begin{vmatrix}1&1&1&\cdots&1\\-1&a&0&\cdots&0\\-2&0&a&\cdots&0\\\vdots&\vdots&\vdots&&\vdots\\-n&0&0&\cdots&a\end{vmatrix}$

$$=\begin{vmatrix}1+\sum_{i=1}^{n}\frac{i}{a}&1&1&\cdots&1\\0&a&0&\cdots&0\\0&0&a&\cdots&0\\\vdots&\vdots&\vdots&&\vdots\\0&0&0&\cdots&a\end{vmatrix}=\left(1+\sum_{i=1}^{n}\frac{i}{a}\right)a^n=a^n+\frac{n(n+1)}{2}a^{n-1}.$$

练　习　三

一、填空题

1. 解：$\boldsymbol{B}=\boldsymbol{E}_{12}\boldsymbol{A}$，$\boldsymbol{B}\boldsymbol{A}^*=\boldsymbol{E}_{12}\boldsymbol{A}\boldsymbol{A}^*=\begin{pmatrix}0&3&0\\3&0&0\\0&0&3\end{pmatrix}$，故$|\boldsymbol{B}\boldsymbol{A}^*|=-27$.

2. 解：找规律$\boldsymbol{A}^4=0$，$\boldsymbol{A}^5=0$，从而$\boldsymbol{A}^n=0(n\geqslant 4)$.

3. 解：因为$\boldsymbol{B}(\boldsymbol{A}-\boldsymbol{E})=2\boldsymbol{E}$，所以$|\boldsymbol{B}|=\dfrac{|2\boldsymbol{E}|}{|\boldsymbol{A}-\boldsymbol{E}|}=2$.

4. 解：$|\boldsymbol{A}|\boldsymbol{A}\boldsymbol{B}=2|\boldsymbol{A}|\boldsymbol{B}+\boldsymbol{A}$，故$(|\boldsymbol{A}|\boldsymbol{A}-2|\boldsymbol{A}|\boldsymbol{E})B=\boldsymbol{A}$，所以$|\boldsymbol{B}|=\dfrac{3}{27}=\dfrac{1}{9}$.

5. 解：因为$(\boldsymbol{A}^2-\boldsymbol{E})\boldsymbol{B}=\boldsymbol{A}+\boldsymbol{E}$，故$(\boldsymbol{A}+\boldsymbol{E})(\boldsymbol{A}-\boldsymbol{E})\boldsymbol{B}=\boldsymbol{A}+\boldsymbol{E}$，

所以$(\boldsymbol{A}-\boldsymbol{E})\boldsymbol{B}=\boldsymbol{E}$，$|\boldsymbol{B}|=|\boldsymbol{A}-\boldsymbol{E}|^{-1}=\dfrac{1}{2}$.

6. 解：$\boldsymbol{\alpha}=\begin{pmatrix}\alpha_1\\\alpha_2\\\alpha_3\end{pmatrix}$，则$\boldsymbol{\alpha}\boldsymbol{\alpha}^{\mathrm{T}}=\begin{pmatrix}\alpha_1^2&\alpha_1\alpha_2&\alpha_1\alpha_3\\\alpha_2\alpha_1&\alpha_2^2&\alpha_2\alpha_3\\\alpha_3\alpha_1&\alpha_3\alpha_2&\alpha_3^2\end{pmatrix}$，所以$\boldsymbol{\alpha}^{\mathrm{T}}\boldsymbol{\alpha}=\alpha_1^2+\alpha_2^2+\alpha_3^2=3$.

7. 解：$(\boldsymbol{A}-2\boldsymbol{I})=\begin{pmatrix}1&0&0\\1&2&0\\0&0&1\end{pmatrix}$，

所以$(\boldsymbol{A}-2\boldsymbol{I}\mid\boldsymbol{E})=\left(\begin{array}{ccc|ccc}1&0&0&1&0&0\\1&2&0&0&1&0\\0&0&1&0&0&1\end{array}\right)\to\left(\begin{array}{ccc|ccc}1&0&0&1&0&0\\0&1&0&-\frac{1}{2}&\frac{1}{2}&0\\0&0&1&0&0&1\end{array}\right)$

故$(\boldsymbol{A}-2\boldsymbol{I})^{-1}=\begin{pmatrix}1&0&0\\-\frac{1}{2}&\frac{1}{2}&0\\0&0&1\end{pmatrix}$.

8. 解：$A=\begin{pmatrix}1 & \frac{1}{2} & \frac{1}{3}\\ 2 & 1 & \frac{2}{3}\\ 3 & \frac{3}{2} & 1\end{pmatrix}$，$\boldsymbol{A}^n=\boldsymbol{\alpha}^{\mathrm{T}}(\boldsymbol{\beta}\boldsymbol{\alpha}^{\mathrm{T}})\cdots(\boldsymbol{\beta}\boldsymbol{\alpha}^{\mathrm{T}})\beta=\boldsymbol{\alpha}^{\mathrm{T}}\boldsymbol{\beta}\cdot 3^{n-1}=3^{n-1}\boldsymbol{A}$，代入$\boldsymbol{A}$即可.

9. 解：因为$\boldsymbol{A}^2+\boldsymbol{A}-4\boldsymbol{E}=0$，所以$(\boldsymbol{A}-2\boldsymbol{E})(\boldsymbol{A}+3\boldsymbol{E})=-2\boldsymbol{E}$，$(\boldsymbol{A}-2\boldsymbol{E})^{-1}=-\frac{1}{2}(\boldsymbol{A}+3\boldsymbol{E})$.

10. 解：由题意知$(\boldsymbol{E}-\boldsymbol{A})\boldsymbol{B}=6\boldsymbol{A}$，所以$(\boldsymbol{E}-\boldsymbol{A}\mid 6\boldsymbol{A})\to\left(\begin{array}{ccc|ccc}1&0&0&3&0&0\\0&1&0&0&2&0\\0&0&1&0&0&1\end{array}\right)$，

故$\boldsymbol{B}=\begin{pmatrix}3&0&0\\0&2&0\\0&0&1\end{pmatrix}$.

11. 解：$\boldsymbol{AB}=0$，所以$|A|=0$，$t=-\frac{5}{7}$.

12. 解：令$\boldsymbol{A}=\begin{pmatrix}\boldsymbol{M}&\boldsymbol{O}\\\boldsymbol{O}&\boldsymbol{N}\end{pmatrix}$，故$A^{-1}=\begin{pmatrix}\boldsymbol{M}^{-1}&\boldsymbol{O}\\\boldsymbol{O}&\boldsymbol{N}^{-1}\end{pmatrix}=\begin{pmatrix}1&-2&0&0\\-2&5&0&0\\0&0&\frac{1}{3}&\frac{2}{3}\\0&0&-\frac{1}{3}&\frac{1}{3}\end{pmatrix}$.

13. 解：$|\boldsymbol{A}(\boldsymbol{A}^{-1}+\boldsymbol{B})|=|\boldsymbol{E}+\boldsymbol{AB}|=6$，
$|(\boldsymbol{A}^{-1}+\boldsymbol{B})\boldsymbol{B}|=|\boldsymbol{E}+\boldsymbol{AB}|=6$，所以$|\boldsymbol{A}+\boldsymbol{B}^{-1}|=3$.

14. 解：$\boldsymbol{A}_{ij}=-a_{ij}$，而$\boldsymbol{A}^*=-\boldsymbol{A}^{\mathrm{T}}$，而$\boldsymbol{AA}^*=|\boldsymbol{A}|\boldsymbol{E}$，所以$-\boldsymbol{AA}^{\mathrm{T}}=|\boldsymbol{A}|\boldsymbol{E}$，
故有$-|\boldsymbol{A}|^2=|\boldsymbol{A}|^3$，$|\boldsymbol{A}|=0$或$|\boldsymbol{A}|=-1$.

15. 解：$\boldsymbol{A}=\begin{pmatrix}-1&1&0\\1&0&0\\0&0&1\end{pmatrix}$.

二、选择题

1. B，2. B，3. A，4. C，5. B，6. C，7. D，8. D，9. C，10. C，11. B

三、计算题

1. 解：因为$\boldsymbol{AP}=\boldsymbol{PB}$，

所以$\boldsymbol{A}=\boldsymbol{PBP}^{-1}=\begin{pmatrix}1&0&0\\2&-1&0\\1&1&1\end{pmatrix}\begin{pmatrix}1&0&0\\0&0&0\\0&0&-1\end{pmatrix}\begin{pmatrix}1&0&0\\2&-1&0\\-3&1&1\end{pmatrix}=\begin{pmatrix}1&0&0\\2&0&0\\4&-1&-1\end{pmatrix}$，

而$\boldsymbol{A}^5=\boldsymbol{PBP}^{-1}\boldsymbol{PBP}^{-1}\boldsymbol{PBP}^{-1}\boldsymbol{PBP}^{-1}\boldsymbol{PBP}^{-1}=\boldsymbol{A}$.

2. 解：因为$\boldsymbol{A}(\boldsymbol{E}-\boldsymbol{C}^{-1}\boldsymbol{B})^{\mathrm{T}}\boldsymbol{C}^{\mathrm{T}}=\boldsymbol{E}$，所以$\boldsymbol{A}(\boldsymbol{C}-\boldsymbol{B})^{\mathrm{T}}=\boldsymbol{E}$，

故$A=[(C-B)^{-1}]^{T}=\begin{pmatrix}1&-2&1&0\\0&1&-2&1\\0&0&1&-2\\0&0&0&1\end{pmatrix}$.

3. 解：因为$AB=A+2B$，所以$(A-2E)B=A$.

又$(A-2E,A)=\begin{pmatrix}1&0&1&3&0&1\\1&-1&0&1&1&0\\0&1&2&0&1&4\end{pmatrix}\rightarrow\begin{pmatrix}1&0&0&2&-1&-\frac{1}{2}\\0&1&0&2&-1&1\\0&0&1&-1&1&\frac{3}{2}\end{pmatrix}$

故$B=\begin{pmatrix}2&-1&-\frac{1}{2}\\2&-1&1\\-1&1&\frac{3}{2}\end{pmatrix}$.

4. 解：因为$|A^*|=|A|^3=8$，所以$|A|=2$，又因为$ABA^{-1}=BA^{-1}+3E$.

所以$AB=B+3A$，$(A-E)B=3A$，故$A^*(A-E)B=3A^*A$，$(|A|E-A^*)B=3|A|E$.

所以$(2E-A^*)B=6E$.

利用初等行变换求解矩阵B.

$(2E-A^*,6E)=\begin{pmatrix}1&0&0&0&6&0&0&0\\0&1&0&0&0&6&0&0\\-1&0&1&0&0&0&6&0\\0&3&0&-6&0&0&0&6\end{pmatrix}\rightarrow\begin{pmatrix}1&0&0&0&6&0&0&0\\0&1&0&0&0&6&0&0\\0&0&1&0&6&0&6&0\\0&0&0&1&0&-3&0&1\end{pmatrix}$

故$B=\begin{pmatrix}6&0&0&0\\0&6&0&0\\6&0&6&0\\0&-3&0&1\end{pmatrix}$.

四、综合题

1. 解：因为$|A^T(A+E)|=|A^TA+A^T|=|E+A^T|=|A^T||A+E|$，

而$|(A+E)^T|=|A^T+E|=|E+A|$，又$|A^T|=|A|<0$，所以$|A+E|=0$.

2. 解：(1) 充分性：$\xi^T\xi=1\Rightarrow A^2=A\cdot A=(E-\xi\xi^T)(E-\xi\xi^T)$

$=E-\xi\xi^T-\xi\xi^T+\xi\xi^T\xi\xi^T=A-\xi\xi^T+\xi(\xi^T\xi)\xi^T=A$.

必要性：$A^2=A-\xi\xi^T+(\xi\xi^T)(\xi^T\xi)\Rightarrow(\xi^T\xi-1)(\xi\xi^T)=0\Rightarrow\xi^T\xi=1$.

(2) 当$\xi^T\xi=1$时，$A^2-A=0\Rightarrow A(A-E)=0$，又$A-E=-\xi\xi^T\neq0$，从而方程$AX=0$有非零解，故$|A|=0$，即$A$不可逆.

3. 解：(1)$B=E_{ij}A$则$B^{-1}=A^{-1}E_{ij}^{-1}$，故B可逆.

另解$|B|=|E_{ij}A|=-|A|\neq0$，故B可逆.

(2)$AB^{-1}=AA^{-1}E_{ij}^{-1}=E_{ij}$.

4. 证明：因为 $A^*=A^T$，所以 $AA^*=|A|E=AA^T$，而 $\mathrm{trace}(AA^T)\neq 0$，从而 $n|A|\neq 0\Rightarrow |A|\neq 0$.

练　习　四

一、填空题

1. $\beta^T=x_1\alpha_1^T+x_2\alpha_2^T+x_2\alpha_2^T=1\times\begin{pmatrix}1\\1\\0\end{pmatrix}+1\times\begin{pmatrix}1\\0\\1\end{pmatrix}-1\times\begin{pmatrix}0\\1\\1\end{pmatrix}$

从而 β 在 α_1，α_2，α_3 下的坐标为(1, 1, -1).

2. $(\alpha_1^T,\ \alpha_2^T,\ \alpha_3^T,\ \alpha_4^T)=\begin{pmatrix}1&2&3&4\\2&3&4&5\\3&4&5&6\\4&5&6&7\end{pmatrix}\rightarrow\begin{pmatrix}1&2&3&4\\0&-1&-2&-3\\0&-2&-4&-6\\0&-3&-6&-9\end{pmatrix}\rightarrow\begin{pmatrix}1&2&3&4\\0&1&2&3\\0&0&0&0\\0&0&0&0\end{pmatrix}$.

$r(\alpha_1,\ \alpha_2,\ \alpha_3,\ \alpha_4)=2$.

3. $A=\begin{pmatrix}\alpha_1\\\alpha_2\\\vdots\\\alpha_n\end{pmatrix}(\beta_1\quad\beta_2\quad\cdots\quad\beta_n)$，所以 $r(A)=1$.

4. $r(A)=n-1$. 从而 $AX=0$ 的基础解系的基底仅由一个非零向量构成，

而 $\xi_1=\begin{pmatrix}1\\1\\\vdots\\1\end{pmatrix}$，通解为 $X=\begin{pmatrix}k\\k\\\vdots\\k\end{pmatrix}$，$k\in\mathbf{R}$.

5. $r(B)=3$，所以 $r(AB)=r(A)=2$.

6. 增广矩阵 $(A\mid b)=\left(\begin{array}{ccc|c}1&2&1&1\\2&3&a+2&3\\1&a&-2&0\end{array}\right)$

$\rightarrow\left(\begin{array}{ccc|c}1&2&1&1\\0&-1&a&1\\0&a-2&-3&-1\end{array}\right)\rightarrow\left(\begin{array}{ccc|c}1&2&1&1\\0&-1&a&1\\0&0&a^2-2a-3&a-3\end{array}\right)$.

所以 $a^2-2a-3=0$，而 $a-3\neq 0$，故 $a=-1$.

7. $\alpha_1=2\beta_1-\beta_2$，$\alpha_2=3\beta_1-2\beta_2$

从而 $\begin{pmatrix}\alpha_1\\\alpha_2\end{pmatrix}=\begin{pmatrix}2&-1\\3&-2\end{pmatrix}\begin{pmatrix}\beta_1\\\beta_2\end{pmatrix}$，过渡矩阵为 $\begin{pmatrix}2&-1\\3&-2\end{pmatrix}$.

8. $r(\boldsymbol{\alpha}_1, \boldsymbol{\alpha}_2, \boldsymbol{\alpha}_3)=2$，从而$(\boldsymbol{\alpha}_1, \boldsymbol{\alpha}_2, \boldsymbol{\alpha}_3)=\begin{pmatrix}1&1&2\\2&1&1\\-1&0&1\\0&2&a\end{pmatrix}\to\begin{pmatrix}1&1&2\\0&-1&-3\\0&1&3\\0&2&a\end{pmatrix}$.

故 $a=6$.

9. $r(\boldsymbol{E}-\boldsymbol{x}\boldsymbol{x}^{\mathrm{T}})=2$.

10. $\boldsymbol{A}^2=\begin{pmatrix}0&0&1&0\\0&0&0&1\\0&0&0&0\\0&0&0&0\end{pmatrix}$，$\boldsymbol{A}^3=\begin{pmatrix}0&0&0&1\\0&0&0&0\\0&0&0&0\\0&0&0&0\end{pmatrix}$. 故 $r(\boldsymbol{A}^3)=1$.

二、选择题

1. D　2. A　3. A　4. A　5. D　6. D　7. B　8. B　9. D
10. A　11. D　12. D　13. B　14. D　15. D　16. D　17. C　18. C
19. A　20. C　21. A

三、综合题

1. 方法一：$|\boldsymbol{A}|=(-1)^{1+1}\times 1\begin{vmatrix}1&a&0\\0&1&a\\0&0&1\end{vmatrix}+(-1)^{1+4}a\begin{vmatrix}a&0&0\\1&a&0\\0&1&a\end{vmatrix}=1-a^4$

增广矩阵为$(\boldsymbol{A}\,|\,\boldsymbol{\beta})=\left(\begin{array}{cccc|c}1&a&0&0&1\\0&1&a&0&-1\\0&0&1&a&0\\a&0&0&1&0\end{array}\right)\to\left(\begin{array}{cccc|c}1&a&0&0&-1\\0&1&a&0&-1\\0&0&1&a&0\\0&-a^2&0&1&a\end{array}\right)$

$$\to\left(\begin{array}{cccc|c}1&a&0&0&-1\\0&1&a&0&-1\\0&0&1&a&0\\0&0&a^3&1&a-a^2\end{array}\right)\to\left(\begin{array}{cccc|c}1&a&0&0&-1\\0&1&a&0&-1\\0&0&1&a&0\\0&0&0&1-a^4&a-a^2\end{array}\right).$$

当 $1-a^4=0$ 且 $a-a^2=0$ 时，即 $a=1$ 时有无穷解.

方法二：$\boldsymbol{A}$ 的 3 阶子式$\begin{vmatrix}1&a&0\\0&1&a\\0&0&1\end{vmatrix}=1\neq 0$，从而 $|\boldsymbol{A}|=0$ 即 $1-a^4=0$.

$a=\pm 1$ 时，才可能有无穷解. 当 $a=1$ 时 $r(\boldsymbol{A})=r(\boldsymbol{A}\,|\,\boldsymbol{\beta})$，有无穷解.

当 $a=-1$ 时　$r(\boldsymbol{A})=3$.　$r(\boldsymbol{A}\,|\,\boldsymbol{\beta})=4$，无解.

2. (1) 观察发现 $A\boldsymbol{\xi}_1=0$，$r(A)=2$，所以 $\boldsymbol{A}\boldsymbol{x}=0$ 的基础解系为 $\boldsymbol{\xi}_1$.

$\boldsymbol{A}\boldsymbol{x}=\boldsymbol{\xi}_1$，一个特解为 $\boldsymbol{x}^*=\begin{pmatrix}-\frac{1}{2}\\\frac{1}{2}\\0\end{pmatrix}$，通解 $\boldsymbol{\xi}_2=\begin{pmatrix}-\frac{1}{2}\\\frac{1}{2}\\0\end{pmatrix}+k_1\boldsymbol{\xi}_1$，$k_1\in\mathbf{R}$.

$A^2=\begin{pmatrix}2&-2&0\\-2&0&0\\4&4&0\end{pmatrix}$，$A^2x=\xi_1$，一个特解为 $x^*=\begin{pmatrix}-\frac{1}{2}\\0\\0\end{pmatrix}$.

通解 $\xi_3=\begin{pmatrix}-\frac{1}{2}\\0\\0\end{pmatrix}+k_2\begin{pmatrix}0\\0\\1\end{pmatrix}$，$k_2\in\mathbf{R}$.

(2) 令 $x_1\xi_1+x_2\xi_2+x_3\xi_3=0$，则 $x_1A\xi_1+x_2A\xi_2+x_3A\xi_3=0\Rightarrow$
$x_2\xi_1+x_3A\xi_3=0\Rightarrow x_2A\xi_1+x_3A^2\xi_3=0\Rightarrow x_3\xi_1=0\Rightarrow x_3=0\Rightarrow x_2=0$
$\Rightarrow x_1=0$，从而 ξ_1，ξ_2，ξ_3 线性无关.

3. 方法一：初等行变换法

$$|A|=\begin{vmatrix}2a&1&&&&&\\0&\frac{3}{2}a&1&&&&\\0&0&\frac{4}{3}a&1&&&\\0&0&0&\frac{5}{4}a&1&&\\\vdots&\vdots&\vdots&\vdots&\ddots&1&\\0&0&0&0&0&0&\frac{n+1}{n}a\end{vmatrix}=(n+1)a^n.$$

方法二：按第一列降阶，结合数学归纳法：
设 $A_n=|A|$，$A_1=2a$，又设 $A_k=(k+1)a^{k+1}$，按照第一列展开有
$A_n=2aA_{n-1}-a^2A_{n-2}$，
则 $A_{k+1}=2aA_k-a^2A_{k-1}=(k+2)a^{k+1}$.
证毕.

(2) 当 $|A|\neq 0$ 时，即 $a\neq 0$ 时，$Ax=b$ 有唯一解.

由克莱姆法则 $x_1=\dfrac{|A_1|}{A}=\dfrac{na^{n-1}}{(n+1)a^n}=\dfrac{n}{(n+1)a}$.

(3) 当 $a=0$ 时，有无穷解，此时 $r(A)=n-1$，$\frac{1}{A}X=0$，基础解系为

$$\xi_1=\begin{pmatrix}1\\0\\0\\\vdots\\0\end{pmatrix}.\ Ax=b \text{ 的特解 } \eta=\begin{pmatrix}0\\1\\0\\\vdots\\0\end{pmatrix}，\text{通解为 } x=k_1\xi_1+\eta，k_1\in\mathbf{R}.$$

4. 解：增广矩阵为 $(\boldsymbol{A}\mid\boldsymbol{b})=\left(\begin{array}{ccc|c}1&1&1&0\\1&2&1&a-1\\1&2&a&0\\1&4&a^2&0\end{array}\right)\to\left(\begin{array}{ccc|c}1&1&1&0\\0&1&0&a-1\\0&1&a-1&0\\0&3&a^2-1&0\end{array}\right)$

$$\to\left(\begin{array}{ccc|c}1&1&1&0\\0&1&0&a-1\\0&0&a-1&1-a\\0&0&a^2-1&3(1-a)\end{array}\right)\to\left(\begin{array}{ccc|c}1&1&1&0\\0&1&0&a-1\\0&0&a-1&1-a\\0&0&0&(1-a)(2-a)\end{array}\right)$$

从而 $(1-a)(2-a)=0$，故 $a=1$ 或 $a=2$.

当 $a=2$ 时，代入得唯一解为 $x=\begin{pmatrix}0\\1\\-1\end{pmatrix}$.

当 $a=1$ 时，代入得基础解系为 $\boldsymbol{\xi}_1=\begin{pmatrix}x_1\\x_2\\x_3\end{pmatrix}=\begin{pmatrix}0\\1\\-1\end{pmatrix}$.

通解为 $\boldsymbol{x}=k_1\boldsymbol{\xi}_1$，$k_1\in\mathbf{R}$.

5. (1) 方程有 4 个未知数，有 3 个线性无关解. 则对应齐次线性方程的基础解系有两个线性无关解向量. 从而有 $r(\boldsymbol{A})=4-2=2$.

(2) 增广矩阵为 $(\boldsymbol{A}\mid b)=\left(\begin{array}{cccc|c}1&1&1&1&-1\\4&3&5&-1&-1\\a&1&3&b&1\end{array}\right)\to\left(\begin{array}{cccc|c}1&1&1&1&-1\\0&-1&1&-5&3\\0&1-a&3-a&b-a&1+a\end{array}\right)$

$$\to\left(\begin{array}{cccc|c}1&1&1&1&-1\\0&-1&1&-5&3\\0&0&4-2a&-5+b+4a&4-2a\end{array}\right).$$

故 $4-2a=0$ 且 $-5+b+4a=0$　所以，$a=2$，$b=-3$

自由未知数为 x_3，x_4，齐次基础解系为 $\boldsymbol{\xi}_1=\begin{pmatrix}x_1\\x_2\\x_3\\x_4\end{pmatrix}=\begin{pmatrix}-2\\1\\1\\0\end{pmatrix}$，$\boldsymbol{\xi}_2=\begin{pmatrix}x_1\\x_2\\x_3\\x_4\end{pmatrix}=\begin{pmatrix}4\\-5\\0\\1\end{pmatrix}$

非齐次特解为 $\boldsymbol{\eta}=\begin{pmatrix}2\\-3\\0\\0\end{pmatrix}$.

故通解为 $\boldsymbol{x}=k_1\boldsymbol{\xi}_1+k_2\boldsymbol{\xi}_2+\eta$，$k_1$，$k_2\in\mathbf{R}$.

另一方法：$r(\boldsymbol{A})=2$，则 3 阶子式全为 0，有 $\begin{vmatrix}1&1&1\\a&3&5\\a&1&3\end{vmatrix}=2a-4=0$，故 $a=2$.

$\begin{vmatrix} 1 & 1 & 1 \\ 3 & 5 & -1 \\ 1 & 3 & b \end{vmatrix} = 2b + 6 = 0$，故 $b = -3$，下同上述解法.

6. 解：$(\boldsymbol{\alpha}_1, \boldsymbol{\alpha}_2, \boldsymbol{\alpha}_3 \mid \boldsymbol{\beta}_1, \boldsymbol{\beta}_2, \boldsymbol{\beta}_3) = \left(\begin{array}{ccc|ccc} 1 & 1 & a & 1 & -2 & -2 \\ 1 & a & 1 & 1 & a & a \\ a & 1 & 1 & a & 4 & a \end{array}\right)$

$$\rightarrow \left(\begin{array}{ccc|ccc} 1 & 1 & a & 1 & -2 & -2 \\ 0 & a-1 & 1-a & 0 & a+2 & a+2 \\ 0 & 1-a & 1-a^2 & 0 & 4+2a & 3a \end{array}\right)$$

$$\rightarrow \left(\begin{array}{ccc|ccc} 1 & 1 & a & 1 & -2 & -2 \\ 0 & a-1 & 1-a & 0 & a+2 & a+2 \\ 0 & 0 & 2-a^2-a & 0 & 3a+6 & 4a+2 \end{array}\right)$$

当 $a = 1$ 时，$r(\boldsymbol{\alpha}_1, \boldsymbol{\alpha}_2, \boldsymbol{\alpha}_3) = 1$，$r(\boldsymbol{\beta}_1, \boldsymbol{\beta}_2, \boldsymbol{\beta}_3) = 3$，即 $\boldsymbol{\alpha}_1, \boldsymbol{\alpha}_2, \boldsymbol{\alpha}_3$ 可以由 $\boldsymbol{\beta}_1, \boldsymbol{\beta}_2, \boldsymbol{\beta}_3$ 线性表出，但 $\boldsymbol{\beta}_1, \boldsymbol{\beta}_2, \boldsymbol{\beta}_3$ 不可以由 $\boldsymbol{\alpha}_1, \boldsymbol{\alpha}_2, \boldsymbol{\alpha}_3$ 线性表出.

当 $a = -2$ 时 $r(\boldsymbol{\beta}_1, \boldsymbol{\beta}_2, \boldsymbol{\beta}_3) = 2 = r(\boldsymbol{\alpha}_1, \boldsymbol{\alpha}_2, \boldsymbol{\alpha}_3)$，但是不可互相线性表出.

7. 由 $\boldsymbol{AB} = 0$，知 $\begin{cases} a + 2b + 3c = 0 \\ 2a + 4b + 6c = 0 \\ 3a + 6b + kc = 0 \end{cases}$，系数矩阵为 $\begin{pmatrix} 1 & 2 & 3 \\ 2 & 4 & 6 \\ 3 & 6 & k \end{pmatrix} \rightarrow \begin{pmatrix} 1 & 2 & 3 \\ 0 & 0 & 0 \\ 0 & 0 & k-9 \end{pmatrix}$

当 $k = 9$ 时 $\boldsymbol{\xi}_1 = \begin{pmatrix} a \\ b \\ c \end{pmatrix} = \begin{pmatrix} -2 \\ 1 \\ 0 \end{pmatrix}$，$\boldsymbol{\xi}_2 = \begin{pmatrix} a \\ b \\ c \end{pmatrix} = \begin{pmatrix} -3 \\ 0 \\ 1 \end{pmatrix}$.

从而 $\boldsymbol{A}x = 0$ 等价于 $\begin{cases} -2x_2 + x_2 = 0 \\ -3x_1 + x_3 = 0 \end{cases}$，基础解系为 $\boldsymbol{\eta} = \begin{pmatrix} 1 \\ 2 \\ 3 \end{pmatrix}$.

通解为 $x = k\boldsymbol{\eta}$，$k \in \mathbf{R}$.

当 $k \neq 9$ 时，$\boldsymbol{A}x = 0$ 通解为 $x = k_1 \begin{pmatrix} 1 \\ 2 \\ 3 \end{pmatrix} + k_2 \begin{pmatrix} 3 \\ 6 \\ k \end{pmatrix}$，$k$，$k_2 \in \mathbf{R}$.

8. 解：三条直线相交于同一点，等价于方程组有唯一解.

所以，增广矩阵 $(\boldsymbol{A} \mid \boldsymbol{b}) = \left(\begin{array}{cc|c} a & 2b & -3c \\ b & 2c & -3a \\ c & 2a & -3b \end{array}\right)$，满足 $r(\boldsymbol{A}) = 2 = (\boldsymbol{A} \mid \boldsymbol{b})$.

即有 $(\boldsymbol{A} \mid \boldsymbol{b}) \rightarrow \left(\begin{array}{cc|c} a & 2b & -3c \\ b & 2c & -3a \\ a+b+c & 2(a+b+c) & -3(a+b) \end{array}\right) \Leftrightarrow a + b + c = 0$.

9. 解：增广矩阵

$$(\boldsymbol{A} \mid \boldsymbol{b}) = \left(\begin{array}{cccc|c} 1 & 1 & 1 & 1 & 0 \\ 0 & 1 & 2 & 2 & 1 \\ 0 & -1 & a-3 & -2 & b \\ 3 & 2 & 1 & a & -1 \end{array}\right) \rightarrow \left(\begin{array}{cccc|c} 1 & 1 & 1 & 1 & 0 \\ 0 & 1 & 2 & 2 & 1 \\ 0 & -1 & a-3 & -2 & b \\ 0 & -1 & -2 & a-3 & -1 \end{array}\right)$$

$$\rightarrow\left(\begin{array}{cccc:c}1&1&1&1&0\\0&1&2&2&1\\0&0&a-1&0&b+1\\0&0&0&a-1&0\end{array}\right)$$

① 当 $a\neq 1$ 时，有唯一解，

② 当 $a=1$ 且 $b\neq -1$ 时，无解，

③ 当 $a=1$ 且 $b=-1$ 时，有无穷解，此时自由未知数为 x_3，x_4.

于是 $\left(\begin{array}{cccc:c}1&1&1&1&0\\0&1&2&2&1\end{array}\right)$ 齐次基础解为

$$\boldsymbol{\xi}_1=\begin{pmatrix}x_1\\x_2\\x_3\\x_4\end{pmatrix}=\begin{pmatrix}1\\-2\\1\\0\end{pmatrix},\ \boldsymbol{\xi}_2=\begin{pmatrix}x_1\\x_2\\x_3\\x_4\end{pmatrix}=\begin{pmatrix}1\\-2\\0\\1\end{pmatrix}$$

非齐次特解为 $\boldsymbol{\eta}=\begin{pmatrix}x_1\\x_2\\x_3\\x_4\end{pmatrix}=\begin{pmatrix}-1\\1\\0\\0\end{pmatrix}$，通解为 $\boldsymbol{x}=k_1\boldsymbol{\xi}_1+k_2\boldsymbol{\xi}_2+\boldsymbol{\eta}$，$k_1$，$k_2\in\mathbf{R}$.

10. 解：增广矩阵为 $(\boldsymbol{A}\mid\boldsymbol{b})=\left(\begin{array}{ccc:c}1&0&1&\lambda\\4&1&2&\lambda+2\\6&1&4&2\lambda+3\end{array}\right)\rightarrow\left(\begin{array}{ccc:c}1&0&1&\lambda\\0&1&-2&-3\lambda+2\\0&1&-2&-4\lambda-3\end{array}\right)$

$$\rightarrow\left(\begin{array}{ccc:c}1&0&1&\lambda\\0&1&-2&-3\lambda+2\\0&0&0&-\lambda-5\end{array}\right).$$

所以 $-\lambda-5=0$，$\lambda=-5$.

当 $\lambda=-5$ 时 $\left(\begin{array}{ccc:c}1&0&1&-5\\0&1&-2&17\end{array}\right)$ 自由未知数的个数为 x_1，齐次基础解系为

$$\boldsymbol{\xi}_1=\begin{pmatrix}x_1\\x_2\\x_3\end{pmatrix}=\begin{pmatrix}-1\\2\\1\end{pmatrix}，非齐次特解为\ \boldsymbol{\eta}=\begin{pmatrix}x_1\\x_2\\x_3\end{pmatrix}=\begin{pmatrix}-5\\17\\0\end{pmatrix},$$

一般解为 $x=k_1\boldsymbol{\xi}_1+\boldsymbol{\eta}$，$k_1\in\mathbf{R}$.

11. 由 $(\boldsymbol{\alpha}_1^{\mathrm{T}},\boldsymbol{\alpha}_2^{\mathrm{T}},\boldsymbol{\alpha}_3^{\mathrm{T}},\boldsymbol{\alpha}_4^{\mathrm{T}},\boldsymbol{\beta}^{\mathrm{T}})=\begin{pmatrix}1&1&1&1&1\\0&1&-1&2&1\\2&3&a+2&4&b+3\\3&5&1&a+8&5\end{pmatrix}\rightarrow$

$$\begin{pmatrix}1&1&1&1&1\\0&1&-1&2&1\\0&1&a&3&b+1\\0&2&-2&a+5&2\end{pmatrix}\rightarrow\begin{pmatrix}1&1&1&1&1\\0&1&-1&2&1\\0&0&a+1&0&b\\0&0&0&a+1&0\end{pmatrix}.$$

(1) 由 $\boldsymbol{\beta}$ 不能被 $\boldsymbol{\alpha}_1$，$\boldsymbol{\alpha}_2$，$\boldsymbol{\alpha}_3$，$\boldsymbol{\alpha}_4$ 线性表出，得

$$r(\boldsymbol{\alpha}_1, \boldsymbol{\alpha}_2, \boldsymbol{\alpha}_3, \boldsymbol{\alpha}_4) < r(\boldsymbol{\alpha}_1, \boldsymbol{\alpha}_2, \boldsymbol{\alpha}_3, \boldsymbol{\alpha}_4, \boldsymbol{\beta})$$

即 $a+1=0$，$b \neq 0$，　得 $a=-1$，$b \neq 0$.

(2) 当 $a+1 \neq 0$，$a=-1$ 时，$\boldsymbol{\beta}$ 可以由 $\boldsymbol{\alpha}_1$，$\boldsymbol{\alpha}_2$，$\boldsymbol{\alpha}_3$，$\boldsymbol{\alpha}_4$ 唯一线性表出

此时 $\boldsymbol{\beta} = \dfrac{b}{a+1}\boldsymbol{\alpha}_3 + \left(1 + \dfrac{b}{a+1}\right)\boldsymbol{\alpha}_2 - \dfrac{2b}{a+1}\boldsymbol{\alpha}_1$，表示法唯一.

12. (1) 向量组 $\boldsymbol{\alpha}_2$，$\boldsymbol{\alpha}_3$，$\boldsymbol{\alpha}_4$ 线性无关，则 $\boldsymbol{\alpha}_2$，$\boldsymbol{\alpha}_3$ 线性无关，而 $\boldsymbol{\alpha}_1$，$\boldsymbol{\alpha}_2$，$\boldsymbol{\alpha}_3$ 线性相关，则 $\boldsymbol{\alpha}_1$ 可以由 $\boldsymbol{\alpha}_2$，$\boldsymbol{\alpha}_3$ 线性表出.

若 $k_1\boldsymbol{\alpha}_1 + k_2\boldsymbol{\alpha}_2 + k_3\boldsymbol{\alpha}_3 = 0$，则 $k_1 \neq 0$. 因为如果 $k_1 = 0$，

有 $k_2\boldsymbol{\alpha}_2 + k_3\boldsymbol{\alpha}_3 = 0 \Rightarrow k_2 = k_3 = 0$，此时 $\boldsymbol{\alpha}_1$，$\boldsymbol{\alpha}_2$，$\boldsymbol{\alpha}_3$ 线性无关，与题设矛盾，所以 $k_1 \neq 0$，

$\boldsymbol{\alpha}_1 = \dfrac{k_1}{k_2}\boldsymbol{\alpha}_2 - \dfrac{k_3}{k_1}\boldsymbol{\alpha}_3$.

(2) $\boldsymbol{\alpha}_4$ 不能由 $\boldsymbol{\alpha}_1$，$\boldsymbol{\alpha}_2$，$\boldsymbol{\alpha}_3$ 线性表出，若 $\boldsymbol{\alpha}_4 = k_1\boldsymbol{\alpha}_1 + k_2\boldsymbol{\alpha}_2 + k_3\boldsymbol{\alpha}_3$，而 $\boldsymbol{\alpha}_1 = x_2\boldsymbol{\alpha}_2 + x_3\boldsymbol{\alpha}_3$，有 $\boldsymbol{\alpha}_4 = (k_2 + k_1x_2)\boldsymbol{\alpha}_2 + (k_3 + x_3k_1)\boldsymbol{\alpha}_3$，则 $\boldsymbol{\alpha}_2$，$\boldsymbol{\alpha}_3$，$\boldsymbol{\alpha}_4$ 线性相关与题设矛盾，故不能线性表出.

13. $\boldsymbol{B} = (\boldsymbol{\alpha}_1, \boldsymbol{\alpha}_2, \cdots, \boldsymbol{\alpha}_n)$ 其中 $\boldsymbol{\alpha}_i$ 为 $\boldsymbol{B}$ 的第 i 列向量，

则 $\boldsymbol{AB} = (\boldsymbol{A\alpha}_1, \boldsymbol{A\alpha}_2, \cdots, \boldsymbol{A\alpha}_n) = \boldsymbol{I}$.

故 $\boldsymbol{A\alpha}_1 = \begin{pmatrix} 1 \\ 0 \\ \vdots \\ 0 \end{pmatrix}$，$\boldsymbol{A\alpha}_2 = \begin{pmatrix} 0 \\ 1 \\ \vdots \\ 0 \end{pmatrix}$，$\cdots$，$\boldsymbol{A\alpha}_n = \begin{pmatrix} 0 \\ 0 \\ \vdots \\ 1 \end{pmatrix}$.

设 $k_1\boldsymbol{\alpha}_1 + k_2\boldsymbol{\alpha}_2 + \cdots + k_n\boldsymbol{\alpha}_n = 0$，则

$$k_1\boldsymbol{A\alpha}_1 + k_2\boldsymbol{A\alpha}_2 + \cdots + k_n\boldsymbol{A\alpha}_n = \begin{pmatrix} k_1 \\ k_2 \\ \vdots \\ k_n \end{pmatrix} = 0 \Rightarrow k_1 = k_2 = \cdots = k_n = 0.$$

从而 $\boldsymbol{\alpha}_1$，$\boldsymbol{\alpha}_2$，$\cdots$，$\boldsymbol{\alpha}_n$ 线性无关.

14. (1) 方程组 $\boldsymbol{I}$ 的系数矩阵为 $\boldsymbol{A} = \begin{pmatrix} 1 & 1 & 0 & 0 \\ 0 & 1 & 0 & -1 \end{pmatrix}$，自由未知数为 x_3，x_4，

则基础解系为 $\boldsymbol{\xi}_1 = \begin{pmatrix} x_1 \\ x_2 \\ x_3 \\ x_4 \end{pmatrix} = \begin{pmatrix} 0 \\ 0 \\ 1 \\ 0 \end{pmatrix}$，$\boldsymbol{\xi}_2 = \begin{pmatrix} x_1 \\ x_2 \\ x_3 \\ x_4 \end{pmatrix} = \begin{pmatrix} -1 \\ 1 \\ 0 \\ 1 \end{pmatrix}$.

(2) 令 $\boldsymbol{\xi}_3 = \begin{pmatrix} 0 \\ 1 \\ 1 \\ 0 \end{pmatrix}$，$\boldsymbol{\xi}_4 = \begin{pmatrix} -1 \\ 2 \\ 2 \\ 1 \end{pmatrix}$.

$$\text{则}(\boldsymbol{\xi}_1,\boldsymbol{\xi}_2,\boldsymbol{\xi}_3,\boldsymbol{\xi}_4)=\begin{pmatrix}-1&0&0&-1\\1&0&1&2\\0&1&1&2\\1&0&0&1\end{pmatrix}\rightarrow\begin{pmatrix}-1&0&0&-1\\0&0&1&1\\0&1&1&2\\0&0&0&0\end{pmatrix}\rightarrow\begin{pmatrix}-1&0&0&-1\\0&1&1&2\\0&0&1&1\\0&0&0&0\end{pmatrix}$$

所以 $r(\boldsymbol{\xi}_1,\boldsymbol{\xi}_2,\boldsymbol{\xi}_3)=3$, $r(\boldsymbol{\xi}_1,\boldsymbol{\xi}_2,\boldsymbol{\xi}_4)=3$.

故 $\boldsymbol{\xi}_3$, $\boldsymbol{\xi}_4$ 均不可以由 $\boldsymbol{\xi}_1$, $\boldsymbol{\xi}_2$ 线性表示，方程组(1)，(2) 无公共解.

15. 因为 $r(\boldsymbol{B})=2$ 从而 $\boldsymbol{B}x=0$ 的基础解系中有两个线性无关向量，不妨设为 α_1, α_2(α_1, α_2, α_3 线性相关).

$$\text{令}\ \beta_1=\alpha_1,\ \beta_2=\alpha_2-\frac{<\alpha_2,\beta_1>}{<\beta_1,\beta_1>}\beta_1=\begin{pmatrix}-1\\1\\4\\-1\end{pmatrix}-\frac{1}{3}\begin{pmatrix}1\\1\\2\\3\end{pmatrix}=\begin{pmatrix}-\frac{4}{3}\\\frac{2}{3}\\\frac{10}{3}\\-\frac{4}{3}\end{pmatrix}.$$

$$\text{令}\ r_1=\frac{\beta_1}{|\beta_1|}=\begin{pmatrix}\frac{1}{\sqrt{15}}\\\frac{1}{\sqrt{15}}\\\frac{2}{\sqrt{15}}\\\frac{3}{\sqrt{15}}\end{pmatrix},\ r_2=\frac{\beta_2}{|\beta_2|}=\frac{1}{\sqrt{14}}\begin{pmatrix}-2\\1\\5\\2\end{pmatrix}\quad\text{为所求标准正交基.}$$

16. 证明：令 $x_1\boldsymbol{\alpha}+x_2\boldsymbol{A\alpha}+\cdots+x_k\boldsymbol{A}^{k-1}\boldsymbol{\alpha}=0$.

则 $x_1\boldsymbol{A\alpha}+x_2\boldsymbol{A}^2\boldsymbol{\alpha}+\cdots+x_k\boldsymbol{A}^k\boldsymbol{\alpha}=0$ （两边同乘以 $\boldsymbol{A}$).

所以 $x_1\boldsymbol{A}^2\boldsymbol{\alpha}+x_2\boldsymbol{A}^3\boldsymbol{\alpha}+\cdots+x_{k-2}\boldsymbol{A}^{k-1}\boldsymbol{\alpha}=0$.

依此类推：

$x_1\boldsymbol{A}^{k-1}\boldsymbol{\alpha}=0\Rightarrow x_1=0$，反推 $x_2=x_3=\cdots=x_k=0$.

从而 $\boldsymbol{\alpha}$, $\boldsymbol{A\alpha}$, $\cdots$, $\boldsymbol{A}^{k-1}\boldsymbol{\alpha}$ 线性无关.

17. 方程组(Ⅰ)的基础解系有 n 个解向量，则方程组(Ⅰ)的系数矩阵的秩为 n(行满秩)且方程组(Ⅱ)的系数矩阵的秩也是 n，从而方程组(Ⅱ)的基础解系有 n 个解向量.
而 $\boldsymbol{\alpha}_i=(\boldsymbol{\alpha}_{i1},\boldsymbol{\alpha}_{i2},\cdots,\boldsymbol{\alpha}_{in})$($i=1,2,\cdots,n$) 线性无关，且满足方程组(Ⅱ)，从而方程组(Ⅱ)的通解为

$$y=\sum_{i=1}^{n}k_i\boldsymbol{\alpha}_i\qquad(k_i\in\mathbf{R})$$

18. 要使 $\boldsymbol{\beta}_1$, $\boldsymbol{\beta}_2$, $\cdots$, $\boldsymbol{\beta}_s$ 也为 $\boldsymbol{A}x=0$ 的一个基础解系.

只需 $\boldsymbol{\beta}_1$, $\boldsymbol{\beta}_2$, $\cdots$, $\boldsymbol{\beta}_s$ 线性无关.

令 $x_1\boldsymbol{\beta}_1+x_2\boldsymbol{\beta}_2+\cdots+x_s\boldsymbol{\beta}_s=0$，得

$$\begin{cases} t_1x_1 + t_2x_s = 0 \\ t_2x_1 + t_1x_2 = 0 \\ t_2x_2 + t_1x_3 = 0 \\ t_2x_{s-1} + t_1x_s = 0 \end{cases}$$

系数矩阵为 $A = \begin{pmatrix} t_1 & \cdots & \cdots & t_2 \\ t_2 & t_1 & & \\ & & \ddots & \\ & & t_2 & t_1 \end{pmatrix}$，所以 $|A| = t_1^s = (-1)^{s+1}t_2^s$.

当 $t_1^s + (-1)^{s+1}t_2^s \neq 0$，仅有 0 解.

所以 $\boldsymbol{\beta}_1$，$\boldsymbol{\beta}_2$，…，$\boldsymbol{\beta}_s$ 线性无关.

19. (1) 解 $\boldsymbol{M}p = (\boldsymbol{MX}, \boldsymbol{MAX}, \boldsymbol{MA}^2\boldsymbol{X}) = \boldsymbol{E}$

则 $\boldsymbol{MX} = \begin{pmatrix} 1 \\ 0 \\ 0 \end{pmatrix}$，$\boldsymbol{MAX} = \begin{pmatrix} 0 \\ 1 \\ 0 \end{pmatrix}$，$\boldsymbol{MA}^2\boldsymbol{X} = \begin{pmatrix} 0 \\ 0 \\ 1 \end{pmatrix}$，其中 $\boldsymbol{M} = \boldsymbol{p}^{-1}$

而 $\boldsymbol{B} = \boldsymbol{p}^{-1}\boldsymbol{A}\boldsymbol{p} = \boldsymbol{MAp} = \boldsymbol{MA}(\boldsymbol{X}, \boldsymbol{AX}, \boldsymbol{A}^2\boldsymbol{X}) = (\boldsymbol{MAX}, \boldsymbol{MA}^2\boldsymbol{X}, \boldsymbol{MA}^3\boldsymbol{X})$

$$= (\boldsymbol{MAX}, \boldsymbol{MA}^2\boldsymbol{X}, \boldsymbol{M}(3\boldsymbol{AX} - 2\boldsymbol{A}^2\boldsymbol{X})) = \begin{pmatrix} 0 & 0 & 0 \\ 1 & 0 & 3 \\ 0 & 1 & -2 \end{pmatrix}$$

(2) $|\boldsymbol{A} + \boldsymbol{E}| = |\boldsymbol{A} + \boldsymbol{E}| = |\boldsymbol{p}^{-1}\|\boldsymbol{A} + \boldsymbol{E}\|\boldsymbol{p}| = |\boldsymbol{p}^{-1}\boldsymbol{A}\boldsymbol{p} + \boldsymbol{E}| = |\boldsymbol{B} + \boldsymbol{E}|$

$$= \begin{vmatrix} 1 & 0 & 0 \\ 1 & 1 & 3 \\ 0 & 1 & -1 \end{vmatrix} = -1 - 3 = -4.$$

20. $r(\boldsymbol{A}) = 3$. 从而 $\boldsymbol{AX} = 0$ 的基础解系仅含一个解向量.

而 $\boldsymbol{AX} = x_1\boldsymbol{\alpha}_1 + x_2\boldsymbol{\alpha}_2 + x_3\boldsymbol{\alpha}_3 + x_4\boldsymbol{\alpha}_4 = 0$ 且 $\boldsymbol{\alpha}_1 - 2\boldsymbol{\alpha}_2 + \boldsymbol{\alpha}_3 = 0$.

从而取　$x_1 = 1$，$x_2 = -2$，$x_3 = 1$，$x_4 = 0$.

得齐次基础解系为 $\boldsymbol{\xi}_1 = \begin{pmatrix} 1 \\ -2 \\ 1 \\ 0 \end{pmatrix}$.

又　$x_1\boldsymbol{\alpha}_1 + x_2\boldsymbol{\alpha}_2 + x_3\boldsymbol{\alpha}_3 + x_4\boldsymbol{\alpha}_4 = \boldsymbol{\alpha}_1 + \boldsymbol{\alpha}_2 + \boldsymbol{\alpha}_3 + \boldsymbol{\alpha}_4$.

故非齐次特解为 $\boldsymbol{\eta} = \begin{pmatrix} 1 \\ 1 \\ 1 \\ 1 \end{pmatrix}$，从而 $\boldsymbol{AX} = \boldsymbol{\beta}$，通解为 $x = k_1\boldsymbol{\xi}_1 + \boldsymbol{\eta}$，$k_1 \in \mathbf{R}$.

21. 方程组系数矩阵

$$\boldsymbol{A} = \begin{pmatrix} 1+a & 1 & \cdots & 1 \\ 2 & 2+a & \cdots & 2 \\ \vdots & \vdots & & \vdots \\ n & n & \cdots & n+a \end{pmatrix} \to \begin{pmatrix} a & 1 & \cdots & 1 \\ 0 & 2+a & \cdots & 2 \\ \vdots & \vdots & & \vdots \\ -a & 0 & \cdots & n+a \end{pmatrix}$$

$$\rightarrow\begin{pmatrix} a & 0 & \cdots & 1 \\ 0 & a & \cdots & 2 \\ \vdots & \vdots & & \vdots \\ -a & -a & \cdots & n+a \end{pmatrix}\rightarrow\begin{pmatrix} a & 0 & \cdots & 1 \\ 0 & a & \cdots & 2 \\ \vdots & \vdots & & \vdots \\ 0 & 0 & \cdots & a+1+2+\cdots+n \end{pmatrix}$$

从而$|\boldsymbol{A}|=0$时，$a=0$或$a=-\dfrac{n(n+1)}{2}$有非零解.

当$a=0$时，$r(\boldsymbol{A})=1$基础解系为$\boldsymbol{\xi}_1=\begin{pmatrix}1\\0\\0\\\vdots\\0\end{pmatrix}$，$\boldsymbol{\xi}_2=\begin{pmatrix}0\\1\\0\\\vdots\\0\end{pmatrix}$，…，$\boldsymbol{\xi}_{n-1}=\begin{pmatrix}0\\0\\\vdots\\1\\0\end{pmatrix}$.

通解为$\boldsymbol{x}=\sum\limits_{i=1}^{n-1}k_i\boldsymbol{\xi}_i$，$k_i\in\mathbf{R}$.

当$a=-\dfrac{n(n+1)}{2}$，$r(\boldsymbol{A})=n-1$. 基础解系$\boldsymbol{\xi}_1=\begin{pmatrix}1\\\vdots\\n-2\\n-1\\-\dfrac{n(n-1)}{2}\end{pmatrix}$

通解为$\boldsymbol{x}=k_1\boldsymbol{\xi}_1+\boldsymbol{\eta}$，$k_1\in\mathbf{R}$.

22. (1) $r(\boldsymbol{\alpha})\leqslant 1\Rightarrow r(\boldsymbol{\alpha\alpha}^{\mathrm{T}})\leqslant 1\Rightarrow r(\boldsymbol{\alpha\alpha}^{\mathrm{T}}+\boldsymbol{\beta\beta}^{\mathrm{T}})\leqslant r(\boldsymbol{\alpha\alpha}^{\mathrm{T}})+r(\boldsymbol{\beta\beta}^{\mathrm{T}})\leqslant 2$

(2) 令$\boldsymbol{\beta}=k\boldsymbol{\alpha}$，则 $\boldsymbol{\alpha\alpha}^{\mathrm{T}}+\boldsymbol{\beta\beta}^{\mathrm{T}}=\boldsymbol{\alpha\alpha}^{\mathrm{T}}+k^2\boldsymbol{\alpha\alpha}^{\mathrm{T}}=(1+k^2)\boldsymbol{\alpha\alpha}^{\mathrm{T}}$.

从而$r(\boldsymbol{A})\leqslant 1<2$.

23. (1) 增广矩阵为$(\boldsymbol{A}\mid\boldsymbol{b})=\left(\begin{array}{ccc:c}\lambda & 1 & 1 & a\\ 0 & \lambda-1 & 0 & 1\\ 1 & 1 & \lambda & 1\end{array}\right)\rightarrow\left(\begin{array}{ccc:c}1 & 1 & \lambda & 1\\ 0 & \lambda-1 & 0 & 1\\ \lambda & 1 & 1 & a\end{array}\right)\rightarrow$

$$\left(\begin{array}{ccc:c}1 & 1 & \lambda & 1\\ 0 & \lambda-1 & 0 & 1\\ 0 & 1-\lambda & 1-\lambda^2 & a-\lambda\end{array}\right)\rightarrow\left(\begin{array}{ccc:c}1 & 1 & \lambda & 1\\ 0 & \lambda-1 & 0 & 1\\ 0 & 0 & 1-\lambda^2 & a+1-\lambda\end{array}\right),$$

当$\lambda=1$时，$(\boldsymbol{A}\mid\boldsymbol{b})\rightarrow\left(\begin{array}{ccc:c}1&1&1&1\\0&0&0&1\\0&0&0&a\end{array}\right)$，无解.

当$\lambda=-1$时，$(\boldsymbol{A}\mid\boldsymbol{b})\rightarrow\left(\begin{array}{ccc:c}1&1&-1&1\\0&-2&0&1\\0&0&0&a+2\end{array}\right)$.

当$a+2=0$时，自由未知数为x_3，$\boldsymbol{A}x=\boldsymbol{b}$有两个线性无关的解，此时$\lambda=1$，$a=-2$.

(2) 齐次基础解系$=\begin{pmatrix}x_1\\x_2\\x_3\end{pmatrix}=\begin{pmatrix}1\\0\\1\end{pmatrix}$，

非齐次特解为 $\boldsymbol{\eta}=\begin{pmatrix}x_1\\x_2\\x_3\end{pmatrix}=\begin{pmatrix}\frac{3}{2}\\-\frac{1}{2}\\0\end{pmatrix}$，从而非齐次通解为 $\boldsymbol{x}=k_1\boldsymbol{\xi}_1+\boldsymbol{\eta}$，$k_1\in\mathbf{R}$.

24. (1) $|\boldsymbol{\alpha}_1, \boldsymbol{\alpha}_2, \boldsymbol{\alpha}_3|=1\neq0$，$r(\boldsymbol{\alpha}_1, \boldsymbol{\alpha}_2, \boldsymbol{\alpha}_3)=3$

$\boldsymbol{\alpha}_1, \boldsymbol{\alpha}_2, \boldsymbol{\alpha}_3$ 不能由 $\boldsymbol{\beta}_1, \boldsymbol{\beta}_2, \boldsymbol{\beta}_3$ 线性表示.

则 $r(\boldsymbol{\beta}_1\boldsymbol{\beta}_2\boldsymbol{\beta}_3)<3$

$$|\boldsymbol{\beta}_1\boldsymbol{\beta}_2\boldsymbol{\beta}_3|=\begin{vmatrix}1&1&1\\a&2&3\\1&3&5\end{vmatrix}=2-2a=0$$

故 $a=1$.

(2) 由 $(\boldsymbol{\alpha}_1, \boldsymbol{\alpha}_2, \boldsymbol{\alpha}_3 \mid \boldsymbol{\beta}_1, \boldsymbol{\beta}_2, \boldsymbol{\beta}_3)\to\left(\begin{array}{ccc|ccc}1&0&1&1&1&1\\0&1&3&a&2&3\\1&1&5&1&3&5\end{array}\right)$

$$\to\left(\begin{array}{ccc|ccc}1&0&1&1&1&1\\0&1&3&a&2&3\\0&1&4&0&2&4\end{array}\right)\to\left(\begin{array}{ccc|ccc}1&0&1&1&1&1\\0&1&3&a&2&3\\0&0&1&-a&0&1\end{array}\right)$$

从而 $\boldsymbol{\beta}_1=-a\boldsymbol{\alpha}_3+4a\boldsymbol{\alpha}_2+(1+a)\boldsymbol{\alpha}_1$ $\boldsymbol{\beta}_2=2\boldsymbol{\alpha}_2+\boldsymbol{\alpha}_1$，$\boldsymbol{\beta}_3=\boldsymbol{\alpha}_3$.

练 习 五

一、填空题

1. $\boldsymbol{A\xi}=\lambda\boldsymbol{\xi}$. 从而 $\boldsymbol{A}^*\boldsymbol{A\xi}=\lambda\boldsymbol{A}^*\boldsymbol{\xi}\Rightarrow\boldsymbol{A}^*\boldsymbol{\xi}=\frac{|\boldsymbol{A}|}{\lambda}\boldsymbol{\xi}$

从而 $\boldsymbol{A}^*$ 有特征值 $\frac{|\boldsymbol{A}|}{\lambda}$，$(\boldsymbol{A}^*)^2$ 有特征值 $\frac{|\boldsymbol{A}|^2}{\lambda^2}$，

故 $(\boldsymbol{A}^*)^2+\boldsymbol{E}$ 有特征值 $\frac{|\boldsymbol{A}|^2}{\lambda^2}+1$.

2. 由 $|\boldsymbol{A}-\lambda\boldsymbol{E}|=\begin{vmatrix}1-\lambda&1&\cdots&1\\1&1-\lambda&\cdots&1\\\vdots&\vdots&&\vdots\\1&1&\cdots&1-\lambda\end{vmatrix}=(n-\lambda)\begin{vmatrix}1&1&\cdots&1\\1&1-\lambda&\cdots&1\\\vdots&\vdots&&\vdots\\1&1&\cdots&1-\lambda\end{vmatrix}$

$$=(n-\lambda)\begin{vmatrix}1&1&\cdots&1\\0&-\lambda&\cdots&0\\\vdots&\vdots&&\vdots\\0&0&\cdots&-\lambda\end{vmatrix}=(n-\lambda)(-\lambda)^{n-1}=0.$$

从而 $\lambda_1=\lambda_2=\cdots=\lambda_{n-1}$，$\lambda_n=n$.

3. $\boldsymbol{A}\alpha_1=0\Rightarrow r(\boldsymbol{A})=1\Rightarrow|\boldsymbol{A}|=0$，从而有一个特征值为 0.

而 $A\alpha_2 = A(\alpha_2 + 2\alpha_1) = 1(\alpha_2 + 2\alpha_1)$，从而 $\lambda = 1$ 为 A 的一个非零特征值.

4. $\boldsymbol{\beta}(\boldsymbol{\beta}\boldsymbol{\alpha}^T)\boldsymbol{\beta} = \boldsymbol{\beta}(\boldsymbol{\alpha}^T\boldsymbol{\beta}) = 2\boldsymbol{\beta}$. 从而 $\boldsymbol{\beta}\boldsymbol{\alpha}^T$ 非零特征值为 2.

5. $\boldsymbol{\alpha}\boldsymbol{\beta}^T$ 相似于 $\begin{pmatrix} 2 & 0 & 0 \\ 0 & 0 & 0 \\ 0 & 0 & 0 \end{pmatrix}$，则 $\boldsymbol{\alpha}\boldsymbol{\beta}^T$ 非零特征值为 2，即 $\boldsymbol{\alpha}\boldsymbol{\beta}^T\boldsymbol{\xi} = 2\boldsymbol{\xi}$.

而 $\boldsymbol{\alpha}\boldsymbol{\beta}^T\boldsymbol{\alpha} = 2\boldsymbol{\alpha} \Rightarrow \boldsymbol{\alpha}(\boldsymbol{\beta}^T\boldsymbol{\alpha}) = 2\boldsymbol{\alpha}$，故 $\boldsymbol{\beta}^T\alpha = 2$.

二、选择题

1. B 2. D 3. B

三、综合题

1. (1) 证明：

若 $k_1\boldsymbol{\alpha}_1 + k_2\boldsymbol{\alpha}_2 + k_3\boldsymbol{\alpha}_3 = 0$. (1)

则 $k_1A\boldsymbol{\alpha}_1 + k_2A\boldsymbol{\alpha}_2 + k_3A\boldsymbol{\alpha}_3 = k_1\boldsymbol{\alpha}_1 + k_2\boldsymbol{\alpha}_2 + k_3\boldsymbol{\alpha}_3 = 0$. (2)

由式(1)、(2)知

$-2k_1\boldsymbol{\alpha}_1 + k_3\boldsymbol{\alpha}_2 = 0 \ \Rightarrow \ k_1 = 0,\ k_3 = 0 \ \Rightarrow \ k_2 = 0$

从而 $\boldsymbol{\alpha}_1, \boldsymbol{\alpha}_2, \boldsymbol{\alpha}_3$ 线性无关.

(2) $\boldsymbol{p}^{-1}A\boldsymbol{p} = \boldsymbol{p}^{-1}(A\boldsymbol{\alpha}_1, A\boldsymbol{\alpha}_2, A\boldsymbol{\alpha}_3) = \boldsymbol{p}^{-1}(-\boldsymbol{\alpha}_1, \boldsymbol{\alpha}_2, \boldsymbol{\alpha}_2 + \boldsymbol{\alpha}_3)$

$= \boldsymbol{p}^{-1}(\boldsymbol{\alpha}_1, \boldsymbol{\alpha}_2, \boldsymbol{\alpha}_3)\boldsymbol{E}_{-(1)}, \ \boldsymbol{E}_{(2)+(3)} = \boldsymbol{E}_{-(1)}$

$$\boldsymbol{E}_{(2)+(3)} = \begin{pmatrix} -1 & 0 & 0 \\ 0 & 1 & 1 \\ 0 & 0 & 1 \end{pmatrix}.$$

2. 因为 $A\boldsymbol{\alpha}_1 = \boldsymbol{\alpha}_1$，$A^2\boldsymbol{\alpha}_1 = \boldsymbol{\alpha}_1$，$A^3\boldsymbol{\alpha}_1 = \boldsymbol{\alpha}_1$，$A^4\boldsymbol{\alpha}_1 = \boldsymbol{\alpha}_1$，$A^5\boldsymbol{\alpha}_1 = \boldsymbol{\alpha}_1$，

$B\boldsymbol{\alpha}_1 = (A^5 - 4A^3 + E)\boldsymbol{\alpha}_1 = A^5\boldsymbol{\alpha}_1 - 4A^3\boldsymbol{\alpha}_1 + \boldsymbol{\alpha}_1 = \boldsymbol{\alpha}_1 - 4\boldsymbol{\alpha}_1 + \boldsymbol{\alpha}_1 = 2\boldsymbol{\alpha}_1$

从而 $\boldsymbol{\alpha}_1$ 是 B 属于特征值为 -2 的特征向量，当 λ 是 A 的特征值时 $\lambda^5 - 4\lambda^3 + 1$ 是 B 的特征值，即 B 的特征值为 $-2, 1, 1$. B 对应的特征向量就是 A 的特征向量.

由 $\boldsymbol{\alpha}_1$ 可知 B 的其他两个特征向量为 $\boldsymbol{\alpha}_2 = \frac{1}{\sqrt{2}}\begin{pmatrix} 1 \\ 1 \\ 0 \end{pmatrix}$，$\boldsymbol{\alpha}_3 = \frac{1}{\sqrt{6}}\begin{pmatrix} 1 \\ -1 \\ -2 \end{pmatrix}$，$\boldsymbol{\alpha}_1' = \frac{1}{\sqrt{3}}\begin{pmatrix} 1 \\ -1 \\ 1 \end{pmatrix}$

从而 $\boldsymbol{\beta} = (\boldsymbol{\alpha}_1', \boldsymbol{\alpha}_2, \boldsymbol{\alpha}_3) = \begin{pmatrix} \frac{1}{\sqrt{3}} & \frac{1}{\sqrt{2}} & \frac{1}{\sqrt{6}} \\ -\frac{1}{\sqrt{3}} & \frac{1}{\sqrt{2}} & -\frac{1}{\sqrt{6}} \\ \frac{1}{\sqrt{3}} & 0 & -\frac{2}{\sqrt{6}} \end{pmatrix}$，则 $B = P\begin{pmatrix} -2 & & \\ & 1 & \\ & & 1 \end{pmatrix}P^T$.

3. 解：$A\begin{pmatrix} 1 \\ 1 \\ 1 \end{pmatrix} = 3\begin{pmatrix} 1 \\ 1 \\ 1 \end{pmatrix}$，从而 $\lambda_1 = 3$ 是 A 的特征值.

而 $A\alpha_1 = 0\boldsymbol{\alpha}_1$，$A\boldsymbol{\alpha}_2 = 0\alpha_2$，从而 $\lambda_2 = 0 = \lambda_3$ 也是 A 的特征值，

特征向量为 $\boldsymbol{\alpha}_1 = (-1, 2, -1)^T$，$\boldsymbol{\alpha}_2 = (0, -1, 1)^T$，$\boldsymbol{\alpha}_3 = (1, 1, 1)^T$

将$\boldsymbol{\alpha}_1$与$\boldsymbol{\alpha}_2$正交化得：$\boldsymbol{\beta}_1=(-1,\ 2,\ -1)^{\mathrm{T}}$，

$\boldsymbol{\beta}_2=(0,\ -1,\ 1)^{\mathrm{T}}+\dfrac{1}{2}(-1,\ 2,\ -1)^{\mathrm{T}}$.

故$r_1=\dfrac{\boldsymbol{\beta}_1}{|\boldsymbol{\beta}_1|}=\dfrac{1}{\sqrt{6}}(-1,\ 2,\ -1)^{\mathrm{T}}$，$r_2=\dfrac{\boldsymbol{\beta}_2}{|\boldsymbol{\beta}_2|}=\dfrac{1}{\sqrt{2}}(-1,\ 0,\ 1)^{\mathrm{T}}$，

$r_3=\dfrac{\boldsymbol{\beta}_3}{|\boldsymbol{\beta}_3|}=\dfrac{1}{\sqrt{3}}(1,\ 1,\ 1)^{\mathrm{T}}$.

$$\text{故}\boldsymbol{Q}=\begin{pmatrix}\frac{-1}{\sqrt{6}} & \frac{-1}{\sqrt{2}} & \frac{1}{\sqrt{3}}\\ \frac{2}{\sqrt{6}} & 0 & \frac{1}{\sqrt{3}}\\ \frac{-1}{\sqrt{6}} & \frac{1}{\sqrt{2}} & \frac{1}{\sqrt{3}}\end{pmatrix},\ \boldsymbol{Q}^{\mathrm{T}}\boldsymbol{A}\boldsymbol{Q}=\begin{pmatrix}0 & & \\ & 0 & \\ & & 3\end{pmatrix}.$$

4. 解：(1) $(\boldsymbol{\xi}_1,\ \boldsymbol{\xi}_2,\ \boldsymbol{\xi}_3,\ \boldsymbol{\beta})=\begin{pmatrix}1&1&1&1\\1&2&3&2\\1&4&9&3\end{pmatrix}\to\begin{pmatrix}1&1&1&1\\0&1&2&1\\0&3&8&2\end{pmatrix}\to\begin{pmatrix}1&1&1&1\\0&1&2&1\\0&0&2&-1\end{pmatrix}$

从而$\boldsymbol{\beta}=-\dfrac{1}{2}\boldsymbol{\xi}_3+2\boldsymbol{\xi}_2-\dfrac{1}{2}\boldsymbol{\xi}_1$.

(2) 令$\boldsymbol{p}=(\boldsymbol{\xi}_1,\ \boldsymbol{\xi}_2,\ \boldsymbol{\xi}_3)$，则$\boldsymbol{A}=\boldsymbol{p}\begin{pmatrix}1&&\\&2&\\&&3\end{pmatrix}\boldsymbol{p}^{-1}$，

$$\text{从而}\boldsymbol{A}^n\boldsymbol{\beta}=(\boldsymbol{\xi}_1,\ \boldsymbol{\xi}_2,\ \boldsymbol{\xi}_3)\begin{pmatrix}1&&\\&2^n&\\&&3^n\end{pmatrix}(\boldsymbol{\xi}_1,\ \boldsymbol{\xi}_2,\ \boldsymbol{\xi}_3)^{-1}(\boldsymbol{\xi}_1,\ \boldsymbol{\xi}_2,\ \boldsymbol{\xi}_3)\begin{pmatrix}-\frac{1}{2}\\2\\-\frac{1}{2}\end{pmatrix}$$

$$=(\boldsymbol{\xi}_1,\ \boldsymbol{\xi}_2,\ \boldsymbol{\xi}_3)\begin{pmatrix}-\frac{1}{2}\\2^{n+1}\\-\frac{1}{2}\cdot 3^n\end{pmatrix}=-\frac{1}{2}\boldsymbol{\xi}_1+2^{n+1}\boldsymbol{\xi}_2-\frac{1}{2}\times 3^n\boldsymbol{\xi}_3.$$

5. 解：$\boldsymbol{A}\boldsymbol{\xi}=\begin{pmatrix}-1\\2+a\\1+b\end{pmatrix}=\lambda\begin{pmatrix}1\\1\\-1\end{pmatrix}=-\begin{pmatrix}1\\1\\-1\end{pmatrix}\Rightarrow\begin{cases}2+a=-1\\1+b=1\end{cases}\Rightarrow\begin{cases}a=-3\\b=0\end{cases}$

6. 解：$\boldsymbol{A}^*\boldsymbol{\alpha}=\lambda_0\boldsymbol{\alpha}\Rightarrow\boldsymbol{A}\boldsymbol{\alpha}=\dfrac{|\boldsymbol{A}|}{\lambda_0}\boldsymbol{\alpha}=\dfrac{-1}{\lambda}\boldsymbol{\alpha}$

$$\text{有}\begin{pmatrix}a&-1&c\\5&b&3\\1-c&0&-a\end{pmatrix}\begin{pmatrix}-1\\-1\\1\end{pmatrix}=\begin{pmatrix}-a+1+c\\-2+b\\c-1-a\end{pmatrix}=\frac{-1}{\lambda_0}\begin{pmatrix}-1\\1\\1\end{pmatrix}$$

从而 $-2+b=c-1-a$ 且 $\Rightarrow -a+1+c=c+1+a \Rightarrow c=a$，$b=1$，又 $|A|=-1\Rightarrow$

$a=-\frac{2}{3}=c$，且 $\lambda_0=1$.

7. (1) $x_{n+1}=\frac{27}{30}x_n+\frac{2}{5}y_n$

$$y_{n+1}=\frac{1}{6}x_n+\frac{3}{5}y_n \Rightarrow \begin{pmatrix} x_{n+1} \\ y_{n+1} \end{pmatrix}=\begin{pmatrix} \frac{9}{10} & \frac{2}{5} \\ \frac{1}{10} & \frac{3}{5} \end{pmatrix}\begin{pmatrix} x_n \\ y_n \end{pmatrix}$$

(2) $$\boldsymbol{A\eta}_1=\begin{pmatrix} \frac{9}{10} & \frac{2}{5} \\ \frac{1}{10} & \frac{3}{5} \end{pmatrix}\begin{pmatrix} 4 \\ 1 \end{pmatrix}=1\begin{pmatrix} 4 \\ 1 \end{pmatrix}\Rightarrow \lambda_1=1$$

$$\boldsymbol{A\eta}_2=\begin{pmatrix} \frac{9}{10} & \frac{2}{5} \\ \frac{1}{10} & \frac{3}{5} \end{pmatrix}\begin{pmatrix} -1 \\ 1 \end{pmatrix}=\frac{5}{10}\begin{pmatrix} -1 \\ 1 \end{pmatrix}\Rightarrow \lambda_2=\frac{1}{2}$$

(3) $$\begin{pmatrix} x_2 \\ y_2 \end{pmatrix}=\boldsymbol{A}\begin{pmatrix} x_1 \\ y_1 \end{pmatrix},\ \begin{pmatrix} x_3 \\ y_3 \end{pmatrix}=\boldsymbol{A}\begin{pmatrix} x_2 \\ y_2 \end{pmatrix}=\boldsymbol{A}^2\begin{pmatrix} x_1 \\ y_1 \end{pmatrix},\ \cdots,\ \begin{pmatrix} x_{n+1} \\ y_{n+1} \end{pmatrix}=\boldsymbol{A}^n\begin{pmatrix} x_1 \\ y_1 \end{pmatrix}$$

而 $$\boldsymbol{A}^n=\begin{pmatrix} 4 & -1 \\ 1 & 1 \end{pmatrix}\begin{pmatrix} 1 & \\ & \left(\frac{1}{2}\right)^n \end{pmatrix}\begin{pmatrix} 4 & -1 \\ 1 & 1 \end{pmatrix}^{-1}=\frac{1}{5}\begin{pmatrix} 4 & -1 \\ 1 & 1 \end{pmatrix}\begin{pmatrix} 1 & \\ & \left(\frac{1}{2}\right)^n \end{pmatrix}\begin{pmatrix} 1 & 1 \\ -1 & 4 \end{pmatrix}$$

$$=\frac{1}{5}\begin{pmatrix} 4+\left(\frac{1}{2}\right)^n & 4-4\times\left(\frac{1}{2}\right)^n \\ 1-\left(\frac{1}{2}\right)^n & 1+4\times\left(\frac{1}{2}\right)^n \end{pmatrix}.$$

8. 证明：(1)$\boldsymbol{A}\sim\boldsymbol{B}\Rightarrow\exists$ p，s. t $\boldsymbol{p}^{-1}\boldsymbol{A}\boldsymbol{p}=\boldsymbol{B}$

$\Rightarrow|\boldsymbol{B}-\lambda\boldsymbol{E}|=|\boldsymbol{p}^{-1}\boldsymbol{A}\boldsymbol{p}-\lambda\boldsymbol{E}|=|\boldsymbol{p}^{-1}||\boldsymbol{A}-\lambda\boldsymbol{E}||p|=|\boldsymbol{A}-\lambda\boldsymbol{E}|$. 证毕.

(2)$\boldsymbol{A}=\begin{pmatrix} 2 & \\ & 2 \end{pmatrix}$，$\boldsymbol{B}=\begin{pmatrix} 2 & 1 \\ & 2 \end{pmatrix}$.

$|\boldsymbol{A}-\lambda\boldsymbol{E}|=(2-\lambda)^2=|\boldsymbol{B}-\lambda\boldsymbol{E}|$，但 $\boldsymbol{A}$ 与 $\boldsymbol{B}$ 不相似.

(3)$\boldsymbol{A}$，$\boldsymbol{B}$ 为实对称矩阵，若 $\boldsymbol{A}$，$\boldsymbol{B}$ 有相同特征多项式，则有相同特征值

λ_1，λ_2，…，λ_{n-1}，则 $\boldsymbol{A}\sim\begin{pmatrix} \lambda_1 & & \\ & \ddots & \\ & & \lambda_n \end{pmatrix}$，$\boldsymbol{B}\sim\begin{pmatrix} \lambda_1 & & \\ & \ddots & \\ & & \lambda_n \end{pmatrix}$，从而 $\boldsymbol{A}\sim\boldsymbol{B}$.

9. 因为 $\boldsymbol{B}=\boldsymbol{p}^{-1}\boldsymbol{A}^*\boldsymbol{p}$，所以 $\boldsymbol{A}^*=\boldsymbol{pBp}^{-1}$

若 $\boldsymbol{A\xi}=\lambda\boldsymbol{\xi}$. 则 $\boldsymbol{A\xi}=\boldsymbol{pBp}^{-1}\boldsymbol{\xi}=\frac{|\boldsymbol{A}|}{\lambda}\boldsymbol{\xi}$，所以 $\boldsymbol{B}(\boldsymbol{p}^{-1}\boldsymbol{\xi})=\frac{|\boldsymbol{A}|}{\lambda}(\boldsymbol{p}^{-1}\boldsymbol{\xi})$

从而 $\boldsymbol{B}$ 的特征值为$\frac{|\boldsymbol{A}|}{\lambda}$，对应的特征值为 $\boldsymbol{p}^{-1}\boldsymbol{\xi}$.

$|A|=7$. A 的特征方程为 $|A-\lambda E|=\begin{vmatrix}3-\lambda & 2 & 2\\ 2 & 3-\lambda & 2\\ 2 & 2 & 3-\lambda\end{vmatrix}=0\Rightarrow\lambda_1=7$，$\lambda_2=\lambda_3=1$.

当 $\lambda_1=7$ 时，$A-\lambda E=\begin{pmatrix}-4 & 2 & 2\\ 2 & -4 & 2\\ 2 & 2 & -4\end{pmatrix}\to\begin{pmatrix}1 & -2 & 1\\ 0 & 1 & -1\\ 0 & 0 & 0\end{pmatrix}\Rightarrow\boldsymbol{\xi}_1=\begin{pmatrix}1\\1\\1\end{pmatrix}$

当 $\lambda_2=\lambda_3=1$ 时，$A-\lambda E=\begin{pmatrix}2 & 2 & 2\\ 2 & 2 & 2\\ 2 & 2 & 2\end{pmatrix}\to\begin{pmatrix}1 & 1 & 1\\ 0 & 0 & 0\\ 0 & 0 & 0\end{pmatrix}\Rightarrow\boldsymbol{\xi}_2=\begin{pmatrix}1\\-1\\0\end{pmatrix}$，$\boldsymbol{\xi}_3=\begin{pmatrix}1\\1\\-2\end{pmatrix}$

则 $p^{-1}=\begin{pmatrix}0 & 1 & -1\\ 1 & 0 & 0\\ 0 & 0 & 1\end{pmatrix}$，从而对应特征向量为 $p^{-1}\boldsymbol{\xi}$ 依次为 $\begin{pmatrix}0\\1\\1\end{pmatrix}$，$\begin{pmatrix}-1\\1\\0\end{pmatrix}$，$\begin{pmatrix}3\\1\\-2\end{pmatrix}$.

10. 解：(1) $r(A)=2$，则 $\boldsymbol{\xi}_1=\begin{pmatrix}1\\0\\-1\end{pmatrix}$ 是 A 属于特征值 $\lambda_1=-1$ 的特征向量.

$\boldsymbol{\xi}_2=\begin{pmatrix}1\\0\\1\end{pmatrix}$ 是 A 属于特征值 $\lambda_2=1$ 的特征向量，且特征值 $\lambda_3=0$，特征向量满足：

$\begin{cases}x_1-x_3=0\\ x_1+x_3=0\end{cases}\Rightarrow\boldsymbol{\xi}_3=\begin{pmatrix}x_1\\x_2\\x_3\end{pmatrix}=\begin{pmatrix}0\\1\\0\end{pmatrix}$.

(2) 令 $p=\left(\frac{1}{\sqrt{2}}\boldsymbol{\xi}_1\quad\frac{1}{\sqrt{2}}\boldsymbol{\xi}_2\quad\boldsymbol{\xi}_3\right)$，则 p 为正交矩阵.

$p^{\mathrm{T}}Ap=\begin{pmatrix}-1 & & \\ & 1 & \\ & & 0\end{pmatrix}$，从而

$$A=p\begin{pmatrix}-1 & & \\ & 1 & \\ & & 0\end{pmatrix}p^{\mathrm{T}}=\begin{pmatrix}\frac{1}{\sqrt{2}} & \frac{1}{\sqrt{2}} & 0\\ 0 & 0 & 1\\ \frac{-1}{\sqrt{2}} & \frac{1}{\sqrt{2}} & 0\end{pmatrix}\begin{pmatrix}-1 & & \\ & 1 & \\ & & 0\end{pmatrix}\begin{pmatrix}\frac{1}{\sqrt{2}} & 0 & \frac{-1}{\sqrt{2}}\\ \frac{1}{\sqrt{2}} & 0 & \frac{1}{\sqrt{2}}\\ 0 & 1 & 0\end{pmatrix}=\begin{pmatrix}0 & 0 & 1\\ 0 & 0 & 0\\ 1 & 0 & 0\end{pmatrix}.$$

11. 解：$A\sim B$，则它们的特征值相同.

从而 $\begin{cases}2+y-1=2+x\\ -2xy=-2\end{cases}\Rightarrow\begin{cases}x=0\\ y=1\end{cases}$

因此 A 的特征值为 $\lambda_1=2$，$\lambda_2=1$，$\lambda_3=-1$.

当 $\lambda_1=2$ 时，$A-\lambda E=\begin{pmatrix}0 & 0 & 0\\ 0 & -2 & 1\\ 0 & 1 & 2\end{pmatrix}\Rightarrow\boldsymbol{\xi}_1=\begin{pmatrix}1\\0\\0\end{pmatrix}$；

当 $\lambda_2=1$ 时，$\boldsymbol{A}-\lambda\boldsymbol{E}=\begin{pmatrix}1&0&0\\0&-1&1\\0&1&-1\end{pmatrix}\Rightarrow\boldsymbol{\xi}_2=\begin{pmatrix}0\\1\\1\end{pmatrix}$；

当 $\lambda_3=-1$ 时，$\boldsymbol{A}-\lambda\boldsymbol{E}=\begin{pmatrix}3&0&0\\0&1&1\\0&1&1\end{pmatrix}\Rightarrow\boldsymbol{\xi}_3=\begin{pmatrix}0\\1\\-1\end{pmatrix}$.

从而 $\boldsymbol{p}=(\boldsymbol{\xi}_1,\boldsymbol{\xi}_2,\boldsymbol{\xi}_3)=\begin{pmatrix}1&0&0\\0&1&1\\0&1&-1\end{pmatrix}$ 且 $\boldsymbol{p}^{-1}\boldsymbol{A}\boldsymbol{p}=\boldsymbol{B}$.

练　习　六

一、填空题

1. 解：f 的矩阵为 $\boldsymbol{A}=\begin{pmatrix}a&2&2\\2&a&2\\2&2&a\end{pmatrix}$，且 $r(\boldsymbol{A})=1$，从而 $a=2$.

（或者 $a+a+a=6\Rightarrow a=2$）

2. 解：左边二次型对应矩阵为 $\boldsymbol{A}=\begin{pmatrix}1&a&1\\a&3&1\\1&1&1\end{pmatrix}$，且 $r(\boldsymbol{A})=2$，$|\boldsymbol{A}|=0\Rightarrow a=1$.

二、选择题

1. A　2. D　3. B

三、综合题

1. 解：(1) $\boldsymbol{A}\boldsymbol{A}^{\mathrm{T}}=\begin{pmatrix}1&0&-1&0\\0&1&0&a\\1&1&a&-1\end{pmatrix}\begin{pmatrix}1&0&1\\0&1&1\\-1&0&a\\0&a&-1\end{pmatrix}=\begin{pmatrix}2&0&1-a\\0&1+a^2&1-a\\1-a&1-a&3+a^2\end{pmatrix}$

$r(\boldsymbol{A}^{\mathrm{T}}\boldsymbol{A})=2$，从而 $a=-1$.

(2) 当 $a=-1$ 时，$\boldsymbol{B}=\boldsymbol{A}^{\mathrm{T}}\boldsymbol{A}=\begin{pmatrix}2&0&2\\0&2&2\\2&2&4\end{pmatrix}$，且

$$|\boldsymbol{B}-\lambda\boldsymbol{E}|=\begin{vmatrix}2-\lambda&0&2\\0&2-\lambda&2\\2&2&4-\lambda\end{vmatrix}=0\Rightarrow\lambda_1=2,\ \lambda_2=6,\ \lambda_3=0.$$

当 $\lambda_1=2$ 时，$\boldsymbol{B}-\lambda\boldsymbol{E}=\begin{pmatrix}0&0&2\\0&0&2\\2&2&2\end{pmatrix}$，故 $\boldsymbol{\xi}_1=\begin{pmatrix}-\frac{1}{\sqrt{2}}\\\frac{1}{\sqrt{2}}\\0\end{pmatrix}$.

当 $\lambda_2=6$ 时，$\boldsymbol{B}-\lambda\boldsymbol{E}=\begin{pmatrix}-4&0&2\\0&-4&2\\2&2&-2\end{pmatrix}\to\begin{pmatrix}-2&0&1\\0&-2&1\\0&0&0\end{pmatrix}$，故 $\boldsymbol{\xi}_1=\begin{pmatrix}\frac{1}{\sqrt{6}}\\\frac{1}{\sqrt{6}}\\\frac{2}{\sqrt{6}}\end{pmatrix}$.

当 $\lambda_3=0$ 时，$\boldsymbol{B}-\lambda\boldsymbol{E}=\begin{pmatrix}2&0&2\\0&2&2\\2&2&4\end{pmatrix}\to\begin{pmatrix}1&0&1\\0&1&1\\0&0&0\end{pmatrix}$，故 $\boldsymbol{\xi}_1=\begin{pmatrix}\frac{1}{\sqrt{3}}\\\frac{1}{\sqrt{3}}\\-\frac{1}{\sqrt{3}}\end{pmatrix}$.

从而 $\boldsymbol{Q}=(\boldsymbol{\xi}_1\quad\boldsymbol{\xi}_2\quad\boldsymbol{\xi}_3)=\begin{pmatrix}-\frac{1}{\sqrt{2}}&\frac{1}{\sqrt{6}}&\frac{1}{\sqrt{3}}\\\frac{1}{\sqrt{2}}&\frac{1}{\sqrt{6}}&\frac{1}{\sqrt{3}}\\0&\frac{2}{\sqrt{6}}&-\frac{1}{\sqrt{3}}\end{pmatrix}$，此时 $f=2y_1^2+6y_2^2$.

2. 解：(1) f 的矩阵为 $\boldsymbol{A}=\begin{pmatrix}1&-2&2\\-2&4&-4\\2&-4&4\end{pmatrix}$，且特征方程为

$$|\boldsymbol{A}-\lambda\boldsymbol{E}|=\begin{vmatrix}a-\lambda&0&1\\0&a-\lambda&-1\\1&-1&a-1-\lambda\end{vmatrix}=0.$$ 故 $\lambda_1=a$，$\lambda_2=a+1$，$\lambda_3=a-2$.

(2) $r(\boldsymbol{A})=2$，则 λ_1，λ_2，λ_3 中仅一个为0，从而 $a=0$ 或 $a=-1$ 或 $a=2$.

3. 解：f 的矩阵为 $\boldsymbol{A}=\begin{pmatrix}1&-2&2\\-2&4&-4\\2&-4&4\end{pmatrix}$，$\boldsymbol{A}$ 的特征方程为

$$|\boldsymbol{A}-\lambda\boldsymbol{E}|=\begin{vmatrix}1-\lambda&-2&2\\-2&4-\lambda&-4\\2&-4&4-\lambda\end{vmatrix}=0$$，而 $r(\boldsymbol{A})=1\Rightarrow\lambda_1=\lambda_2=0$，$\lambda_3=9$.

当 $\lambda_1=\lambda_2=0$ 时，$\boldsymbol{A}-\lambda\boldsymbol{E}=\begin{pmatrix}1&-2&2\\-2&4&-4\\2&-4&4\end{pmatrix}\to\begin{pmatrix}1&-2&2\\0&0&0\\0&0&0\end{pmatrix}$，

故 $\xi_1=\begin{pmatrix}0\\ \frac{1}{\sqrt{2}}\\ \frac{1}{\sqrt{2}}\end{pmatrix}$，$\xi_2=\begin{pmatrix}\frac{4}{\sqrt{18}}\\ \frac{1}{\sqrt{18}}\\ -\frac{1}{\sqrt{18}}\end{pmatrix}$.

当 $\lambda_3=9$ 时，$A-\lambda E=\begin{pmatrix}-8&-2&2\\-2&-4&-4\\2&-4&-4\end{pmatrix}\to\begin{pmatrix}-4&-1&1\\1&2&2\\0&0&0\end{pmatrix}\to\begin{pmatrix}1&2&2\\0&7&9\\0&0&0\end{pmatrix}$，

故 $\xi_3=\begin{pmatrix}-\frac{4}{\sqrt{146}}\\ \frac{9}{\sqrt{146}}\\ -\frac{7}{\sqrt{146}}\end{pmatrix}$. 令 $Q=(\xi_1\quad\xi_2\quad\xi_3)$，$X=QY$，则 $f=9y_3^2$.

4. 证明：A 为 n 阶正定矩阵，则 A 的特征向量为 λ_1，λ_2，…，$\lambda_n>0$，而 $A+E$ 的特征值 λ_1+1，λ_2+1，…，$\lambda_n+1>1$，故 $|A+E|=\prod_{i=1}^{n}(\lambda_i+1)>1$.

5. 解：f 的矩阵为 $A=\begin{pmatrix}2&0&0\\0&3&a\\0&a&3\end{pmatrix}$，则 $A\sim\begin{pmatrix}1&0&0\\0&2&0\\0&0&5\end{pmatrix}$.

从而 $|A|=18-2a^2=10\Rightarrow a=2(a>0)$.

当 $\lambda=1$，$A-\lambda E=\begin{pmatrix}1&0&0\\0&2&2\\0&2&2\end{pmatrix}\to\begin{pmatrix}1&0&0\\0&2&2\\0&0&0\end{pmatrix}$，故 $\xi_1=\begin{pmatrix}0\\ \frac{1}{\sqrt{2}}\\ -\frac{1}{\sqrt{2}}\end{pmatrix}$.

当 $\lambda=2$ 时，$A-\lambda E=\begin{pmatrix}0&0&0\\0&1&2\\0&2&1\end{pmatrix}$，故 $\xi_2=\begin{pmatrix}1\\0\\0\end{pmatrix}$.

当 $\lambda=5$ 时，$A-\lambda E=\begin{pmatrix}-3&0&0\\0&-2&2\\0&2&-2\end{pmatrix}\to\begin{pmatrix}1&0&0\\0&-1&1\\0&0&0\end{pmatrix}$，故 $\xi_3=\begin{pmatrix}0\\ \frac{1}{\sqrt{2}}\\ \frac{1}{\sqrt{2}}\end{pmatrix}$.

从而正交矩阵 $Q = \begin{pmatrix} 0 & 1 & 0 \\ \frac{1}{\sqrt{2}} & 0 & \frac{1}{\sqrt{2}} \\ -\frac{1}{\sqrt{2}} & 0 & \frac{1}{\sqrt{2}} \end{pmatrix}$

6. 解：f 的矩阵为 $A = \begin{pmatrix} 1 & b & 1 \\ b & a & 1 \\ 1 & 1 & 0 \end{pmatrix}$，而 $r(A) = 2$，从而 $b = 1$，而 A 的特征值为

$\lambda_1 = 1$，$\lambda_2 = 0$，$\lambda_3 = 4$，则 $1 + a + 1 = 1 + 0 + 4 \Rightarrow a + 3$.

当 $\lambda_1 = 1$ 时，$A - \lambda E = \begin{pmatrix} 0 & 1 & 1 \\ 1 & 2 & 1 \\ 1 & 1 & 0 \end{pmatrix} \to \begin{pmatrix} 1 & 1 & 0 \\ 0 & 1 & 1 \\ 0 & 0 & 0 \end{pmatrix}$，故 $\xi_1 = \begin{pmatrix} \frac{1}{\sqrt{3}} \\ -\frac{1}{\sqrt{3}} \\ \frac{1}{\sqrt{3}} \end{pmatrix}$.

当 $\lambda_2 = 0$ 时，$A - \lambda E = \begin{pmatrix} 1 & 1 & 1 \\ 1 & 3 & 1 \\ 1 & 1 & 1 \end{pmatrix} \to \begin{pmatrix} 1 & 1 & 1 \\ 0 & 2 & 0 \\ 0 & 0 & 0 \end{pmatrix}$，故 $\xi_2 = \begin{pmatrix} -\frac{1}{\sqrt{2}} \\ 0 \\ \frac{1}{\sqrt{2}} \end{pmatrix}$.

当 $\lambda_3 = 4$ 时，$A - \lambda E = \begin{pmatrix} -3 & 1 & 1 \\ 1 & -1 & 1 \\ 1 & 1 & -3 \end{pmatrix} \to \begin{pmatrix} 1 & 1 & -3 \\ 0 & -1 & 2 \\ 0 & 0 & 0 \end{pmatrix}$，故 $\xi_3 = \begin{pmatrix} \frac{1}{\sqrt{6}} \\ \frac{2}{\sqrt{6}} \\ \frac{1}{\sqrt{6}} \end{pmatrix}$.

从而 $P = \begin{pmatrix} \frac{1}{\sqrt{3}} & -\frac{1}{\sqrt{2}} & \frac{1}{\sqrt{6}} \\ -\frac{1}{\sqrt{3}} & 0 & \frac{2}{\sqrt{6}} \\ \frac{1}{\sqrt{3}} & \frac{1}{\sqrt{2}} & \frac{1}{\sqrt{6}} \end{pmatrix}$.

7. 解：(1) f 的矩阵为 $A = \begin{pmatrix} 1-a & 1+a & 0 \\ 1+a & 1-a & 0 \\ 0 & 0 & 2 \end{pmatrix}$，$r(A) = 2 \Rightarrow |A| = 0 \Rightarrow a = 0$.

(2) 当 $a = 0$ 时，$A = \begin{pmatrix} 1 & 1 & 0 \\ 1 & 1 & 0 \\ 0 & 0 & 2 \end{pmatrix}$.

特征方程 $|\boldsymbol{A}-\lambda\boldsymbol{E}|=\begin{vmatrix}1-\lambda & 1 & 0\\ 1 & 1-\lambda & 0\\ 0 & 0 & 1-\lambda\end{vmatrix}=0.$

故 $\lambda_1=\lambda_2=2,\lambda_3=0$,当 $\lambda_1=\lambda_2=2$ 时,$(\boldsymbol{A}-\lambda\boldsymbol{E})\to\begin{pmatrix}-1 & 1 & 0\\ 1 & -1 & 0\\ 0 & 0 & 0\end{pmatrix}\to\begin{pmatrix}-1 & 1 & 0\\ 0 & 0 & 0\\ 0 & 0 & 0\end{pmatrix}.$

故 $\boldsymbol{\xi}_1=\begin{pmatrix}\frac{1}{\sqrt{2}}\\ \frac{1}{\sqrt{2}}\\ 0\end{pmatrix}$,$\boldsymbol{\xi}_2=\begin{pmatrix}0\\ 0\\ 1\end{pmatrix}.$

当 $\lambda_3=0$ 时,$\boldsymbol{A}-\lambda\boldsymbol{E}=\begin{pmatrix}1 & 1 & 0\\ 1 & 1 & 0\\ 0 & 0 & 2\end{pmatrix}\to\begin{pmatrix}1 & 1 & 0\\ 0 & 0 & 2\\ 0 & 0 & 0\end{pmatrix}$,故 $\boldsymbol{\xi}_3=\begin{pmatrix}-\frac{1}{\sqrt{2}}\\ \frac{1}{\sqrt{2}}\\ 0\end{pmatrix}.$

从而 $\boldsymbol{Q}=\begin{pmatrix}\frac{1}{\sqrt{2}} & 0 & -\frac{1}{\sqrt{2}}\\ \frac{1}{\sqrt{2}} & 0 & \frac{1}{\sqrt{2}}\\ 0 & 1 & 0\end{pmatrix}$,令 $\boldsymbol{X}=\boldsymbol{QY}$,则

$f=2y_1^2+2y_2^2$,$f(x_1, x_2, x_3)=0\Leftrightarrow f(y_1, y_2, y_3)=0\Leftrightarrow y_1=0, y_2=0, y_3=k$,

代入 $\boldsymbol{X}=\boldsymbol{QY}$ 知,$\boldsymbol{X}=\boldsymbol{Q}\begin{pmatrix}0\\ 0\\ k\end{pmatrix}=\begin{pmatrix}-\frac{k}{\sqrt{2}}\\ 0\\ 0\end{pmatrix}.$

8. 解:此图为旋转双曲面且绕 x 轴旋转,则方程形式为 $ax^2+by^2-cz^2$,其中 a, b, $c>0$,从而正特征值的个数为 2.

9. 解:f 对应的矩阵 $\boldsymbol{A}$ 的特征值为 $\lambda_1=\lambda_2=1$,$\lambda_3=0$,且 $\boldsymbol{A}\begin{pmatrix}\frac{\sqrt{2}}{2}\\ 0\\ \frac{\sqrt{2}}{2}\end{pmatrix}=0\begin{pmatrix}\frac{\sqrt{2}}{2}\\ 0\\ \frac{\sqrt{2}}{2}\end{pmatrix}$,故

$\boldsymbol{\xi}_3=\begin{pmatrix}\frac{\sqrt{2}}{2}\\ 0\\ \frac{\sqrt{2}}{2}\end{pmatrix}$ 是 $\lambda_3=0$ 的特征向量. 由于 λ_1,λ_2 的特征向量 $\boldsymbol{\xi}_1$,$\boldsymbol{\xi}_2$ 与 $\boldsymbol{\xi}_3$ 正交

从而$\boldsymbol{\xi}_1$，$\boldsymbol{\xi}_2$满足$x_1+x_3=0$的解为$\boldsymbol{\xi}_1=\begin{pmatrix}0\\1\\0\end{pmatrix}$，$\boldsymbol{\xi}_2=\begin{pmatrix}-\frac{1}{\sqrt{2}}\\0\\\frac{1}{\sqrt{2}}\end{pmatrix}$.

从而$\boldsymbol{Q}=\begin{pmatrix}0&-\frac{1}{\sqrt{2}}&\frac{1}{\sqrt{2}}\\1&0&0\\0&\frac{1}{\sqrt{2}}&\frac{1}{\sqrt{2}}\end{pmatrix}$，有$\boldsymbol{Q}^{\mathrm{T}}\boldsymbol{A}\boldsymbol{Q}=\begin{pmatrix}1&0&0\\0&1&0\\0&0&0\end{pmatrix}$，$\boldsymbol{\alpha}=\begin{pmatrix}a_1\\a_2\\a_3\end{pmatrix}$.

所以$\boldsymbol{A}=\boldsymbol{Q}\begin{pmatrix}1&0&0\\0&1&0\\0&0&0\end{pmatrix}\boldsymbol{Q}^{\mathrm{T}}=\begin{pmatrix}-1&0&1\\0&1&0\\-1&0&1\end{pmatrix}$.

10. 证明：

$$(1)f(x_1,x_2,x_3)=2(x_1,x_2,x_3)\begin{pmatrix}a_1\\a_2\\a_3\end{pmatrix}(a_1,a_2,a_3)\begin{pmatrix}x_1\\x_2\\x_3\end{pmatrix}$$

$$+(x_1,x_2,x_3)\begin{pmatrix}b_1\\b_2\\b_3\end{pmatrix}(b_1,b_2,b_3)\begin{pmatrix}x\\x_2\\x_3\end{pmatrix}$$

$$=(x_1,x_2,x_3)(2\boldsymbol{\alpha}\boldsymbol{\alpha}^{\mathrm{T}}+\boldsymbol{\beta}\boldsymbol{\beta}^{\mathrm{T}})\begin{pmatrix}x_1\\x_2\\x_3\end{pmatrix}$$

从而f对应矩阵为$2\boldsymbol{\alpha}\boldsymbol{\alpha}^{\mathrm{T}}$、$+\boldsymbol{\beta}\boldsymbol{\beta}^{\mathrm{T}}$.

(2) 设同时与$\boldsymbol{\alpha}$，$\boldsymbol{\beta}$正交的单位向量为$\boldsymbol{\gamma}$，而$r(\boldsymbol{A})\leqslant r(\boldsymbol{\alpha}\boldsymbol{\alpha}^{\mathrm{T}})+r(\boldsymbol{\beta}\boldsymbol{\beta}^{\mathrm{T}})=2$，故第三个特征值为0，对应的特征向量为$\boldsymbol{\gamma}$.

令$\begin{pmatrix}x_1\\x_2\\x_3\end{pmatrix}=(\boldsymbol{\alpha},\boldsymbol{\beta},\boldsymbol{\gamma})\begin{pmatrix}y_1\\y_2\\y_3\end{pmatrix}$，则

$$f=(y_1,y_2,y_3)\begin{pmatrix}\boldsymbol{\alpha}^{\mathrm{T}}\\\boldsymbol{\beta}^{\mathrm{T}}\\\boldsymbol{\gamma}^{\mathrm{T}}\end{pmatrix}(2\boldsymbol{\alpha}\boldsymbol{\alpha}^{\mathrm{T}}+\boldsymbol{\beta}\boldsymbol{\beta}^{\mathrm{T}})(\boldsymbol{\alpha},\boldsymbol{\beta},\boldsymbol{\gamma})\begin{pmatrix}y_1\\y_2\\y_3\end{pmatrix}$$

$$=(y_1,y_2,y_3)\begin{pmatrix}\boldsymbol{\alpha}^{\mathrm{T}}\\\boldsymbol{\beta}^{\mathrm{T}}\\\boldsymbol{\gamma}^{\mathrm{T}}\end{pmatrix}(\boldsymbol{\alpha}\boldsymbol{\alpha}\boldsymbol{\alpha}^{\mathrm{T}},\boldsymbol{\beta}\boldsymbol{\beta}^{\mathrm{T}}\boldsymbol{\beta},0)\begin{pmatrix}y_1\\y_2\\y_3\end{pmatrix}$$

$$=(y_1,y_2,y_3)\begin{pmatrix}2\boldsymbol{\alpha}^{\mathrm{T}}\boldsymbol{\alpha}\boldsymbol{\alpha}^{\mathrm{T}}\boldsymbol{\alpha}\\\boldsymbol{\beta}^{\mathrm{T}}\boldsymbol{\beta}^{\mathrm{T}}\boldsymbol{\beta}\\0\end{pmatrix}\begin{pmatrix}y_1\\y_2\\y_3\end{pmatrix}=(y_1,y_2,y_3)\begin{pmatrix}2&0&0\\0&1&0\\0&0&0\end{pmatrix}\begin{pmatrix}y_1\\y_2\\y_3\end{pmatrix}=2y_1^2+y_2^2$$

11. 证明：设 $\boldsymbol{\xi}_1=\frac{1}{\sqrt{6}}(1,\ 2,\ 1)^{\mathrm{T}}$，则 $\boldsymbol{A}\boldsymbol{\xi}_1=\frac{1}{\sqrt{6}}\begin{pmatrix}2\\5+a\\4+2a\end{pmatrix}=\lambda\cdot\frac{1}{\sqrt{6}}\begin{pmatrix}1\\2\\1\end{pmatrix}$.

从而 $\lambda_1=2$，$a=-1$，且 $\boldsymbol{A}=\begin{pmatrix}0&-1&4\\-1&3&-1\\4&-1&0\end{pmatrix}$.

特征方程为 $|\boldsymbol{A}-\lambda\boldsymbol{E}|=\begin{vmatrix}\lambda&-1&4\\-1&3-\lambda&-1\\4&-1&\lambda\end{vmatrix}=0$，故 $\lambda_1=2$，$\lambda_2=5$，$\lambda_3=-4$.

当 $\lambda_2=5$ 时，$\boldsymbol{A}-\lambda\boldsymbol{E}=\begin{pmatrix}-5&-1&4\\-1&-2&-1\\4&-1&-5\end{pmatrix}\to\begin{pmatrix}1&2&1\\0&-9&-9\\0&0&0\end{pmatrix}\to\begin{pmatrix}1&2&1\\0&1&1\\0&0&0\end{pmatrix}$，

故 $\boldsymbol{\xi}_2=\frac{1}{\sqrt{6}}\left(\frac{1}{\sqrt{3}},\ -\frac{1}{\sqrt{3}},\ \frac{1}{\sqrt{3}}\right)^{\mathrm{T}}$.

当 $\lambda_3=-4$ 时，$\boldsymbol{A}-\lambda\boldsymbol{E}=\begin{pmatrix}4&-1&4\\-1&7&-1\\4&-1&4\end{pmatrix}\to\begin{pmatrix}-1&7&-1\\0&27&0\\0&0&0\end{pmatrix}$，

故 $\boldsymbol{\xi}_2=\left(-\frac{1}{\sqrt{2}},\ 0,\ \frac{1}{\sqrt{2}}\right)^{\mathrm{T}}$. 从而 $\boldsymbol{A}=\begin{pmatrix}\frac{1}{\sqrt{3}}&\frac{1}{\sqrt{3}}&-\frac{1}{\sqrt{2}}\\\frac{2}{\sqrt{6}}&-\frac{1}{\sqrt{3}}&0\\\frac{1}{\sqrt{6}}&\frac{1}{\sqrt{3}}&\frac{1}{\sqrt{2}}\end{pmatrix}$.

12. 证明：若 $r(\boldsymbol{B})=n$，则 $\forall \boldsymbol{X}\neq 0$(列向量)，$\boldsymbol{BX}\neq 0$.
则由于 $\boldsymbol{A}$ 正定，故 $\boldsymbol{X}^{\mathrm{T}}\boldsymbol{B}^{\mathrm{T}}\boldsymbol{ABX}=\boldsymbol{X}^{\mathrm{T}}(\boldsymbol{B}^{\mathrm{T}}\boldsymbol{AB})\boldsymbol{X}\neq 0$，即 $\boldsymbol{B}^{\mathrm{T}}\boldsymbol{AB}$ 正定.
当 $\boldsymbol{B}^{\mathrm{T}}\boldsymbol{AB}$ 正定时，$\forall \boldsymbol{X}\neq 0$，有 $\boldsymbol{X}^{\mathrm{T}}\boldsymbol{B}^{\mathrm{T}}\boldsymbol{ABX}=(\boldsymbol{BX})^{\mathrm{T}}\boldsymbol{A}(\boldsymbol{BX})$.
由 $\boldsymbol{A}$ 的正定性知，$\boldsymbol{X}^{\mathrm{T}}\boldsymbol{B}^{\mathrm{T}}\boldsymbol{ABX}=0\Leftrightarrow\boldsymbol{BX}=0$.
又由 $\boldsymbol{B}^{\mathrm{T}}\boldsymbol{AB}$ 的正定性知，$\boldsymbol{X}^{\mathrm{T}}\boldsymbol{B}^{\mathrm{T}}\boldsymbol{AB}=0\Leftrightarrow X=0$.
故方程 $\boldsymbol{BX}=0$ 时仅有零解，即 $r(\boldsymbol{B})=n$ 列满秩.

综合测试

一、填空题

1. $\begin{pmatrix}1&1&0\\0&-1&2\\1&0&-1\end{pmatrix}$　　2. 0　　3. 3　　4. $\begin{pmatrix}1&\frac{1}{2}&\frac{1}{3}\\2&1&\frac{2}{3}\\3&\frac{3}{2}&1\end{pmatrix}$　　5. 27　　6. 6

7. -3　　8. -1　　9. 2　　10. $-\frac{1}{2}(\boldsymbol{A}-2\boldsymbol{E})$　　11. $k(\boldsymbol{\alpha}_2+\boldsymbol{\alpha}_3-2\boldsymbol{\alpha}_1)+\boldsymbol{\alpha}_1$

12. $3m+2n$　　13. 1　　14. $\boldsymbol{P}^{-1}\boldsymbol{\xi}$

二、选择题

1. A　2. B　3. D　4. C　5. C　6. D　7. C　8. B　9. D
10. D　11. A　12. D　13. A　14. A　15. C　16. B　17. D　18. C
19. A　20. C　21. C　22. C

三、综合题

1. 解：$D=\begin{vmatrix}1&1&1&1&1\\0&1+x&1&1&1\\0&1&1-x&1&1\\0&1&1&1+y&1\\0&1&1&1&1-y\end{vmatrix}=\begin{vmatrix}1&1&1&1&1\\-1&+x&0&0&0\\-1&0&-x&0&0\\-1&0&0&+y&0\\-1&0&0&0&-y\end{vmatrix}$

$$=\begin{vmatrix}1+\frac{1}{x}-\frac{1}{x}+\frac{1}{y}-\frac{1}{y}&1&1&1&1\\0&+x&0&0&0\\0&0&-x&0&0\\0&0&0&+y&0\\0&0&0&0&-y\end{vmatrix}=x^2y^2$$

2. 解 $\boldsymbol{AX}+\boldsymbol{E}=\boldsymbol{A}^2+\boldsymbol{X}\Rightarrow(\boldsymbol{A}-\boldsymbol{E})\boldsymbol{X}=(\boldsymbol{A}-\boldsymbol{E})(\boldsymbol{A}+\boldsymbol{E})$

$\boldsymbol{A}-\boldsymbol{E}=\begin{pmatrix}0&0&1\\0&1&0\\1&0&0\end{pmatrix}$可逆.

故 $\boldsymbol{X}=\boldsymbol{A}+\boldsymbol{E}=\begin{pmatrix}2&0&2\\0&3&0\\2&0&2\end{pmatrix}$

3. 解 $\boldsymbol{A}=\begin{pmatrix}\boldsymbol{A}_1&\\&\boldsymbol{A}_2\end{pmatrix}$，$\boldsymbol{A}_1^{-1}=\begin{pmatrix}0&1\\\frac{1}{2}&0\end{pmatrix}$，$\boldsymbol{A}_2^{-1}=\begin{pmatrix}\frac{1}{4}&\frac{1}{2}\\\frac{1}{4}&-\frac{1}{2}\end{pmatrix}$

故 $\boldsymbol{A}^{-1}=\begin{pmatrix}0&1&0&0\\\frac{1}{2}&0&0&0\\0&0&\frac{1}{4}&\frac{1}{2}\\0&0&\frac{1}{4}&-\frac{1}{2}\end{pmatrix}$.

4. 解：$(\boldsymbol{\alpha}_1, \boldsymbol{\alpha}_2, \boldsymbol{\alpha}_3, \boldsymbol{\alpha}_4, \boldsymbol{\alpha}_5)=\begin{pmatrix}1 & -1 & 3 & -4 & 3\\ 3 & -3 & 5 & -4 & 1\\ 2 & -2 & 3 & -2 & 0\\ 3 & -3 & 4 & -2 & -1\end{pmatrix}\sim\begin{pmatrix}1 & -1 & 3 & -4 & 3\\ 0 & 0 & -4 & 8 & -8\\ 0 & 0 & -3 & 6 & -9\\ 0 & 0 & -5 & 10 & -10\end{pmatrix}$

$$\sim\begin{pmatrix}1 & -1 & 3 & -4 & 3\\ 0 & 0 & -4 & 8 & -8\\ 0 & 0 & 0 & 0 & 0\\ 0 & 0 & 0 & 0 & 0\end{pmatrix},$$

所以$\boldsymbol{R}(\boldsymbol{\alpha}_1, \boldsymbol{\alpha}_2, \boldsymbol{\alpha}_3, \boldsymbol{\alpha}_4, \boldsymbol{\alpha}_5)=2$，任意两个不成比例的向量组均是$\boldsymbol{\alpha}_1$，$\boldsymbol{\alpha}_2$，$\boldsymbol{\alpha}_3$，$\boldsymbol{\alpha}_4$，$\boldsymbol{\alpha}_5$的一个极大无关组.

5. 解：原问题可转化为非齐次线性方程组$(\boldsymbol{\alpha}_1\ \ \boldsymbol{\alpha}_2\ \ \boldsymbol{\alpha}_3)\boldsymbol{X}=\boldsymbol{\beta}$的求解问题，由题意可得

$$(\boldsymbol{\alpha}_1\ \ \boldsymbol{\alpha}_2\ \ \boldsymbol{\alpha}_3|\boldsymbol{\beta})=\left(\begin{array}{ccc|c}1 & 2 & 3 & 1\\ 1 & 3 & 6 & 2\\ 2 & 3 & a & b\end{array}\right)\sim\left(\begin{array}{ccc|c}1 & 2 & 3 & 1\\ 0 & 1 & 3 & 1\\ 0 & -1 & a-6 & b-2\end{array}\right)\sim\left(\begin{array}{ccc|c}1 & 2 & 3 & 1\\ 0 & 1 & 3 & 1\\ 0 & 0 & a-3 & b-1\end{array}\right)$$

(1) 当$a\neq 3$，$b=1$时，方程组有唯一解，即$\boldsymbol{\beta}$可由向量组$\boldsymbol{\alpha}_1$，$\boldsymbol{\alpha}_2$，$\boldsymbol{\alpha}_3$唯一的线性表示.

(2) 当$a=3$，$b=1$时，方程组有无穷多解，即$\boldsymbol{\beta}$可由向量组$\boldsymbol{\alpha}_1$，$\boldsymbol{\alpha}_2$，$\boldsymbol{\alpha}_3$线性表示，且表示法有无穷多.

(3) 当$a=3$，$b\neq 1$时，方程组无解，即$\boldsymbol{\beta}$不能由向量组$\boldsymbol{\alpha}_1$，$\boldsymbol{\alpha}_2$，$\boldsymbol{\alpha}_3$线性表示.

6. (1) 方程组有唯一解；(2) 方程组无解；(3) 方程组有无穷多解，求其通解(用解向量形式表示)

解：$\begin{pmatrix}2-\lambda & 2 & -2 & 1\\ 2 & 5-\lambda & -4 & 2\\ -2 & -4 & 5-\lambda & -\lambda-1\end{pmatrix}\sim\begin{pmatrix}1 & \frac{5-\lambda}{2} & -2 & 1\\ 0 & 1-\lambda & 1-\lambda & 1-\lambda\\ 0 & 0 & \frac{(1-\lambda)(10-\lambda)}{2} & \frac{(1-\lambda)(4-\lambda)}{2}\end{pmatrix}$

当$|\boldsymbol{A}|\neq 0$，即$\frac{(1-\lambda)^2(10-\lambda)}{2}\neq 0$，故$\lambda\neq 1$且$\lambda\neq 10$时，有唯一解.

当$\frac{(1-\lambda)(10-\lambda)}{2}=0$且$\frac{(1-\lambda)(4-\lambda)}{2}\neq 0$，即$\lambda=10$时，无解.

当$\frac{(1-\lambda)(10-\lambda)}{2}=0$且$\frac{(1-\lambda)(4-\lambda)}{2}=0$，即$\lambda=1$时，有无穷多解.

此时，原方程组的解为$\begin{pmatrix}x_1\\ x_2\\ x_3\end{pmatrix}=k_1\begin{pmatrix}-2\\ 1\\ 0\end{pmatrix}+k_2\begin{pmatrix}2\\ 0\\ 1\end{pmatrix}+\begin{pmatrix}1\\ 0\\ 0\end{pmatrix}\quad(k_1, k_2\in\mathbf{R})$

7. 解：由于方程个数等于未知量的个数，其系数行列式

$$|\boldsymbol{A}|=\begin{vmatrix}2 & \lambda & -1\\ \lambda & -1 & 1\\ 4 & 5 & 5\end{vmatrix}=5\lambda^2-\lambda-4=(\lambda-1)(5\lambda+4);$$

(1) 当 $\lambda=-\frac{4}{5}$ 时，有 $(\boldsymbol{A},\boldsymbol{b})=\begin{pmatrix}2 & -\frac{4}{5} & -1 & 1\\ -\frac{5}{4} & -1 & 1 & 2\\ 4 & 5 & -5 & -1\end{pmatrix}\overset{r}{\sim}\begin{pmatrix}10 & -4 & -5 & 5\\ 4 & 5 & -5 & -10\\ 0 & 0 & 0 & 9\end{pmatrix}$，

$\boldsymbol{R}(\boldsymbol{A})=2\neq\boldsymbol{R}(\boldsymbol{A},\boldsymbol{b})=3$，原方程组无解；

(2) 当 $\lambda=1$ 时，有 $(\boldsymbol{A},\boldsymbol{b})=\begin{pmatrix}2 & 1 & -1 & 1\\ 1 & -1 & 1 & 2\\ 4 & 5 & -5 & -1\end{pmatrix}\overset{r}{\sim}\begin{pmatrix}0 & 3 & -3 & -3\\ 1 & -1 & 1 & 2\\ 0 & 9 & -9 & -9\end{pmatrix}\overset{r}{\sim}\begin{pmatrix}1 & 0 & 0 & 1\\ 0 & 1 & -1 & -1\\ 0 & 0 & 0 & 0\end{pmatrix}$，

所以原方程的通解为 $\begin{pmatrix}x_1\\ x_2\\ x_3\end{pmatrix}=\begin{pmatrix}0\\ 1\\ 1\end{pmatrix}k+\begin{pmatrix}1\\ -1\\ 0\end{pmatrix}$.

(3) 当 $\lambda\neq 1,\ -\frac{4}{5}$ 时，方程组有唯一解.

8. 解：$|\boldsymbol{A}-\lambda\boldsymbol{E}|=(1-\lambda)(\lambda-2)(\lambda-(2a-1))=0$.

当 $2a-1\neq 1,2$，即 $a\neq 1,\frac{3}{2}$ 时，$\boldsymbol{A}$ 有三个不同的特征值，故可对角化.

当 $a=1$ 时，$\boldsymbol{A}$ 的特征值为 1(二重) 和 2.

$\boldsymbol{A}-\boldsymbol{E}=\begin{pmatrix}0 & 0 & 2\\ 0 & 0 & 4\\ 6 & -3 & 1\end{pmatrix}$，$R(\boldsymbol{A}-\boldsymbol{E})=2$，故 $\boldsymbol{A}$ 不能对角化.

当 $a=\frac{3}{2}$ 时，$\boldsymbol{A}$ 的特征值为 1 和 2(二重).

$\boldsymbol{A}-2\boldsymbol{E}=\begin{pmatrix}-1 & 0 & 2\\ 0 & -1 & 4\\ \frac{13}{2} & -\frac{7}{2} & 1\end{pmatrix}\sim\begin{pmatrix}1 & 0 & -2\\ 0 & 1 & -4\\ 0 & 0 & 0\end{pmatrix}$.

$\boldsymbol{R}(\boldsymbol{A}-\boldsymbol{E})=2$，故 $\boldsymbol{A}$ 不能对角化

9. 解：(1) 二次型 $f(x_1,x_2,x_3)$ 所对应的矩阵 $\boldsymbol{A}=\begin{pmatrix}1 & 0 & 0\\ 0 & 3 & 2\\ 0 & 2 & 3\end{pmatrix}$.

(2) $|\boldsymbol{A}-\lambda\boldsymbol{E}|=\begin{vmatrix}1-\lambda & 0 & 0\\ 0 & 3-\lambda & 2\\ 0 & 2 & 3-\lambda\end{vmatrix}=0\Rightarrow(\lambda-1)^2(\lambda-5)=0\Rightarrow\lambda=5$，1(二重).

当 $\lambda=5$ 时，$(\boldsymbol{A}-5\boldsymbol{E})x=0\Rightarrow\begin{pmatrix}-4 & 0 & 0\\ 0 & -2 & 2\\ 0 & 2 & -2\end{pmatrix}\sim\begin{pmatrix}1 & 0 & 0\\ 0 & 1 & -1\\ 0 & 0 & 0\end{pmatrix}$.

所以 $k_1\begin{pmatrix}0\\ 1\\ 1\end{pmatrix}$ 为 $\lambda=5$ 对应的特征向量.

当 $\lambda=1$ 时，$(\boldsymbol{A}-\boldsymbol{E})x=0\Rightarrow\begin{pmatrix}0&0&0\\0&2&2\\0&2&2\end{pmatrix}\sim\begin{pmatrix}0&0&0\\0&1&1\\0&0&0\end{pmatrix}$，

所以 $k_2\begin{pmatrix}1\\0\\0\end{pmatrix}$，$k_3\begin{pmatrix}0\\-1\\1\end{pmatrix}$ 为 $\lambda=1$ 对应的特征向量.

10. 解：(1) 二次型 f 所对应的矩阵为：$\boldsymbol{A}=\begin{pmatrix}5&-1&3\\-1&5&-3\\3&-3&3\end{pmatrix}$.

(2) 可求得 $\det(\boldsymbol{A}-\lambda\boldsymbol{E})=-\lambda(\lambda-4)(\lambda-9)$，于是 $\boldsymbol{A}$ 的特征值为 $\lambda_1=0$，$\lambda_2=4$，$\lambda_3=9$.

分别为特征向量 $\boldsymbol{p}_1=\begin{pmatrix}-1\\1\\2\end{pmatrix}$，$\boldsymbol{p}_2=\begin{pmatrix}1\\1\\0\end{pmatrix}$，$\boldsymbol{p}_3=\begin{pmatrix}1\\-1\\1\end{pmatrix}$.

将其单位化得

$$q_1=\frac{p_1}{\|p_1\|}=\begin{pmatrix}-\frac{1}{\sqrt{6}}\\\frac{1}{\sqrt{6}}\\\frac{2}{\sqrt{6}}\end{pmatrix},\ q_2=\frac{p_2}{\|p_2\|}=\begin{pmatrix}\frac{1}{\sqrt{2}}\\\frac{1}{\sqrt{2}}\\0\end{pmatrix},\ q_3=\frac{p_3}{\|p_3\|}=\begin{pmatrix}\frac{1}{\sqrt{3}}\\-\frac{1}{\sqrt{3}}\\\frac{1}{\sqrt{3}}\end{pmatrix}.$$

故正交变换为：
$$\begin{pmatrix}x_1\\x_2\\x_3\end{pmatrix}=\begin{pmatrix}-\frac{1}{\sqrt{6}}&\frac{1}{\sqrt{2}}&\frac{1}{\sqrt{3}}\\\frac{1}{\sqrt{6}}&\frac{1}{\sqrt{2}}&-\frac{1}{\sqrt{3}}\\\frac{2}{\sqrt{6}}&0&\frac{1}{\sqrt{3}}\end{pmatrix}\begin{pmatrix}y_1\\y_2\\y_3\end{pmatrix}.$$

四、证明题

1. 证明：

$$\boldsymbol{B}=\boldsymbol{A}^2-2\boldsymbol{A}+2\boldsymbol{E}=\boldsymbol{A}^2-2\boldsymbol{A}+\boldsymbol{A}^3=\boldsymbol{A}(\boldsymbol{A}^2+\boldsymbol{A}-2\boldsymbol{E})=\boldsymbol{A}(\boldsymbol{A}+2\boldsymbol{E})(\boldsymbol{A}-\boldsymbol{E})$$

$\boldsymbol{A}^3=2\boldsymbol{E}\Rightarrow\boldsymbol{A}$ 可逆 $\Rightarrow\boldsymbol{A}^{-1}=\frac{1}{2}\boldsymbol{A}^2$.

$(\boldsymbol{A}+2\boldsymbol{E})(\boldsymbol{A}^2-2\boldsymbol{A}+4\boldsymbol{E})=10\boldsymbol{E}\Rightarrow(\boldsymbol{A}+2\boldsymbol{E})^{-1}=\dfrac{\boldsymbol{A}^2-2\boldsymbol{A}+4\boldsymbol{E}}{10}$，

$(\boldsymbol{A}-\boldsymbol{E})(\boldsymbol{A}^2-\boldsymbol{A}+\boldsymbol{E})=\boldsymbol{E}\Rightarrow(\boldsymbol{A}-\boldsymbol{E})^{-1}=\boldsymbol{A}^2-\boldsymbol{A}+\boldsymbol{E}$.

故 $\boldsymbol{B}$ 可逆，且 $\boldsymbol{B}^{-1}=(\boldsymbol{A}-\boldsymbol{E})^{-1}\cdot(\boldsymbol{A}+2\boldsymbol{E})^{-1}\cdot\boldsymbol{A}^{-1}=\dfrac{\boldsymbol{A}^2+3\boldsymbol{A}+4\boldsymbol{E}}{10}$.

2. 证明：充分性：$\boldsymbol{\alpha}_1$，$\boldsymbol{\alpha}_2$，…，$\boldsymbol{\alpha}_n$ 是一组 n 维向量，任一 n 维向量都可由它们线性表示. 因此有 $\boldsymbol{E}$ 可由 $\boldsymbol{\alpha}_1$，$\boldsymbol{\alpha}_2$，…，$\boldsymbol{\alpha}_n$ 线性表示，因此有 $n=\boldsymbol{R}(\boldsymbol{E})\leqslant\boldsymbol{R}(\boldsymbol{A})\leqslant n\Rightarrow\boldsymbol{R}(\boldsymbol{A})=$

$n \Rightarrow \boldsymbol{\alpha}_1$，$\boldsymbol{\alpha}_2$，…，$\boldsymbol{\alpha}_n$ 线性无关.

必要性：$\forall \boldsymbol{b} \in \boldsymbol{R}^n$，$\boldsymbol{\alpha}_1$，$\boldsymbol{\alpha}_2$，…，$\boldsymbol{\alpha}_n$ 线性无关，因此有 $\boldsymbol{\alpha}_1$，$\boldsymbol{\alpha}_2$，…，$\boldsymbol{\alpha}_n$，b 线性相关，即$(\boldsymbol{\alpha}_1, \boldsymbol{\alpha}_2, \cdots, \boldsymbol{\alpha}_n)x=\boldsymbol{b}$有唯一解，所以向量$\boldsymbol{b}$可由向量组$\boldsymbol{\alpha}_1$，$\boldsymbol{\alpha}_2$，…，$\boldsymbol{\alpha}_n$线性表示，由 $\boldsymbol{b}$ 的任意性可得任一 n 维向量都可由 $\boldsymbol{\alpha}_1$，$\boldsymbol{\alpha}_2$，…，$\boldsymbol{\alpha}_n$ 线性表示.

3. 证明：向量组$\boldsymbol{\alpha}_1$，$\boldsymbol{\alpha}_2$，$\boldsymbol{\alpha}_3$ 的秩为3，向量组$\boldsymbol{\alpha}_1$，$\boldsymbol{\alpha}_2$，$\boldsymbol{\alpha}_3$，$\boldsymbol{\alpha}_4$ 的秩为3，所以$\boldsymbol{\alpha}_1$，$\boldsymbol{\alpha}_2$，$\boldsymbol{\alpha}_3$ 为向量组$\boldsymbol{\alpha}_1$，$\boldsymbol{\alpha}_2$，$\boldsymbol{\alpha}_3$，$\boldsymbol{\alpha}_4$ 的一个极大无关组，因此$\boldsymbol{\alpha}_4$ 可唯一地由$\boldsymbol{\alpha}_1$，$\boldsymbol{\alpha}_2$，$\boldsymbol{\alpha}_3$ 线性表示；假设向量组$\boldsymbol{\alpha}_1$，$\boldsymbol{\alpha}_2$，$\boldsymbol{\alpha}_3$，$\boldsymbol{\alpha}_5-\boldsymbol{\alpha}_4$ 的秩不为4，又因为向量组$\boldsymbol{\alpha}_1$，$\boldsymbol{\alpha}_2$，$\boldsymbol{\alpha}_3$ 的秩为3，所以向量组$\boldsymbol{\alpha}_1$，$\boldsymbol{\alpha}_2$，$\boldsymbol{\alpha}_3$，$\boldsymbol{\alpha}_5-\boldsymbol{\alpha}_4$ 的秩为3，因此$\boldsymbol{\alpha}_5-\boldsymbol{\alpha}_4$ 也可唯一地由$\boldsymbol{\alpha}_1$，$\boldsymbol{\alpha}_2$，$\boldsymbol{\alpha}_3$ 线性表示；因此$\boldsymbol{\alpha}_5$ 可唯一地由$\boldsymbol{\alpha}_1$，$\boldsymbol{\alpha}_2$，$\boldsymbol{\alpha}_3$ 线性表示，而向量组$\boldsymbol{\alpha}_1$，$\boldsymbol{\alpha}_2$，$\boldsymbol{\alpha}_3$，$\boldsymbol{\alpha}_5$ 的秩为4，即$\boldsymbol{\alpha}_1$，$\boldsymbol{\alpha}_2$，$\boldsymbol{\alpha}_3$，$\boldsymbol{\alpha}_5$ 线性无关，因此$\boldsymbol{\alpha}_5$ 不能由$\boldsymbol{\alpha}_1$，$\boldsymbol{\alpha}_2$，$\boldsymbol{\alpha}_3$ 线性表示，矛盾，因此向量组$\boldsymbol{\alpha}_1$，$\boldsymbol{\alpha}_2$，$\boldsymbol{\alpha}_3$，$\boldsymbol{\alpha}_5-\boldsymbol{\alpha}_4$ 的秩为4.

4. 证明：设有 λ_1，λ_2，…，$\lambda_k \in \mathbf{R}$，使得 $\lambda_1\boldsymbol{\alpha}+\lambda_2\boldsymbol{A}\boldsymbol{\alpha}+\cdots+\lambda_k\boldsymbol{A}^{k-1}\boldsymbol{\alpha}=0$，
在上式的两端同时左乘以 $\boldsymbol{A}^{k-1}$ 得：$\lambda_1\boldsymbol{A}^{k-1}\boldsymbol{\alpha}+\lambda_2\boldsymbol{A}^{k}\boldsymbol{\alpha}+\cdots+\lambda_k\boldsymbol{A}^{2k-2}\boldsymbol{\alpha}=0$，
因为 $\boldsymbol{\alpha}$ 是 $\boldsymbol{A}^k x=0$ 的解向量，所以 $\boldsymbol{A}^k\boldsymbol{\alpha}=0$，
因此有 $\lambda_1\boldsymbol{A}^{k-1}\boldsymbol{\alpha}=0 \Rightarrow \lambda_1=0$
同理可证 $\lambda_2=\cdots=\lambda_k=0$，即向量组 $\boldsymbol{\alpha}$，$\boldsymbol{A}\boldsymbol{\alpha}$，…，$\boldsymbol{A}^{k-1}\boldsymbol{\alpha}$ 是线性无关的.

5. 证明：$\boldsymbol{A} \neq \boldsymbol{E} \Rightarrow \boldsymbol{A}-\boldsymbol{E} \neq 0 \Rightarrow \boldsymbol{R}(\boldsymbol{A}-\boldsymbol{E}) \geqslant 1$，
$\boldsymbol{R}(\boldsymbol{A})+\boldsymbol{R}(\boldsymbol{A}-\boldsymbol{E})=n \Rightarrow \boldsymbol{R}(\boldsymbol{A})=n-\boldsymbol{R}(\boldsymbol{A}-\boldsymbol{E}) \leqslant n-1$，
所以 $\boldsymbol{A}\boldsymbol{x}=0$ 有非零解.

6. 证明：设向量组 $\boldsymbol{B}$ 的一个最大无关组为 $\boldsymbol{B}_0$：$\boldsymbol{\beta}_{11}$，$\boldsymbol{\beta}_{12}$，…，$\boldsymbol{\beta}_{1q}$，向量组 $\boldsymbol{A}$ 的一个最大无关组为 $\boldsymbol{A}_0$：$\boldsymbol{\alpha}_{11}$，$\boldsymbol{\alpha}_{12}$，$\boldsymbol{\alpha}_{1p}$.
由 $\boldsymbol{A}_0$ 可由 $\boldsymbol{A}$ 线性表示，$\boldsymbol{A}$ 可由 $\boldsymbol{B}$ 线性表示，$\boldsymbol{B}$ 可由 $\boldsymbol{B}_0$ 线性表示，可得 $\boldsymbol{R}(\boldsymbol{A}_0) \leqslant \boldsymbol{R}(\boldsymbol{A}) \leqslant \boldsymbol{R}(\boldsymbol{B}) \leqslant \boldsymbol{R}(\boldsymbol{B}_0)$，即 $p \leqslant q$.

7. 证明：设 P_1，P_2，…，P_n 为 $\boldsymbol{A}$ 的特征向量，则 $\boldsymbol{P}=(P_1 \quad P_2 \quad \cdots \quad P_n)$ 必可逆.
设 λ_1，λ_2，…，λ_n 为 $\boldsymbol{A}$ 对应的特征值，μ_1，μ_2，…，μ_n 为 $\boldsymbol{B}$ 对应的特征值，则有
$\boldsymbol{A}=\boldsymbol{P}\mathrm{diag}(\lambda_1\cdots\lambda_n)\cdot\boldsymbol{P}^{-1}$，$\boldsymbol{B}=\boldsymbol{P}\mathrm{diag}(\mu_1\cdots\mu_n)\cdot\boldsymbol{P}^{-1}$.
故 $\boldsymbol{A}\boldsymbol{B}=\boldsymbol{P}\mathrm{diag}(\lambda_1\cdots\lambda_2)\mathrm{diag}(\mu_1\cdots\mu_n)\cdot\boldsymbol{P}^{-1}$
$=\boldsymbol{P}\mathrm{diag}(\mu_1\cdots\mu_n)\mathrm{diag}(\lambda_1\cdots\lambda_n)\boldsymbol{P}^{-1}=\boldsymbol{B}\cdot\boldsymbol{A}$.

8. 证明：因为 $\boldsymbol{A}$ 和 $\boldsymbol{B}$ 都为 n 阶正定矩阵，所以对于任意的 $\boldsymbol{X} \neq 0$ 有 $\boldsymbol{X}^{\mathrm{T}}\boldsymbol{A}\boldsymbol{X}>0$，
$\boldsymbol{X}^{\mathrm{T}}\boldsymbol{B}\boldsymbol{X}>0$，$\boldsymbol{X}^{\mathrm{T}}(\boldsymbol{A}+\boldsymbol{B})\boldsymbol{X}=\boldsymbol{X}^{\mathrm{T}}\boldsymbol{A}\boldsymbol{X}+\boldsymbol{X}^{\mathrm{T}}\boldsymbol{B}\boldsymbol{X}>0$.
所以 $\boldsymbol{A}+\boldsymbol{B}$ 是正定的，即 $\boldsymbol{A}+\boldsymbol{B}$ 的特征值均大于零.